哲学与人生

主　编　张佳倩　贾　磊
　　　　董泰恩　赵　伟

山东人民出版社

国家一级出版社 全国百佳图书出版单位

编委会成员名单

目　录

专题一

从客观实际出发实现人生理想

认知目标：了解一切从实际出发、正确发挥自觉能动性等马克思主义哲学的基本观点；明确人生理想和个人社会责任等人生问题；理解从实际出发、尊重客观规律是正确发挥自觉能动性、实现人生理想的前提和基础。

能力目标：正视现实，自强不息，勇担责任，实现理想。

素质目标：把握客观规律，树立崇高的人生理想，做一个勇于承担社会责任的人。

第一节 客观实际与人生理想

 **案例导入**

1. 2006年年底，中国互联网大规模爆发"熊猫烧香"病毒及其变种，该病毒通过多种方式进行传播，并将感染的所有程序文件改成熊猫举着三根香膜拜的模样，"熊猫烧香"病毒因而得名。"熊猫烧香"病毒传播速度快，危害范围广，恶意盗取用户游戏账号、QQ账号，截至案发，已有上百万的个人用户、网吧及企业局域网用户遭受感染和破坏，引起社会各界高度关注。《瑞星2006安全报告》将其列为十大病毒之首，在《2006年度中国大陆地区电脑病毒疫情和互联网安全报告》列举的十大病毒排行中一举成为"毒王"。

随着案件的侦破，该病毒的制作者，被反病毒专家称为"网络天才"的李某进入了大众的视野。李某，男，25岁，武汉新洲人，曾在某电脑城工作，中专毕业后参加了网络技术职业培训班。2004年培训班结业后，李某曾多次上北京、下广州找IT领域的工作，尤其钟情于网络安全公司，但均未成功。为了发泄不满，李某开始编写病毒程序并传播。截至"熊猫烧香"病毒大规模爆发，李某共编写了"武汉男生"及其升级版"武汉男生2005""QQ尾巴"等多种病毒，给网络安全秩序带来严重危害。

2. 李想是高三时开始上网的，当时上网费还很贵，一个月大约要七八百块钱。在那段时间里，李想迷上了个人网站，除了上课，他把所有的时间都用在网络上，像许多电脑迷一样，他也建了一个个人网站。

一开始只是做着玩，后来他把自己喜欢的电脑硬件产品都放在网上，有很多人上网和他交流，慢慢地他的个人网站就有了访问量，三五个月后访问量达到1万人次/天。这时候，广告商就自己找上门来了。

当时正是国内互联网经济繁荣时期，只要网站流量高就会有广告商注资投放广告，而且对广告的呈现要求极低。当时李想的个人网站每个月都有六七千元的广告收入，这对一个中学生来说，简直太不可思议了。"赚钱原来很容易嘛！"但好景不长，1999年下半年互联网泡沫破灭，李想的广告一个都没有了。虽然遭遇挫折，但李想并不气馁，他找到了可以为之废寝忘食不断奋斗的"事业"。因此李想高中毕业后没有选择继续读书，而是决定自己创业。他觉得这个机会太难得了，早两年，没有这个机会；晚两年，又可能坐失创业的良机。

2000年，李想和一个朋友创办了PCPOP（电脑泡泡）网站，初始的投资就来自自己做网站淘到的第一桶金。就这样，李想的网站越做越大，事业也从石家庄扩展到了北京。伴随着李想的成功，越来越多的80后年轻人，把李想当成了自己的榜样。

 李某和李想特长如此相似的两个人，却走上了截然不同的人生道路。造成这种结果的原因是什么？又带给我们怎样的警示？

一、坚持一切从实际出发

我们生活在一个五彩缤纷、丰富多样的世界。世界上没有完全相同的两棵树，没有完全相同的两片树叶，更没有完全相同的两个人。

物质世界的事物是千变万化、千差万别的，每一事物都具有区别于其他事物的具体特点，那么，我们想问题、办事情，就应当从客观实际出发，而不应当从自己的主观愿望出发，不能凭想当然办事。

（一）一切从实际出发的基本含义

一切从实际出发，就是人们在任何时候、任何条件下，不管从事何种工作，都要把客观实际作为出发点、立足点，把客观实际作为我们想问题、办事情的根据。要反对两种错误倾向：一是把自己的主观愿望作为出发点，二是以主观想象代替客观事实。否则，就会犯主观主义错误，使改造世界的活动遇到挫折。

知识链接

> 客观实际就是实际存在。按照马克思主义哲学的观点，"客观存在"是指在人的意识之外、不依赖于人的意识而独立存在着的客观事物。对本体论范围内的"客观存在"，马克思主义哲学是用物质范畴加以概括的。列宁指出："物质是标志客观实在的哲学范畴，这种客观实在是人通过感觉感知的，它不依赖于我们的感觉而存在，为我们的感觉所复写、摄影、反映。"与之相对立的意识范畴则是人脑对客观存在的反映。马克思指出："观念的东西不外是移入人的头脑并在人的头脑中改造过的物质的东西而已。"可见，在本体论领域，作为客观存在的只能是物质现象。作为对客观存在的反映的主观意识现象，无论是人类意识的整体，还是单个人的思想、观念，都不是"客观存在"本身。

案例链接

　　传说古代鲁国一位姓施的人，有两个儿子，一个懂学问，一个通兵法。那个懂学问的，欲以仁义的道理去辅佐齐国国君，齐国国君让他做了公子的老师；那个精通兵法的到楚国，欲用兵法去辅佐楚王，楚王很高兴，让他做了执法将军。两个儿子的俸禄，使他家很快就富足起来，邻里无不羡慕。施氏的邻居孟氏，也有两个儿子，也是一个好学问，一个好兵法，但家里很穷，因此，他便向施家求教致富的方法，施家便把实情告诉了孟氏。于是，孟氏的一个儿子去秦国，拿仁义之理去面见秦王。秦王却说："现在诸侯们激烈斗争，最需要的是练兵和筹饷之士。你却要用仁义来治理我的国家，这是招致灭亡的道路！"遂给他用了宫刑，然后放他回家。孟氏的另一个儿子到了卫国，用兵法来面见卫侯，卫侯说："我们是个很弱小的国家，而且夹在很多大国的中间，对大国我要顺从它们，对小国我要安抚它们，这才是求得安全的办法。要是依靠兵法权谋，那我国的灭亡就在眼前了。要是让你好好地回去，再到别国去干事情，我国就可能会受到灾难。"于是砍断了他的脚，把他送到鲁国。孟氏全家含悲愤恨，怨恨施家没出好主意。

　　孟氏二子的悲哀在于违反了实事求是的原则，没有从实际出发，固守在搬用别人的死法子，没有一点灵活性。

　　他们的教训告诫人们，办任何事情都不能凭主观想象，让客观存在服从自己的想象，也就是说不能从框框、概念出发，生搬硬套别人的经验和模式，如果把主观愿望强加于客观事物，用想象去代替客观现实，不仅丝毫不会改变事物的本来面目，反而会碰钉子，犯错误，遭遇悲惨的结局。

　　（二）一切从实际出发的要求

　　坚持一切从实际出发，是辩证唯物主义世界观的根本要求。它要求我们在认识世界和改造世界的活动中，做到使主观符合客观，要根据客观存在的事实，来决定我们的主观思想和行动，要从客观存在的情况出发分析问题，提出解决问题的方法对策。

 案例链接

　　东邻人家的岳母死了，下葬的时候需要一篇祭文，这家人就托私塾先生帮忙写一篇。私塾先生便从古本里规规矩矩地抄了一篇，没想到却误抄了悼岳丈的祭文。葬礼正在进行的时候，识字的人发现这篇祭文完全弄错了。这一家人跑回私塾去责问老师。私塾先生解释说："古本上的祭文是刊定的，无论如何不会错，只怕是你家死错了人。"

一切从实际出发，就是我们想问题、办事情要把客观存在的实际事物作为根本出发点。它要求我们一定要根据客观存在的事实，来决定我们的主观思想和行动。故事中的私塾先生却一切以本本为准，照抄照搬，而对眼前的客观实际却根本不看，最终闹出了一个大笑话。

物质和意识的关系问题，在人们的活动中表现为客观实际和主观认识的关系。正确的思想意识和行动，是主观和客观相符合，主观与客观相统一；错误的思想意识和行动，是主观和客观相背离，主观与客观相脱节。

战国时期，赵国大将赵奢曾以少胜多，大败入侵的秦军，被赵惠文王拜为上卿。他有一个儿子叫赵括，从小熟读兵书，张口就爱谈军事，别人往往说不过他。赵括因此很骄傲，自以为天下无敌。然而赵奢却很替他担忧，认为他不过是纸上谈兵，并且说："将来赵国不用他为将便罢了，如果用他为将，他一定会使赵军遭受损失。"

果然，公元前259年，秦军又来犯，赵军在长平（今山西高平县附近）坚持抗敌。彼时赵奢已经去世，廉颇负责指挥全军，他年纪虽高，打仗仍然很有办法，使得秦军无法取胜。秦国知道拖下去于己不利，就施行了反间计，派人到赵国散布"秦军最害怕赵奢的儿子赵括将军"的话。赵王上当受骗，便派赵括替代了廉颇。

赵括自认为很会打仗，死搬兵书上的教条，到长平后完全改变了廉颇的作战方案，结果四十多万赵军被歼灭，他自己也被秦军箭射身亡。

"纸上谈兵"的故事对你有什么启发？

坚持一切从实际出发，必须遵循事物的客观规律，坚持实事求是的原则。毛泽东在《改造我们的学习》中指出："实事"就是客观存在着的一切事物，"是"就是客观事物的内部联系，即规律性，"求"就是我们去研究。实事求是也就是说我们做事情要从客观存在的实际出发，从中探寻出其固有的而不是臆造的规律性，作为我们行动的向导。

资料链接

实事求是，语出《汉书·河间献王德传》："河间献王德以孝景前二年立，修学好古，实事求是。从民得善书，必为好写与之，留其真，加金帛赐以招之。"刘德是汉景帝刘启之子，封在河间（今河北河间县一带）为河间王，死后谥献，故称"河间献王"。他一生好藏书，收集了很多先秦时期的旧书，并且精心整理，他特别注重鉴别所收集的古典文本的真伪。他脚踏实地，刻苦钻研，使很多读书人深为赞叹，都愿意和他一起进行研究。由于秦始皇焚书后，古文书籍比较少见，

刘德收藏的古籍，有不少是他出了高价买来的。班固在编撰《汉书》时，替刘德立"传"，并在"传"的开头对刘德的好学精神作了高度评价，赞扬刘德"修学好古，实事求是"。意思是说，刘德爱好古代文化，对古代文化的研究十分认真，总是在掌握充分的事实根据以后，才从中求得正确可靠的结论来。

清代兴考据之学，实事求是流行于学者之间，以表示做学问要尊重和依照古书本义的严谨学风。岳麓书院将"实事求是"作为院训，牌匾悬挂在岳麓书院的讲堂内，为民国初期湖南公立工业专门学校校长宾步程撰。1917年湖南工专迁入岳麓书院办学，匾悬挂在此，抗日战争时期被日本飞机所炸，后来重制。

毛泽东在1916年到1919年间曾寄居于岳麓书院，一般认为这是日后毛泽东引用"实事求是"的缘由。毛泽东在1938年党的六届六中全会上第一次提出实事求是的概念："共产党员应是实事求是的模范，又是具有远见卓识的模范。因为只有实事求是，才能完成确定的任务；只有远见卓识，才能不失前进的方向。"

议一议

从前，宋国有个急性子的农民，总嫌田里的秧苗长得太慢。他成天围着那块田转悠，隔一会儿就蹲下去，用手丈量秧苗有没有长高，但秧苗好像总是那么高。用什么办法可以让苗长得快一些呢？他转啊想啊，终于想出了一个办法："我把秧苗向上拔一拔，秧苗不就一下子长高了一大截吗？"说干就干，他就动手把秧苗一棵一棵拔高。他从中午一直干到太阳落山，才拖着发麻的双腿往家走。一进家门，他一边捶腰，一边嚷嚷："哎哟，今天可把我给累坏了！"他儿子忙问："爹，您今天干什么重活了，累成这样？"农民洋洋自得地说："我帮田里的每棵秧苗都长高了一大截！"他儿子觉得很奇怪，撒腿就往田里跑。到田边一看，糟了！早拔的秧苗已经干枯，后拔的叶儿也发蔫，耷拉下来了。

请分析寓言中主人公的做法错在哪里。

坚持一切从实际出发，要求我们能够正确认识和处理多样性与统一性的关系。我们在坚持世界的本质是物质这一前提下，还必须具体情况具体分析，坚持唯物论和辩证法的结合。也就是说，我们在认识世界时，必须从具体的事物、现象出发，从具体的事物属性和存在形式出发，只有这样才能真正认识物质世界的特殊性，解决现实生活中的实际问题。

名人名言

实事求是，一切从实际出发，这是毛泽东思想的出发点和根本点。

——邓小平

案例链接

宋朝有一个大文学家苏东坡，是翰林院的学士，人们都称他"苏学士"。

有一天，他去拜访王安石，王安石没在家。他见王安石的书桌上有一首咏菊的诗，这首诗没有写完，只写了两句："西风昨夜过园林，吹落黄花满地金。"苏东坡看了，心里想道：这不是胡言乱语吗？"西风"明明是秋风，"黄花"就是菊花，而菊花敢与秋霜鏖战，是能耐寒的。说西风"吹落黄花满地金"，岂不大错特错？于是他诗兴大发，不能自持，便提笔蘸墨，续诗两句："秋花不比春花落，说与诗人仔细吟。"王安石回来以后，看了这两句诗，对于苏东坡这种自以为是的做法很不满意。他为了让事实教训一下苏东坡，便把他贬为黄州团练副使。苏东坡在黄州住了将近一年，到了重九天气，连日大风。一天，风息后，苏东坡邀请了他的好友陈季常到后园赏菊。只见菊花纷纷落下，满地铺金。这时他想起给王安石续诗的事来，不禁目瞪口呆，半晌无语，恍然悔悟到自己错了。

这个有趣的故事告诉我们，办任何事情都要根据具体情况进行具体分析，千万不能搞经验主义。苏东坡不懂得这个道理，所以，不能不犯错误。

二、客观实际是选择人生理想的前提和基础

面对人生发展的各种可能，我们必须客观地认识自己，从实际出发选择适合自己发展的人生道路。这也是实现可能性和现实性相互转化的一个过程。人生的客观实际包括具体的社会历史条件和个人的主客观条件两方面。

社会历史条件包括历史文化传统、现实的社会制度，以及对应社会制度下物质文明、政治文明、精神文明的发展水平等。不同的国家、不同的民族，具有不同的文化传统、不同的社会文明，因此，人们的生产方式、生活方式、价值观念和思维方法也是很不相同的，这就造成了人们对人生道路的选择存在差异性。

 案例链接

钱伟长在中学时属于"偏科生"，在数理的学习上一塌糊涂，有次考试，物理只考了 5 分，数学、化学共考了 20 分，英文因没学过是 0 分。但正是这样一个在文史上极具天赋、数理上极度"瘸腿"的学生，却在一夜之间做出了一个大胆的决定：弃文从理——这个决定缘于他进入历史系第二天发生的事情，这一天正是 1931 年的 9 月 18 日，日本发动了震惊中外的"九一八事变"，侵占了我国的东北三省，而蒋介石却奉行不抵抗政策，说中国战则必败，因为日本人有飞机大炮。从收音机里听

到了这个消息后，钱伟长拍案而起，他说：我不读历史系了，我要学造飞机大炮，决定要转学物理系以振兴中国的军力。系主任吴有训一开始拒绝其转学要求，后被其诚意打动，答应他试读一年。

为了能尽早赶上课程，钱伟长早起晚归，来往于宿舍、教室和图书馆之间，废寝忘食，极度用功。他克服了所有困难，一年后数理课程超过了70分，从此，就迈进了自然科学的大门。毕业时，他成为物理系中成绩最好的学生之一。钱伟长见到记者时，仍在强调他那句不变的话："我没有专业，国家需要就是我的专业。"他用60多年的报国路诠释了自己一直坚持的专业：爱国。

钱伟长的一生说明一个人要在事业上有所成就，人生选择要自觉服从社会和人民的需要，符合社会历史发展的趋势。

人生的客观实际，还包括个人的主客观条件。要走好人生路，不仅要了解自己的体质、学业基础、家庭等客观条件，还要考虑到自己的主观条件。个人的主观条件包括思想政治素质、伦理道德素质、内在心理素质、文化知识素质等。个人的主客观条件决定着人生发展的方向，提供了人生发展的知识技能基础和前进动力。

 案例链接

春秋时期，越国有一位美女名叫西施，无论举手投足，还是音容笑貌，样样都惹人喜爱。西施略用淡妆，衣着朴素，走到哪里，哪里就有很多人向她行"注目礼"，没有人不惊叹她的美貌。

西施患有心口疼的毛病。有一天，她的病又犯了，只见她手捂胸口，双眉皱起，流露出一种娇媚柔弱的女性美。当她从乡间走过的时候，乡里人无不睁大眼睛注视。

同村有一个丑女子，名叫东施，相貌一般，没有修养。她平时动作粗俗，说话大声大气，却一天到晚做着当美女的梦。今天穿这样的衣服，明天梳那样的发式，却仍然没有一个人说她漂亮。

这一天，她看到西施捂着胸口、皱着双眉的样子竟博得这么多人的关注，因此回去以后，她也学着西施的样子，手捂胸口，紧皱眉头，在村里走来走去。哪知这丑女的娇揉造作使她的样子更难看了。结果，乡间的富人看见丑女的怪模样，马上把门紧紧关上；穷人看见丑女走过来，马上拉着妻子、带着孩子远远地躲开。人们见了这个在村里走来走去怪模怪样模仿西施心口疼的丑女人，简直像见了瘟神一般。

这个丑女人只知道西施皱眉的样子很美，却不知道她为什么很美，而去简单模仿她的样子，结果反被人讥笑。每个人都要根据自己的特点，扬长避短，寻找适合自己的形象，盲目模仿别人的做法是愚蠢的。

1994 年，杨丽娟突然梦到刘德华，命运从此改变。

1995 年，她对刘德华的迷恋已理智尽失，以至不上学、不工作、不交朋友。

1997 年，20 岁的杨丽娟在父母的支持下，花了 9900 元参加了一个香港旅游团，却未能看见华仔。

2003 年，父母为满足女儿追星的心愿，连家里的房子都卖掉，一家人搬到了每月花 400 元租来的房子中。

2004 年，杨丽娟得知刘德华在甘肃拍《天下无贼》后，每天从早至晚都站在自家所住楼的楼顶，但仍未望见偶像。

2005 年，得知华仔住所，与父亲再次赴港，失望而回。

2006 年 3 月，父亲卖肾筹措资金帮女儿赴港追星。

2007 年 3 月 25 日，第三次赴港的杨丽娟终于与偶像近距离接触了，还被安排上台跟刘德华谈话及拍照。

2007 年 3 月 26 日，老父跳海自杀，留遗书大骂刘德华。

2007 年 3 月 27 日，杨丽娟埋怨刘德华，痛哭失声连呼后悔。

2007 年 3 月 28 日，杨丽娟母女返回内地。

结合杨丽娟的追星经历，谈谈个人的主客观条件对人生选择的影响。

三、人生理想选择的多样性和可能性

人生选择是根据一定的主客观条件，在世界观、人生观、价值观的指导下，对人生理想的肯定性行为。人生选择和一般动物选择具有本质的区别。第一，一般动物的选择是遗传而来的本能；人生选择能力则是在社会实践中形成的，并且是在社会实践中逐步提高的。第二，一般动物的选择只是适应维持生命存在的需要；而人生选择则是既要实现自我价值，又要在为社会奉献的过程中实现社会价值。第三，一般动物在其生命活动中保持大致相同的行为选择；而人生选择因世界观、人生观、价值观的差异而表现为复杂多样性。

物质世界的统一性和多样性为人生道路的

对于每一个人，他所能选择的奋斗方向是宽广的。

——爱因斯坦

选择提供了多种可能性。马克思主义哲学认为物质世界的统一性是对多样性的统一，这种多样性不仅表现为物质世界的多样性，还包括自身的多样性。

资料链接

近代德国著名哲学家和科学家莱布尼茨有一天同国王谈论哲学。莱布尼茨说世界上没有两个彼此完全相同的东西。国王不信，马上命人在花园里找两片完全相同的树叶，结果总是被莱布尼茨挑出它们之间的差别。

其实何止是树叶，世界上一切事物都不会是完全相同的，即使是孪生兄弟，也有差异。有一位作家说过："世上没有两粒相同的沙子，没有两只相同的苍蝇，没有两双相同的手掌，没有两个相同的鼻子。"这个作家这样说是有道理的，世界上的事物和现象，形形色色、千差万别、千姿百态。

莱布尼茨对国王说世界上没有两个彼此完全相同的东西后，他又继续说世界上没有两个彼此完全不同的东西。国王又不信，马上命人在花园里找两片完全不同的树叶。结果总被莱布尼茨指出它们之间相同的地方。这个问题概括起来，就是世界上的事物和现象虽然千差万别，但又具有物质统一性。

人生是一个不断发展变化的过程，在这个过程中，选择是人生发展从可能性向现实性转化的关键所在。可能性是指事物内部所包含的、预示着事物发展前途的种种趋势。在事物发展过程中往往存在着多种可能性，在一定条件下，只有一种可能会转变为现实。

 案例链接

成为一名职业足球运动员是刘伟的梦想，但10岁那年的一次触电事故，不仅剥夺了他的梦想，更使他失去了双臂。由于身体原因，刘伟耽搁了两年学业，妈妈想让他留级，倔强的刘伟怎么都不同意。在家教的帮助下，刘伟利用暑假时间，将落下的课程追了回来，开学考试，他考到班级前三名。刘伟一直对体育念念不忘，足球不行，那就改学游泳。12岁那年，他进入北京残疾人游泳队，两年后在全国残疾人游泳锦标赛上夺得两金一银。"在2008年的残奥会上拿一枚金牌。"刘伟跟母亲许诺。谁知过度的体能消耗导致免疫力下降，他患上了过敏性紫癜。医生说必须停止训练，否则危及生命。无奈之下，刘伟与游泳说再见，走进了音乐殿堂。

练琴的艰辛超乎常人的想象。由于大脚趾比琴键宽，按下去会有连音，而且脚趾无法像手指那样张开弹琴，刘伟硬是琢磨出一套"双脚弹钢琴"的方法。每天练琴七八个小时，练得腰酸背疼，双脚抽筋，脚趾磨出了血泡。就这样，三年后，刘伟的钢琴水平达到了专业七级。

　　"我的人生中只有两条路，要么赶紧死，要么精彩地活着。"在《中国达人秀》的舞台上，刘伟演奏了一首《梦中的婚礼》，全场静寂，只闻优美的旋律。曲终，全场掌声雷动，他是当之无愧的生命强者。

　　脚下风景无限，心中音乐如梦。刘伟，用事实告诉人们，努力就有可能。

四、勇于选择，善于选择

　　在人生发展的道路上，我们会遇到很多选择的机会。只有抓住选择的机遇，主动选择，才能把握自己的命运。把握自己发展的机会，果断地选择人生道路，并忠实地履行自己的人生承诺，是实现成功人生的关键。

 案例链接

　　一位42岁名叫尼尔·巴特勒的探险者，在人烟稀少的加拿大西部雪地上行走时，突然被捕熊器牢牢地夹住了脚。更可怕的是，这一地区晚间温度会降到零下几十度，遇此绝境，要么被冻死，要么断腿逃命。经过慎重思考，他果断地选择了后者——给自己截肢。当做出选择后，他嘴里咬住帽子以防痛苦中喊叫时咬伤舌头；他用血洗刀，权当消毒；他用衣服扎住小腿来止血；然后用锯齿刀锯断自己的腿骨。他终于将自己从捕熊夹中解救出来，用雪埋好断肢，以备以后能接上。

　　他做完这些事后，开车走了150多公里才找到森林边上的一个医疗站，说明情况并告诉医生"我的脚还在雪地里"之后便瘫倒了。虽然他的脚并没有保住，但他智慧的选择却保住了生命。像壁虎一样，每每尾巴被其他动物抓住时，就采取断尾求生之法，这也是一种智慧的行动。

　　总结成功人士的经验，大多有智慧选择的经历；仔细分析不成功人士的教训，许多都有不能果断抉择的遗憾，从而失去了成功的机会。

 案例链接

　　一个以色列人与一个美国人在一艘船上相遇。午餐时间，他们四处寻找吃饭的地方。结果发现，一个快餐车旁围着好多人，生意不错。以色列人说："如果我们来做快餐生意，也许可以发大财。"美国人说："嗯，主意不错，但旁边的咖啡厅

生意也很兴隆，何不再考虑考虑呢！"分别后，以色列人把所有的钱都用于投资快餐店，经过8年的奋斗，建立了很多连锁店，也买了一艘游艇。有一天他驾着游艇驶进港口，发现了一个衣衫不整的男子从远处走过来，近了才发现他就是原来在船上相识的美国人。他问美国人："8年了，你都在做些什么呢？"美国人颓丧地说："8年来，我时刻都在想，什么才是我最适合从事的职业呢？"

没有明确的目标，或有明确目标后，却犹豫不决不能付诸实施，这样的人是不可能有成就的。

任何事物的可能性都需要具备一定的根据和条件，没有一定的客观根据和条件，任何想法永远都不可能实现。重视转化条件，正确发挥主观能动性，利用和创造有利条件，促成有利可能性，防止不利可能性转化为现实，这样才能达到预期的目的。

 案例链接

2008年北京奥运会在法国的火炬接力传递活动中，来自中国的火炬手、残疾击剑运动员金晶是第三棒。在这一站火炬传递中，这位非常勇敢和可爱的女孩儿引起在场所有媒体和中国人的关注，金晶传递火炬途中遭遇到极少数"藏独"分子攻击，他们试图要从坐在轮椅上的金晶手里抢走火炬。面对突如其来的冲击，金晶毫不畏惧，紧紧护住火炬不被抢走。她脸上始终流露出骄傲的神情，她用残弱的身躯捍卫着奥林匹克精神。这个画面打动了在场所有人的心，她被誉为守护"祥云"的天使，"最美最坚强的火炬手"。

金晶出生于上海，9岁那年，一场灾难降临。因为恶性肿瘤，金晶接受了截肢手术和为期一年的化疗。她每次化疗回来后，家里的地板就要擦洗干净，因为痛苦的金晶根本无法在床上躺着，全身痉挛的她只能在地板上滚来滚去，一边喝水一边吐。很多成年人都难以坚持这一年的化疗，但金晶挺过来了，变得更坚强了。她奇迹般地康复后，又回到学校读书了，一开始是爸爸接送，一年后她就坚持着自己拄拐独行，大雪天也不例外。回到学校后，坚强乐观的金晶开始学着一只脚跳着打乒乓球、羽毛球。她怕在教室里妨碍别人走路，所以从不撑拐杖，都是单脚跳。结果一次下课后，她从讲台上跳下来的时候重重地摔在了地上，右腿的残肢硬生生地杵在地上，当时就不能动了。去医院检查，残肢的骨头碎了一部分，后面还形成了囊肿。后来在击剑队里训练的时候，也曾发生过剑刺在残肢骨头上的意外，当时她就痛得流下眼泪来，只不过因为戴着面罩，没有人看到。

2007年初全国公开选拔北京奥运会火炬手，她的精神感动了所有的人，最终获选境外火炬手。因为用身体保护火炬，2008 年底，金晶被评为"感动中国"年度人物。

"我的人生有三大选择点：第一，16 岁决定赴大陆发展。第二，46 岁时从化工改行学行政管理。第三，1995 年参与民建，之后担任民建中央主席，从此踏上从政之路。三大选择都是人生关键时刻的抉择，如今看来都是对的。若时光倒流，我的选择还是不会变。"这是原全国人大常委会副委员长成思危的不悔人生三大选择。

由此你读懂了什么？

体验与践行

要顺利成功地完成某项活动，单靠某一种能力是不够的，它需要多种能力的有机结合。如要当作家，单有想象力是不够的，还需要文字表达能力、观察能力、逻辑思维能力等。在从事某种活动中，各种能力的独特结合称之为才能。如果一个人的各种能力能在活动中最完备地结合，那他就能最大限度地实现自己的人生理想，从而创造出更多的社会财富。对自己的能力，无论是一般能力或特殊能力、现有能力或倾向能力的自我认识和评价，对大学生的职业定向与职业选择往往起着筛选和定位的作用。

1. 结合所学内容，谈谈你能从中领悟到什么。

2. 思考在专业的学习中，你将如何做到扬长避短，一切从实际出发？

3. 每个人都有梦想，都渴望成功。能否走好人生关键处的那几步对你人生的成败具有至关重要的作用。一次关键的抉择就是一个人生方向的新起点！请以小组为单位，分享自己人生中做出的第一次选择并设计未来五年的人生选择。

第二节 理想是人生的奋斗目标

案例导入

比塞尔是西撒哈拉沙漠中的一颗明珠，每年都有数以万计的旅游者来到这儿。可是在肯·莱文发现它之前，这里还是一个封闭而落后的地方。没有一个当地人走出大漠。据说不是他们不愿离开这块贫瘠的土地，而是尝试过很多次都没有走出去。

肯·莱文当然不相信这种说法。他用手语向这儿的人问原因，结果每个人的回答都一样：从这儿无论向哪个方向走，最后都还是转回出发的地方。为了证实这种说法，他做了一次试验，从比塞尔村向北走，结果3天半就走了出来。

比塞尔人为什么走不出来呢？肯·莱文非常纳闷，他雇了一个比塞尔人，让他带路，想看看走不出来的原因到底是什么。他们带了半个月的水，牵了两峰骆驼，肯·莱文收起指南针等现代设备，只拄一根木棍跟在后面。10天过去了，他们走了大约800英里的路程，第十一天的早晨，他们果然回到了比赛尔。这一次肯·莱文终于明白了，比塞尔人之所以走不出大漠，是因为他们根本就不认识北斗星。在一望无际的沙漠里，一个人如果凭着感觉往前走，他会走出许多大小不一的圆圈，最后的足迹十有八九是一把卷尺的形状。比赛尔村处在浩瀚的沙漠中间，方圆上千公里没有一点参照物，若不认识北斗星又没有指南针，想走出沙漠，确实是不可能的。

肯·莱文在离开比赛尔时，带了一位叫阿古特尔的青年，就是上次和他合作的向导。他告诉这位汉子，只要你白天休息，夜晚朝着北面那颗星星走，就能走出沙漠。阿古特尔照着去做，三天之后果然来到了大漠的边缘。阿古特尔因此成为比塞尔的开拓者，他的铜像被塑在小城的中央。铜像底座上刻着一行字：新的生活是从选定方向开始的。

一个人无论多大年龄，他真正的人生之旅，是从设定目标的那一天开始的，以前的日子，只不过是在绕圈子而已。

思考 怎样才是真正有意义的人生呢？

一、理想源于现实、高于现实

（一）理想的含义及基本特征

理想是人们在实践过程中形成的、有实现可能性的对未来社会和自身发展的向往与追求，是人们的世界观、人生观和价值观在奋斗目标上的集中体现。

理想作为一种精神现象，是人类社会实践的产物。人们在改造客观世界和主观世界的实践活动中，既追求眼前的生产生活目标，渴望满足眼前的物质和精神需求，又憧憬未来的生产生活目标，期盼满足更高的物质和精神需求。对现状永不满足、对未来不懈追求，是理想形成的动力源泉。

理想作为人类所特有的一种精神现象，具有以下几个方面的特征：

第一，理想具有社会历史性。理想是一定社会关系的产物，必然带有特定历史时代的特征。人不能超越自己的时代，人们的理想也是如此。理想是随着社会的发展而不断发展的，在不同的时代会有不同的理想。不同时代的理想反映着当时的生产力水平和社会条件，甚至人们对理想的想象也受时代条件的限制。

 案例链接

> 　　韩国著名旅游胜地，素有"韩国夏威夷"之称的济州岛上，有一项全世界绝无仅有的参观项目，就是观看"海女"工作。海女是指不带辅助呼吸装置，只身潜入海底，捕捞龙虾、扇贝、鲍鱼、海螺等海产品的女性。原来，由于济州岛土壤贫瘠，岛上的居民靠海吃海，以前济州男人出海捕鱼，遇难身亡比例很高，于是留下来的女性承担起养家糊口的责任。在济州岛，你经常会在海边看到她们：黝黑的皮肤，长发盘在头顶，身穿黑色的紧身潜水衣，背着色彩鲜艳的背囊，一个猛子扎进海里。她们就是海女，通常也是这一带村落里最富有、地位最高的女人。所以海女成为济州岛女性最理想的职业。在1950年前后，济州岛海女的总数曾经达到3万多人。
>
> 　　随着人们生活水平的提高以及海洋捕捞和养殖技术的发展，21世纪已经很少有年轻女性愿意从事高风险、高强度的海女职业。2010年的调查发现，21世纪之后仅有5000余名海女，绝大多数已超过50岁，年龄最大的91岁。照此下去，二三十年之后韩国将无人再当海女，延续了几千年的"海女文化"也将彻底消失。面对即将消失的"海女文化"，韩国展开了各种保护措施。比如在大学里设置相关专业，而且为了鼓励年轻人学习这一专业，不仅不收取学费，还会发放相应数量的奖金。韩国一直在积极推动为海女申报世界非物质文化遗产。但即使这样，

依然很少有人愿意去学习相关的专业，从事这一职业。原来人们争先恐后去当海女，而现在即使政府采取了各种优惠政策，人们也不再把从事这一职业当成理想。

随着时代的发展，有些职业已经消失或正在消失，有些新兴的职业也正在出现，人们的职业理想也随之发生着变化。

资料链接

理　想
流沙河

理想是石，敲出星星之火；

理想是火，点燃熄灭的灯；

理想是灯，照亮夜行的路；

理想是路，引你走到黎明。

饥寒的年代里，理想是温饱；

温饱的年代里，理想是文明。

离乱的年代里，理想是安定；

安定的年代里，理想是繁荣。

……

第二，理想具有实践性。一方面，理想作为人类的精神现象，与其他意识形式一样，不可能是凭空产生的，它总是源于现实的生活实践。现实生活实践是理想的客观物质基础。另一方面，理想又不是对现实的简单复制，理想总是指向未来的，是现实生活中尚未存在的东西，是与奋斗目标相联系的未来的现实，是经过或长或短时期的努力才可以实现的。

 案例链接

"你只闻到了我的香水味，却没看到我的汗水；你可以否定我的现在，但是我决定我的未来。"

一段广告词，给某化妆品网站带来了上亿的价值，也让其CEO陈欧成为举世瞩目的焦点。

"陈欧体"中先用到"否定""嘲笑""轻视"这样的词语，冷眼旁观外界的评价，再用自我肯定的态度证明自己的价值。工作、感情上遭受挫折和失败，这是大多数年轻人真实生活的写照，但是不管外界怎样看轻自己，自己仍然要坚定信念，追逐梦想。"这则广告词唤醒了大家内心的梦想，引发了共鸣，所以受到众人的追捧。"陈欧这样回应"陈欧体"风靡现象。

谈到广告词的由来，陈欧自嘲道："广告词和聚美的创业史有关，算是屌丝的逆袭。""16岁开始我就没有花过家里一分钱。"陈欧谈起自己的创业史，20岁时陈欧在海外白手起家第一次创业，期间的困难可想而知。陈欧留学回国初期，本想复制在美国成功创业的模式，但没想到这个创业模式在中国市场水土不服，经过不断的了解，才最终转向化妆品团购项目。创业初期最大的困难就是资金，经过努力，终于凭借第一次的成功创业经历和靠谱的创业团队打动了投资者。经过3年的拼搏，该网站终于达到现在的规模。

"在中国，有创业理想的大学生不在少数，但是理想的实现一定是与自己的不懈奋斗分不开的。"陈欧如是说。

第三，理想具有实现的可能性。理想不是无法实现的臆想和空想，而是经过努力能够在将来变成现实的合乎规律的想象。理想不是凭空产生的，而是在现实生活中形成的，它本身包含着现实的要素，尤其是反映着现实发展的客观规律和趋势。这就决定了理想具有变为现实的可能性，而且这种可能性不是抽象的而是现实的。要把理想与空想区分开来，那些违背客观规律从而根本不可能实现的想象不是理想，而是空想。

理想是多方面和多类型的。从不同的角度审视，可以把理想划分为许多类型：从理想的性质和层次上划分，理想有科学理想和非科学理想、崇高理想和一般理想等；从理想的时序上划分，理想有长远理想和近期理想等；从理想的对象上划分，理想有个人理想和社会理想等；从理想的内容上划分，理想有社会政治理想、道德理想、职业理想和生活理想等。

（二）理想和现实的关系

人生理想的实现，就是把理想从观念转变为现实。所以要实现人生理想，就要正确认识理想与现实的关系，创造理想向现实转变的条件。

理想和现实是一对矛盾，它们之间的关系既对立又统一。一方面，理想和现实是相互区别的，理想是主观的，现实是客观的；理想是完美的，现实是有缺陷的；理想是未来的，现实是眼前的。理想高于现实，是现实的升华。另一方面，理想和现实又是统一的。理想的材料来源于现实，理想的可能性来源于现实，理想的动机也来源于现实。理想只能是现实的某种反映。理想是未来的现实，现实是理想的基础，在一定条件下，理想可以转化为现实。

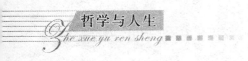
资料链接

　　有一种认识偏向，是用理想来否定现实。有的人用理想的标准来衡量和要求现实，当发现现实并不符合理想的时候，就对现实大失所望，甚至对社会现实采取全盘否定的态度，逃避或反对现实社会。还有一种偏向，就是用现实来否定理想。当发现理想与现实的矛盾时，觉得实现理想很困难、很渺茫，认为还是"实际"一点好，不要做什么"理想主义者"，不加分析地全盘认同当下的现实，对于现实中一些消极乃至丑恶的现象不愤怒、不斗争，甚至与之同流合污。还有的人由于看到理想与现实的矛盾，而对理想失去信心和热情，"告别理想""告别崇高"，热衷于"实惠"，信奉"理想，理想，有利就想""前途，前途，有钱就图"，陷入拜金主义、享乐主义和极端个人主义的泥坑而不能自拔。

二、理想信念对人生发展的作用

　　理想信念对于人生至关重要，它在人生实践中起着重要的不可替代的作用。

> **名人名言**
>
> 　　古之立大事者，不惟有超世之才，亦必有坚忍不拔之志。
> ——苏轼

　　理想信念具有导向作用。理想作为人们的奋斗目标，一旦确定，就成为人们的前进方向，并对人们的活动方向发挥定向作用。人们在社会生活中虽然并不是一举一动都有明确的目的，但人的一生不能都是漫无目的的。

　　理想信念具有动力作用。人生如逆水行舟，不进则退，因此必须有足够的动力才能不断推进。一方面，人们需要克服人生道路上的各种阻碍；另一方面，人们需要不断地战胜自己，超越自我，这需要有内在的动力。

　　理想信念具有支撑作用。理想信念的支撑作用往往是在困难的时候，在严酷的考验中得到体现的。在现实人生中，当人们遭遇特别困难或重大打击，甚至陷入绝望境地的时候，如果没有一种力量来支撑着自己，就会垮下来。而理想信念正是在这样的地方和时候起着精神支柱的作用，支撑着人们的精神和意志，不为巨大的困难所压倒，而且使人在困难和逆境中振作起来，战胜艰难险阻。

 案例链接

　　王宝强结缘电影事业始于《少林寺》。看过《少林寺》后，王宝强当下就决定去少林寺。怀着对电影的向往，王宝强开始了艰苦的训练。晨练，冬季凌晨5点，夏季4点，他就要准时起床，周一和周二是素质训练，从少林寺跑到登封市区，再返回来，相当于一个半程马拉松。有时，会从少林寺跑到山上的达摩洞，山坡很陡，跑着上去，必须手脚并用爬下来。而这样的跑步，仅仅是拉开韧带的准备活动。在少林寺，上午训练，下午学习文化课，晚上还要将当天的训练内容复习一次。除此之外，每天都要练踢腿、劈腿和马步、虎步、扑步，训练量一点一点增加，每增加一次，第二天都浑身酸疼。然而王宝强说，他觉得人生最快乐的时光，就是在少林寺。

2000年，14岁的王宝强离开了少林寺。身上带着500元钱，来到北京，他和5个人在一个煤场旁租了大杂院里的一间房子，房子年久失修，墙皮都脱落了。他的电影之旅，第一站是北京电影制片厂。第一天，他没找到活儿，晚上还被人骗去一家地下室，只有一张床位，一晚20元。第二天，仍旧没有活儿。第三天，还是没有。初来乍到的王宝强，蹲了半个月才等到了第一个群众演员角色。在没有龙套演的日子，王宝强只能和伙伴去建筑工地打零工维持生计。理想没能实现，打击不断袭来。同伴劝王宝强放弃，说他长得不好看，又不是李连杰、成龙，没拿过武术冠军，又没关系，还是回去吧。两年间，王宝强一个电话也没给家里打过，他怕家里人担心，也不知道该说什么。

长期的等待和积累，换来了王宝强事业的"春天"。2002年春天，在去往一家建筑工地时，王宝强的呼机响了，这是一个改变他命运的呼叫。《盲井》剧组通知王宝强去见导演李杨。之后，他将出演这部电影的男主角，拿到了500元的预付片酬，王宝强激动得说不出话！《盲井》里有下井的戏，几百米深的矿井，要求演员到矿井中拍摄。很多演员都放弃了，而王宝强真的下了井。对王宝强来说，每一次机会都是最后一次。他文化程度不高，所有台词，都翻字典来注音。别的演员是拍一场戏记一场戏的台词，他是提前把所有的台词都背下来，这样方便导演调整。2003年，王宝强凭《盲井》拿到了金马奖。王宝强说，自己从小就有拍电影的梦想，学武术也是为拍电影而准备的，希望学的这些东西拍电影时能用得上，有一天能拍个武打片。

理想信念具有认识功能。理想信念，特别是理想，是对基于现实的未来的向往，是对有实现可能性的目标的想象。这即是说，理想信念以其特有的方式反映和表达着社会的现实，从人们的理想和信念中，就能窥见他们生活于其中的社会的状况；而作为人们对未来的向往和自觉表达，理想信念又是人们对未来的认识。从人们的理想和信念中，还能窥见社会的未来发展方向。

理想信念具有凝聚作用。理想不仅能将一个人的全部力量凝聚起来，而且能把许多

人的力量凝聚在一个目标上，形成一股巨大的合力。在社会中生活的个人，往往不仅有自己的理想信念，而且也与他人有着共同的理想信念。正是共同的理想信念成为人们团结奋斗的共同思想基础。在社会主义社会中，人民的根本利益是一致的，在此基础上完全可以形成共同的理想信念。

名人名言

> 为什么我们过去能在非常困难的情况下奋斗出来，战胜千难万险使革命胜利呢？就是因为我们有理想，有马克思主义信念，有共产主义信念。
>
> ——邓小平

三、社会理想与个人理想的关系

理想按照内容可以分为社会理想和个人理想两大部分，它们有各自不同的特点。

社会理想是指社会所追求的奋斗目标，是由多种因素构成的一个统一的整体，是一定社会或阶级对未来社会发展途径的总体设计，是社会成员的共同追求，是民族凝聚力的体现。实现物质财富极大丰富、人民精神境界极大提高、每个人自由而全面发展的共产主义社会，是马克思主义最崇高的社会理想。中国特色社会主义共同理想即坚定对中国共产党的信任，坚定走中国特色社会主义道路，坚定实现中华民族的伟大复兴。

知识链接

中国特色社会主义共同理想的科学内涵：

首先，中国特色社会主义共同理想是一个综合性的社会理想。理想是有层次和类型的，有个人理想，也有社会理想。个人理想描绘的是个人生活事业的理想状态，而社会理想描绘的是社会发展的理想状态。个人生活于社会中，个人理想离不开社会理想。中国特色社会主义理想是一种社会理想，是一种关于中国社会发展状态的理想。它对于个人理想具有整合作用，是若干个人理想的寄托和发育之所。当代中国人对自身生活和发展的若干期望和设想，事实上是以中国经济社会的持续发展为背景的，不论是否意识到这一点，个人理想能否正确定位、能否实现，离不开对中国特色社会主义这一社会理想的把握。

其次，中国特色社会主义共同理想是一个具体的阶段性理想。对共产主义远大理想的追求是一个漫长的过程，在这个过程中，有若干个阶段性理想。与远大理想相比，阶段性的理想更为具体，因而它可以成为一定历史时期人们所普遍追求的比较切近的理想目标。在21世纪头20年，全面建成小康社会，再继续奋斗几十年，到21世纪中叶基本实现现代化，把我国建设成为富强、民主、文明、和谐的社会主义国家。在我们实现这一理想目标之后，中国特色社会主义道路还将继续向前延伸，中国特色社会主义事业还将进一步向前推进，中国社会将进入新的发展阶段，中国特色社会主义共同理想还会增添新的内容。

再次，中国特色社会主义共同理想是全体中国人民都可以认同和追求的共同的理想。在社会生活中往往会出现不同的理想，但并不是所有的理想都能成为共同的理想。有的理想只代表了少数人或个别人的利益和愿望，它只能成为个别或少数人的追求目标。中国特色社会主义理想之所以能成为共同理想，就是因为它代表和反映了中国社会最广大人民群众的根本利益，为广大人民群众所认同和接受。

个人理想是指处在一定历史条件下和社会关系中的个体对于自己的未来物质生活、精神生活所产生的种种向往和设想。包括个人具体的职业理想、生活理想和道德理想。生活理想是人们对幸福生活的想象和向往，它涉及社会物质生活、精神生活和家庭生活等诸多方面。职业理想是人们对未来工作的向往和追求。道德理想是人们在道德品质方面所向往和追求的目标，一个人认为自己应具有什么样的道德品质，学习什么样的人格形象，形成什么样的理想人格，这是人们在道德修养方面的理想追求，道德不只是规范人们日常生活的具体规则，也是一种崇高的精神追求。

资料链接

在职业日益分化、就业岗位日益多样化和变动不居的现代社会中，重要的不在于一生中只选取某一种最理想的工作，而在于不论从事什么样的工作，都要将其当作一种理想来追求，并努力争取达到理想的境界。并非只有热门职业才有资格成为人们的理想职业，多样化的平凡工作岗位也可以成为人们的理想所寄。只要认定某种为社会所需要、为自己所喜爱的工作，并努力把它做好，造福于社会，造福于他人，这就是在职业方面有理想有抱负的表现。普通士兵雷锋、淘粪工人时传祥、商店售货员张秉贵、维修工人徐虎、公交车售票员李素丽，这些英模人物，从事的都是最平凡的工作，可是由于他们有高尚的职业理想，并在实际工作中具体体现这种理想，从而做出了不平凡的业绩，实现了人生价值。

作为社会的优秀人才，当代青年知识分子更有条件在造福社会、造福他人的职业选择和职场工作中，做出不平凡的贡献。关键要树立崇高的职业理想，正如马克思青年时代在谈到青年选择职业的态度时所说的："如果我们选择了最能为人类福利而劳动的职业，那么，重担就不能把我们压倒，因为这是为大家而献身；那时我们所感到的就不是可怜的、有限的、自私的乐趣，我们的幸福将属于千百万人，我们的事业将默默地、但是永恒发挥作用地存在下去，而面对我们的骨灰，高尚的人们将洒下热泪。"

当前有学者认为，当代青年的理想呈现出重个人理想轻社会理想、重近期理想轻长远理想，对理想的价值性认识与真理性认识有矛盾，部分青年理想迷惘，表层理想出现多元、多变倾向并对核心层理想产生冲击的现状。分析当代青年的理想现状，找出引起问题的原因，对青年进行理想教育，帮助他们确立正确的理想，引导他们健康成长和成才，关系着国家的前途和命运，对于促进社会与人的全面发展具有重要的理论、现实和历史意义。当代青年在生活理想上要追求健康高尚的生活方式，做生活的强者；在职业理想上要把社会发展需要和自身实际结合起来，成为社会的有用人才；在道德理想上要养成良好的品德，做高尚的人；在社会理想上要志存高远，成为大有作为的人。当代青年有了正确的理想，才能"不畏浮云遮望眼，只缘身在最高层"，"长风破浪会有时，直挂云帆济沧海"。

根据所学内容，结合个人实际，谈谈青年学生应该确立怎样的人生理想。

个人理想与社会理想是理想在不同层次上的体现，二者是辩证统一的。一方面，社会理想决定和制约着个人理想。个人理想的实现有赖于社会理想的实现，个人理想只有同国家的前途、民族的命运相结合，个人的向往和追求只有同社会的需求和利益相一致，才可能变为现实。如果个人理想与社会理想相违背，那么由这样的个人理想所支配的实践活动就会与社会格格不入，或者损坏他人的利益。另一方面，社会理想又是个人理想的凝聚和升华。个人理想体现社会理想，社会理想包含并反映无数个个人理想，要依靠社会成员的共同实践才能实现。

资料链接

我国当代杰出的科学家中，有三位姓钱的人物：钱学森、钱三强、钱伟长，人称"三钱"。他们都是出国留学后，怀着报效祖国的赤子之心回国的。其中钱学森的经历最为惊险。

钱学森，生于 1911 年，浙江杭州人。1934 年毕业于国立交通大学，1935 年赴美留学，先后在麻省理工学院和加州理工学院学习。1939年获加州理工学院博士学位，后留在美国任讲师、副教授、教授以及超音速实验室主任和古根罕喷气推进研究中心主任，并从事火箭研究工作。

1950年，钱学森从美国准备回中国时，美国国防部海军次长金贝尔通知司法部："决不能放走钱学森，他知道的太多了，我宁可把这家伙枪毙了，也不让他离开美国，因为无论在哪里，他都抵得上五个师。"

在美国，钱学森是世界航空理论权威冯·卡门的学生和得力助手，也是美国火箭四人领导小组成员之一，掌握重要的军事设备以及火箭技术信息，他要回国自然受到美国政府的强烈反对，但爱国热情让钱学森下了回归祖国的决心。1950年8月29日，钱学森买到了回国的船票，8月30日人们却得到钱学森已被美国联邦调查局扣留的消息。美国洛杉矶海关召开了记者招待会，声称在钱学森托运的行李中发现了近八百公斤的草图、笔记和照片，这些全部都是技术情报。这就暗示钱学森是一名红色间谍，正准备偷运机密回国，于是把他关在了联邦调查局的监狱里。后来，经过所在单位加州理工学院的多方努力，钱学森以15000美元被保释。但他在美国的生活开始受到多方面的限制，并多次遭到有关部门的审讯。当被问到他忠于什么国家的政府时，钱学森义正词严地说："我是中国人，当然忠于中国人民，我忠于对中国人民有好处的政府，也就敌视对中国人民有害的任何政府。"

1955年8月1日，在日内瓦举行的第五次中美大使级会谈上，中美双方就两国平民回国问题终于达成了协议，第二天，移民局通知钱学森，对他的管制令已经撤销，他可以自由离境了。钱学森终于在1955年搭乘轮船回国，他来到天安门广场，兴奋地说："我相信我一定能回来，现在终于回来了！"

世界著名火箭专家钱学森的回国，引起了党和国家领导人的高度重视，他的归来使新中国的领导人把导弹研制的计划提上了议事日程，在钱学森带头努力下，东风二号导弹于1964年6月29日顺利发射，这是我国完全依靠自己的力量和技术，自行设计研制的第一颗中近程导弹。3个月后，中国第一颗原子弹试验成功。1966年10月27日，中国的两弹结合试验获得圆满成功，这意味着中国拥有了真正的核武器。外电纷纷评论，罗布泊的巨响震动了全世界，中国闪电般的进步像神话一样不可思议。1970年，中国制造的第一颗人造地球卫星"东方红一号"飞上太空。1999年11月20日，"神州一号"飞船的发射取得了成功。

钱学森为我国的导弹和火箭事业做出了不朽的贡献，被誉为"中国导弹之父"。1991年，钱学森被授予"国家杰出贡献科学家"荣誉称号，他也是迄今为止中国唯一获得此称号的科学家。

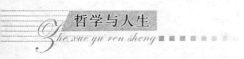

四、勇于担当，确立崇高理想

（一）实现理想与担当责任

对责任的理解通常可以分为两个方面。一是指分内应做的事，如职责、应尽责任、岗位责任等。二是指没有做好自己的工作，而应承担的不利后果或强制性义务。责任无处不在，存在于每一个角色。父母养儿育女，老师教书育人，医生救死扶伤，工人铺路建桥，军人保家卫国……人在社会中生存，就必然要对自己、对家庭、对集体甚至对祖国承担并履行一定的责任。责任有不同的范畴，如家庭责任、职业责任、社会责任、领导责任等等。这些不同范畴的责任，有普遍性的要求，也有特殊性的要求。责任只有轻重之分，而无有无之别。

资料链接

　　责任意识的表现在我们的生活中无处不在。其实只要稍微留意就不难发现，总有这样一些人让我们感动，他们用行动诠释着责任意识的最高境界。

　　党的好干部牛玉儒以勤政为民、忘我工作诠释"生命一分钟，敬业六十秒"；桥吊工人许振超在普通岗位上创出世界一流的"振超效率"；乡村邮递员王顺友二十年如一日在大凉山中用脚步丈量工作的苦乐；公安卫士任长霞以炽热情怀书写执法为民的人生壮歌，导弹司令杨业功用赤胆忠心浇铸共和国的和平之盾；医学专家钟南山在抗击"非典"这场没有硝烟的战场中敢医敢言；科学家马祖光在实验室里以生命之火点燃科学之光；艺术家常香玉用德艺双馨八十人生唱响"戏比天大"……同样，在我们的身边也时刻能看到众志成城抗台风、挥汗如雨战高温、连夜施工抢进度、扶贫捐款献爱心……从中，我们无不感受到一种品格、一种境界，这就是对国家、对人民、对事业的责任。

　　相反，没有责任意识会出现什么样的情况呢？一起起惨痛矿难带给人民生命财产的重大损失，一种种假冒伪劣食品导致许多无辜百姓受伤害，一次次严重污染造成难以挽回的生态灾难，一例例触目惊心的腐败案例引发沉痛教训，甚至一次次小小的操作失误造成无可挽回的损失……责任就像一把双刃剑，沉甸甸地摆在我们面前。

人生是对理想的追求，理想是人生的指示灯，而责任则是实现人生理想和事业成功的有力保证。人生如果失去了理想，就会失去面对生活的勇气。人生一旦失去了责任，则意味着理想的实现失去了保证。因此，人生既要有远大的理想，更要有高度的责任感。

理想不等于现实，理想的实现往往要通过一条充满艰难险阻的曲折之路，而克服艰险的过程更需要加强责任心，不畏难、不后退、不达目的不罢休。责任的树立，不仅能

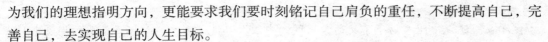

为我们的理想指明方向，更能要求我们要时刻铭记自己肩负的重任，不断提高自己，完善自己，去实现自己的人生目标。

（二）增强责任感，以天下为己任

第一，立志当高远。青年时期是确立理想信念最重要和最关键的时期。人生进入青年时期，生活之路刚刚开始，面临着一系列人生课题，如人生目标的确立、生活态度的形成、知识才能的掌握、发展目标的确定、工作岗位的选择等。这些问题的解决，都需要有一个总的原则、总的目标，而这就是人的理想信念。而且，青年人热爱生活，对美好的未来满怀憧憬，并以极大的热情投入社会生活，追求他们对生活未来的梦想。作为当代青年学生，应该自觉地树立起崇高的理想。

资料链接

少年中国说（节选）

梁启超

故今日之责任，不在他人，而全在少年。少年智则国智，少年富则国富，少年强则国强，少年独立则国独立，少年自由则国自由，少年进步则国进步，少年胜于欧洲，则国胜于欧洲，少年雄于地球，则国雄于地球。红日初升，其道大光；河出伏流，一泻汪洋。潜龙腾渊，鳞爪飞扬；乳虎啸谷，百兽震惶；鹰隼试翼，风尘翕张。奇花初胎，矞矞皇皇；干将发硎，有作其芒。天戴其苍，地履其黄，纵有千古，横有八荒，前途似海，来日方长。美哉我少年中国，与天不老；壮哉我中国少年，与国无疆。

案例链接

周恩来12岁那年，因家里贫困，只好离开苏北老家，跟伯父到沈阳去读书。

伯父带他下火车时，指着一片繁华的市区说："没事不要到这里来玩，这里是外国租界地，惹出麻烦，没处说理啊！"周恩来奇怪地问："这是为什么？"伯父沉重地说："中华不振啊！"周恩来一直想着伯父的话，为什么在中国土地上的这块地方，中国人却不能去？他偏要进去看个究竟。一个星期天，他约了一个好朋友，一起到租界地去了。这里确实与其他地方不同，楼房样子奇特，街上的行人中，中国人很少。忽然，从前面传来喧嚷声，他俩跑过去看，在巡警局门前，一个衣衫褴褛的妇女，正在向两个穿黑制服的中国巡警哭诉，旁边还站着两个趾高气扬的洋人。他俩听了一阵就明白了，这位妇女的丈夫被洋人的汽车轧死了，中国巡警不但不扣住洋人，还说中国人妨碍了交通。周围的中国人都愤愤不平，心怀正义感的周恩来拉着同学上前质问巡警："为什么不制裁洋人？"巡警气势汹汹地说："小孩子懂什么？这是治外法权的规定！"说完走进巡警局，砰的一声把门死死关上。从租界地回来，周恩来心情很沉重，他常常站在窗前向租界地方向远远地望着，沉思着。

一次，校长来给大家上课，问同学们："你们为什么读书？"有的说："为明礼而读书。"有的说："为做官而读书。"有的说："为父母而读书。"有的说："为挣钱而读书。"当问到周恩来的时候，他清晰有力地回答："为中华之崛起而读书！"校长震惊了，他没料到，一个十几岁的孩子，竟有这样大的志气。

周恩来在青少年时期，为中华之崛起努力读书。以后，也是为了这个目标，他忘我地工作，无私地奉献了毕生精力。

第二，立志要正确处理个人理想和社会理想的关系，要把个人的命运与国家的前途紧密地联系起来，以人民群众的利益和社会发展的需要为重，使个人理想服从于社会理想。只有把社会理想和个人理想结合起来，把倡导对国家、集体的责任感和奉献精神与满足个人的利益愿望、实现个人的价值统一起来，个人理想才有深厚的社会基础和持久的生命力。

 案例链接

梅兰芳是一位有爱国气节的艺术家。1931年，日本侵略者发动了九一八事变，侵占了东北，然后又向华北进犯，威胁北平和天津。梅兰芳痛恨敌人，为了不当亡国奴，他举家迁到了上海。1937年，日军在发动七七事变后，又进攻上海，不久就占领了这座大城市。日军占领上海后，梅兰芳闭门谢客，过起了隐居生活。1942年，日本帝国主义为了粉饰太平，妄图把梅兰芳请出来，让他率领剧团赴南京、长春、东京等地巡回演出，梅兰芳以牙痛为由婉拒。此后，他不再刮脸了。不几天，就留起了小胡子，对外称自己"上了年纪，嗓子坏了，早已退出舞台"。日本华北方面军头目要派汉奸朱复昌"请"梅兰芳出面讲几句话，梅兰芳听说后，让医生给自己打了3次伤寒预防针，发起了高烧，一连几天不退。日本人派军医来检查，果然发现梅兰芳得了伤寒，高烧42度。他们这才放弃原来的打算。1945年传来了日寇投降的消息。梅兰芳高兴地流下了眼泪，不久，他就在上海演出了，场场爆满。

京剧演员不唱戏，意味着自己断了生活来源，梅先生宁可靠典当度日。这段历史，日后在梅兰芳的艺术生涯里成为重要的一笔，因为从此之后他不仅作为一代艺术家被人铭记，而且，他在世人眼里还是一位"威武不能屈"的大丈夫形象。梅兰芳在八年抗战中，身处逆境，始终拒绝为敌伪演出，表现了高尚的民族气节。

改革开放 30 多年来，中国人民的面貌、社会主义中国的面貌、中国共产党的面貌发生了历史性变化，中国特色社会主义事业正站在一个新的历史起点上。经过 30 年的改革和建设，我国已经成为仅次于美国的世界第二大经济体。人民生活已经基本达到小康水平。社会主义中国显示出蓬勃的生机和活力。

中国特色社会主义事业是亿万人民的共同事业，需要一代又一代中华儿女为之不懈奋斗。当代青年学生是我国社会主义事业的建设者和接班人，要继承前辈开创的伟大事业，在新的历史起点上推动中国特色社会主义航船继续破浪前进。

个人理想与社会需要相结合，只有同这个世界结合起来，我们的理想才能结出果实；脱离这个世界就不结实。

——罗素

青年学生成长成才和创业的时期，正是国家发展的重要战略机遇期，时代为同学们提供了施展才华的大好机遇和广阔空间。同学们要珍惜历史机遇，自觉把人生追求同国家和民族的前途命运联系起来，在为国家发展和民族振兴不懈奋斗的过程中，创造无愧于人生的业绩。

体验与践行

一、理想好比泥土中生出来的花，它虽生长在泥土中，但又不是泥土。思考这句话中蕴含的哲学原理。

二、英国著名诗人雪莱在其《西风颂》中写道：

把我僵死的思想撒向整个宇宙，

像枯叶被驱赶去催促新的生命！

而且，依凭我这首诗中的符咒，

把我的话语传给天下所有的人，

就像从未熄的炉中拨放出火花！

让那预言的号角通过我的嘴唇向昏沉的大地吹奏！

哦，风啊，如果冬天来了，春天还会远吗？

1. 欣赏诗作，结合个人实际情况，交流讨论理想信念对人生发展的作用。

2. 分小组谈一谈自己的理想，并以"我的中国梦"为主题写一篇短文。

第三节　能动自觉与理想实现

案例导入

　　青藏铁路最后一排铁轨稳稳安放在拉萨河畔。自此，占中国1/8土地的西藏结束了没有铁路的历史，青藏高原1300年来的沧桑苦旅成为永恒的记忆。这是人类铁路建设史上亘古未有的穿越：跨越"世界屋脊"，是世界上海拔最高、线路最长的高原铁路，西方舆论称它"堪与长城媲美"。这是世界工程史上从未经历过的艰难：大部分线路处于"生命禁区"和冻土区，国外专家认为在这里修铁路"几乎不可能"。数万名青藏铁路建设者挑战生命极限，破解了多年冻土、高寒缺氧和生态脆弱三大世界难题，将无数奇迹定格在雪域高原。

思考　青藏铁路的成功建设带给我们怎样的哲学思考？

一、自觉能动性是人特有的能力

（一）意识和意识的能动性

　　意识是人的大脑对于客观物质世界的反映，也是感觉、思维（脑中所想事物）等各种心理过程的总和。世界是客观存在的物质世界，世界上除了物质现象以外，还有另一类现象，如认识、意见、思想、方针政策、学校的各项规章制度等，这些都是意识。

　　人脑是高度发达的物质系统，有着极为复杂的结构和特殊的生理活动，离开了人脑这种高度发达的特殊物质，就不可能产生意识。人脑是意识活动的物质承担者，意识是人脑特有的机能。

资料链接

　　如能把大脑的活动转换成电能，相当于一只20瓦灯泡的功率。根据神经学家的部分测量，人脑的神经细胞回路比今天全世界的电话网络还要复杂1400多倍。

每一秒钟，人的大脑中进行着 10 万种不同的化学反应。人体 5 种感觉器官不断接受的信息中，仅有 1% 的信息经过大脑处理，其余 99% 均被筛去。大脑神经细胞间最快的神经冲动传导速度为 400 多公里 / 小时。大脑的四周包着一层含有静脉和动脉的薄膜，这层薄膜里充满了感觉神经。但是大脑本身却没有感觉，即使将脑子一切为二，人也不会感到疼痛。人的大脑平均为人体总体重的 2%，但它需要使用全身所用氧气的 25%，相比之下肾脏只需 12%，心脏只需 7%。神经信号在神经或肌肉纤维中的传递速度可以高达每小时 200 英里。人体内有 45 英里的神经。人的大脑细胞数超过全世界人口总数 2 倍多，每天可处理 8600 万条信息，其记忆贮存的信息超过任何一台电子计算机。

辩证唯物主义认为，物质是不依赖于人的意识、并能为人的意识所反映的客观实在。无论是自然界的存在与发展，还是人类社会的存在和发展，它们都不依赖于人的意识。这种不依赖于人的意识的客观实在性，就是物质性。整个世界是不依赖于人的意识而客观存在的物质世界，世界的本原是物质。物质对意识具有决定作用。物质决定意识，意识是对物质的反映。

意识对物质具有能动作用。意识的能动作用首先表现在意识能够正确反映客观事物，还突出地表现在意识能够反作用于客观事物。正确的意识能够指导人们有效地开展实践活动，促进客观事物的发展；错误的意识则会把人的活动引向歧途，阻碍客观事物的发展。

 案例链接

　　狼孩是从小被狼攫取并由狼抚育起来的人类幼童。世界上已知由狼哺育的幼童有 10 多个，其中最著名的是印度发现的两个。1920 年，在印度加尔各答东北的一个名叫米德纳波尔的小城，人们常见到有一种"神秘的生物"出没于附近森林，往往是一到晚上，就有两个用四肢走路的"像人的怪物"尾随在三只大狼后面。后来人们打死了大狼，在狼窝里终于发现这两个"怪物"原来是两个裸体的女孩。其中大的年约七八岁，小的约两岁。这两个小女孩被送到米德纳波尔的孤儿院去抚养，还给她们取了名字，大的叫卡玛拉，小的叫阿玛拉。到了第二年，阿玛拉死了，而卡玛拉一直活到 1929 年。狼孩刚被发现时，生活习性与狼一样：用四肢行走；白天睡觉，晚上出来活动，怕火、光和水；只知道饿了找吃的，吃饱了就睡；不吃素食而要吃肉（不用手拿，放在地上用牙齿撕开吃）；不会讲话，每到午夜后

像狼似的引颈长嚎。经过 7 年的教育,卡玛拉才掌握了 45 个词,勉强地学几句话,开始朝人的生活习性迈进。她死时估计已有 16 岁左右,但其智力只相当三四岁的孩子。这就是曾经轰动一时的"狼孩"一事。

人脑是物质世界长期发展的产物,它本身不会自动产生意识,它的原材料来自客观物质世界,来自人们的社会实践。因此长期脱离人类社会环境的幼童,就不会产生人所具有的脑的功能,也不可能产生与语言相联系的抽象思维和人的意识。成人如果由于某种原因长期离开人类社会后又重新返回时,则不会出现上述情况。

意识的能动性又称为主观能动性,亦称自觉能动性。指人的主观意识和实践活动对于客观世界的反作用或能动作用。主观能动性有两方面的含义:一是人们能动地认识客观世界;二是在认识的指导下能动地改造客观世界。在实践的基础上使二者统一起来,即表现出人区别于物的主观能动性。

案例链接

黑猩猩被公认为是智商最接近人类的动物。科学家们曾做过一次实验:教黑猩猩用水灭火。经过多次训练,黑猩猩学会了从水龙头上接水灭火。科学家又到河对岸试验。当科学家点燃一堆篝火,只见黑猩猩飞快地提起水桶,涉水过河,到对面的水龙头上接满一桶水,再涉水过河来灭火。无论多么聪明的人类之外的动物,也只是消极地适应自然。主观能动性是人区别于物的特点,是人特有的能力和活动。

马克思说:"蜜蜂建筑蜂房的本领使人间的许多建筑师感到惭愧。但是最蹩脚的建筑师比最灵巧的蜜蜂高明的地方,是他在用蜂蜡建筑蜂房前,已经在自己的头脑中把它建成了。"

为什么说最蹩脚的建筑师也比最灵巧的蜜蜂高明?

(二) 发挥主观能动性与尊重客观规律

要正确发挥人的主观能动性,必须正确处理主观能动性和客观规律性的关系。尊重客观规律和发挥主观能动性是辩证统一的。

第一,尊重客观规律是正确发挥主观能动性的前提。只有从客观实际出发,正确认识了客观规律，尊重规律，按规律办事，才能正确地发挥人的主观能动性，卓有成效地认识世界和改造世界，实现人们预期的目的。如不顾规律，或违背规律，盲目蛮干，必然受到客观规律的无情惩罚。违背规律，越是发挥主观能动性，遭受的挫折和失败就越严重。

有个想乘船渡江的楚国人，他的剑从船上掉在水里。他急忙在剑掉下去的地方刻下记号，说："这儿是我的剑掉下去的地方。"船停了，他从雕刻记号的地方下水去寻找剑。船已经走了，但是剑却没有走，像这样找剑，不是很糊涂吗？

故事中的人发挥主观能动性了吗？他为什么找不到剑？

第二，认识和利用规律又必须充分发挥人的主观能动性。事物的发展都是有规律的，但规律不会自动反映到人脑中来，只有充分发挥人的主观能动性，反复实践，深入研究，才能把隐藏在事物内部的必然规律揭示出来，才能认识规律。利用规律是理论指导实践的过程，要经过许多中间环节，克服各方面的困难和阻力才能实现，更需要充分发挥人的主观能动性。

 案例链接

1666 年，23 岁的牛顿还是剑桥大学圣三一学院三年级的学生。牛顿一直被这样的问题困惑着：是什么力量驱使月球围绕地球转，地球围绕太阳转？为什么月球不会掉落到地球上？为什么地球不会掉落到太阳上？

坐在姐姐乡间的果园里，牛顿听到熟悉的声音，"咚"的一声，一只苹果落到草地上。他急忙转头观察第二只苹果落地。第二只苹果从外伸的树枝上落下，在地上反弹了一下，静静地躺在草地上。这只苹果肯定不是牛顿见到的第一只落地的苹果，当然第二只和第一只没有什么差别。苹果会落地，而月球却不会掉落到地球上，苹果和月亮之间存在什么不同呢？第二天早晨，天气晴朗，牛顿看见小外甥正在玩小球。他手上拴着一条皮筋，皮筋的另一端系着小球。他先慢慢地摇摆小球，然后越来越快，最后小球就径直抛出。牛顿猛地意识到月球和小球的运动极为相像。两种力量作用于小球，这两种力量是向外的推动力和皮筋的拉力。同样，也有两种力量作用于月球，即月球运行的推动力和重力的拉力。正是在重力作用下，苹果才会落地。牛顿首次认为，苹果落地、雨滴降落和行星沿着轨道围绕太阳运行都是重力作用的结果。人们普遍认为，适用于地球的自然定律与太空中的定律大相径庭。牛顿的万有引力定律沉重打击了这一观点，它告诉人们，支配自然和宇宙的法则是很简单的。

牛顿推动了引力定律的发展，指出万有引力不仅是星体的特征，也是所有物体的特征。作为最重要的科学定律之一，万有引力定律及其数学公式已成为整个物理学的基石。由此你是否意识到，事物的本质和规律是隐藏在现象背后的，只有发挥主观能动性，才能透过现象解释事物的本质和规律。

二、发挥主观能动性，坚定理想信念

人与其他动物不同，人生不是机械的、被动的、本能的生存过程，而是在一定的社会历史和环境条件基础上，能动的、创造性的生活过程，是用自己的智力和体力去认识环境、改造环境，创造物质财富和精神财富，主动地生存和发展的过程。具体来说，自觉能动性包含着三个相互联系的方面。

第一，人类认识世界的能力及人们在社会实践的基础上能动地认识世界的活动，突出地表现为我们所说的"想"。想问题就是认识世界。认识是人脑对客观事物的反映。人类积极的能动的认识世界的能力和活动首先表现在，人在实践基础上不仅能认识事物的外部现象，而且能通过抽象思维活动反映事物的本质和规律。同时还表现在，在实践基础之上所形成的认识具有预见性和创造性，具有目的性和计划性，因而能指导人们的活动。

第二，人类改造世界的能力以及人们在认识的指导下能动地改造世界的活动，即通常我们所说的"做"。做、行动、实践，或者叫办事情，就是改造世界。改造世界的能力和活动的根本点是它的创造性，人以自己创造性的活动改造世界，人们改造世界的活动越来越具有创造性，这表现在：一是改造自然界，改变自然物的形态和内部结构，创造出自然界原来不存在的、单靠自然力量也不能产生的东西；二是改造人类社会，即形成、改造和创造着自己的社会联系和社会关系。人们改造世界的一个重要表现，是利用对规律的认识，改变或创造条件，发挥其有利作用，限制其破坏作用，甚至变有害为有利。

议一议

1. 北京成为全世界最拥堵的城市
1990 年，北京市有自行车 750 万辆，而机动车不足 100 万辆。据测算，

2015年北京市的机动车将超过700万辆。今天北京被评为世界上最为拥堵的城市。这给人们的日常工作生活带来了诸多不便，比如增加了通勤的时间，使得可用于工作（生产）的时间减少，而造成驾驶人及该区域经济上的损失；导致驾驶人愤怒及烦躁，增加了他们的压力，而进一步损害其健康；浪费燃料及污染环境：引擎在塞车时仍不断运转，持续消耗燃料，并且在堵塞的时候，车辆必须反复启动、刹车，增加燃料的耗费，因此交通堵塞不仅浪费能源，也造成空气污染；造成城市核心区的生活品质降低，而导致居民大量迁至郊区（即所谓的郊区化）；难以应对紧急状态，当有紧急需要时，可能因为交通堵塞而延误。

而形成这一现象的原因是多方面的。首先，汽车使用率增加。汽车使用率增加是导致城市交通堵塞的主要原因。每逢高峰时间，上班的、旅游的、购物的车流从四面八方涌入市中心，导致现有道路无法负荷如此大的车流量，而造成堵塞的情形。其次，道路容量不足或设计不妥。如伦敦、罗马等许多历史悠久的都市，因为其市区内的道路原来大都是供马车行走的，但汽车的数量不断增加，而道路扩建的速度又跟不上车流量增加的速度，使得市中心的道路拥挤不堪。此外，许多城市也因道路设计不妥而导致交通堵塞。如北京的道路，主要是规划成辐射状，此设计虽然方便市郊间的往来，但也导致上下班时，周围郊区的车流全部往市中心移动，而导致市区的重要干道都塞满了来自郊区的车流。最后，道路交会处过多。平面道路交叉处（即十字路口）过多也经常导致交通堵塞，因为交通信号会暂时阻断车流行进，若车流量过大，就会产生拥堵现象。

我们该如何面对每天2100辆新增机动车，该如何面对平均时速低于15公里，开车不如骑自行车快的局面？

2. 回顾北京治堵这些年

1989年首次实施尾号限行。1989年5月5日，北京首次实施在三环路以内部分道路按车牌尾号单双日行驶。

1995年首次出现停车计时器。1995年，首批停车计时器出现在街头，停车难逐渐变成道路拥堵之后的另一交通问题。

1996年首次设机动车左转待转区。1996年，部分路口首次划设机动车左转弯待转区，进一步提高路口通行能力。

1997年开通首条公交专用车道。1997年，国内首条公交专用车道在长安街开通，公共交通开始享有更优先的通行权。

2005年确立公交优先发展战略。2005年以来北京提出发展公共交通系统"两定四优先"，首次明确公交的公益性定位。

2007年外地人购车"解禁"。2007年3月3日，北京市公安交通管理局宣布，在京暂住人员买机动车将不再受户籍限制，暂住人员只需凭身份证和暂住证即可办理购车手续和北京牌照。

2008年尾号限行及错峰多管齐下。2008年起至今，延续奥运时的单双号临时管理措施，北京机动车"看号上路"两年，限行的效果正在被迅速增长的机动车数量抵消。

2010年限购车多次被提起。面对"首堵"评论，北京官员首次公开表态，将采取措施控制机动车数量。

结合以上案例，谈谈对于北京堵车原因的分析和采取的制度措施是如何体现人的自觉能动性的。

第三，人类在认识世界和改造世界的活动中所具有的精神状态，即通常所说的决心、意志、干劲等。决心、意志、干劲等精神状态具体表现为积极主动的进取精神，吃苦耐劳的牺牲精神，百折不挠的坚强意志，孜孜不倦的务实态度等。这些精神状态始终贯穿于人们认识世界、改造世界的活动中，并对这些活动有巨大影响。

郭亮洞是河南省新乡市辉县沙窑乡郭亮村的一条挂壁公路，又称郭亮洞挂壁公路、郭亮隧道、郭良隧道、万仙山绝壁长廊。在岩石山体中开凿的山路，被称为挂壁公路，挂壁公路多用开天窗的方法开凿，天窗用来采光通风，开凿时还可以用来出渣。目前我国仅有六条挂壁公路，大多在太行山中，最大的一条是锡崖沟挂壁公路，最早的就是郭亮洞，因此，郭亮洞有"太行隧道之父"的美誉。

郭亮村位于海拔1700米的悬崖上，这座山崖也被称作郭亮崖。郭亮村三面环山，一面临崖，近乎绝境，村里人的祖先当年是为了避难逃入此绝境的。由于这种特殊的地理环境，这里的村民世世代代过着与世隔绝的生活，交通极其不便。

先前，村里出入的道路是一条完全由石块和直接在90度的石崖上开凿的石阶组成的"天梯"，羊肠陡峭，仅容一人通行，无任何防护措施，出入非常危险。郭亮村的牛、羊、猪等牲畜大多是在小犊子时就由村民从"天梯"抱上来的，喂大后若想卖给外村，还得绕上30多里的山路才能转下山。平时村民从"天梯"将山货背到山外，换取一些紧俏的生活日用品。

当时开凿隧道的老兵回忆说："原来所有的东西都要从'天梯'背上来，后来我们的老支书就说了这样不行，这样我们永远脱不了贫。所以 1972 年就决定一定要修一条路。" 1972 年 3 月 9 日，郭亮洞开工。由于郭亮村海拔高，耕地少，无霜期较短，一年只能种一季农作物，全年粮食收成不过 8 万余斤，而这区区 8 万斤粮食却是全村几百口人的全部口粮。在这种情况下，13 名突击队员每天只有 0.12 元的伙食费，玉米粥、玉米饼、野菜窝头便是他们的一日三餐，就这样每人每天也只有两斤玉米的配额。这 13 个人不是固定的，而是轮换的。

1975 年年底，工程进入了最艰苦的阶段，郭亮人已经卖光了山羊，砍光了树木，吃光了粮食，再也抠不出一分钱。这时候，全村男女老少都出动了，早上 5 点钟起床，爬 5 公里山路去挖鱼鳞坑，挖了一冬一春，挣到 3100 多元工钱。支部书记把钱拿到村里后，100 多口人围着他，让他赶快到城里去买钢材、雷管、导火线、炸药。

郭亮绝壁平均高度 105 米，从绝壁中间炸开工作面，需要系绳子凌空作业，没有钱买绳子，就解下牛拉犁的绳套，一段段接起来，从崖头把人放下来。就是这样，参加打隧道的壮士把生死置之度外，用生命和热血让天堑变成了通途。

被人称为"绝壁长廊"的郭亮洞终于在 1977 年 5 月 1 日正式通车。为此，王怀堂等村民献出了自己宝贵的生命。

现在郭亮村村前有石碑铭记着这一历史壮举。

结合郭亮洞挂壁公路的修建过程谈一谈自觉能动性对于人的实践活动的影响。

三、建立自信，驶向理想彼岸

自信，是一种对自己素质、能力作积极评价的稳定的心理状态，即相信自己有能力实现自己既定目标的心理倾向，是建立在对自己正确认知基础上的对自己实力的正确估计和积极肯定。一个自信的人，会把"不可能"这三个字变成"我能行"，谁拥有了自信，就成功了一半。

名人名言

> 能够使我飘浮于人生的泥沼中而不致陷污的，是我的信心。
>
> ——但丁

自信是成功的基础。自信建立在正确认识自己的基础上，它促使人们从情感、意识、行为方面接纳自己。金无足赤，人无完人。每一个人都不是十全十美的，都有短处和长处，都具备某一方面获得成功的条件。自信可以帮助我们发现自己的长处，从而产生一种积极进取的成就动机，激励自己去发挥特长，以达到自我实现的目标。

自信能够激发人的意志力。自信是对自己正确评价后所产生的一种坚定的自我信任感，它可以激励人们为自己选择一些难走但又是必经的人生之"路"，并义无反顾地走

下去。信心是人成功的坚实的力量源泉。

自信能够激发个体的潜能。有自信心的人，既不自卑，也不自负，能正确认识自己。在恰当地评价自己的知识、能力、品德、性格等内在因素的前提下，相信自己各方面都有可取之处，相信自己能弥补各方面存在的不足，能够看到自己各方面还有很大的潜力可挖和发挥。每个人都具有很大的潜能，只要相信自己，努力奋斗，将潜能充分挖掘出来，就会有所成就。

华罗庚1910年11月12日出生于江苏金坛县，父亲拥有一间小商店。他幼时爱动脑筋，因思考问题过于专心常被同伴们戏称为"罗呆子"。初中毕业后，华罗庚曾进入上海中华职业学校就读，因家贫拿不出学费而中途退学。此后，他顽强自学，用5年时间学完了高中和大学低年级的全部数学课程。

1929年冬天，他得了严重的伤寒症，经过近半年的治疗，病虽好了，但左腿的关节却受到严重损害，落下了终身残疾，走路要借助手杖。华罗庚因病左腿残疾后，走路要左腿先画一个大圆圈，右腿再迈上一小步。对于这种奇特而费力的步履，他曾幽默地戏称为"圆与切线的运动"。在逆境中，他顽强地与命运抗争，他说："我要用健全的头脑，代替不健全的双腿。"凭着这种精神，他终于从一个只有初中毕业文凭的青年成长为一代数学大师。20岁时，华罗庚以一篇论文轰动数学界，被清华大学请去工作。他用了两年的时间走完了一般人需要8年才能走完的道路，他自学了英、法、德文，在国外杂志上发表了3篇论文后，被破格聘用为助教，1935年成为讲师。

新中国成立后不久，华罗庚毅然决定放弃在美国的优厚待遇，奔向祖国的怀抱。归途中，他写了一封致留美学生的公开信，其中说："为了抉择真理，我们应当回去；为了国家民族，我们应当回去；为了为人民服务，我们应当回去；就是为了个人出路，也应当早日回去，建立我们工作的基础，投身我国数学科学研究事业。为我们伟大祖国的建设和发展而奋斗。"回国后，华罗庚进行应用数学的研究，足迹遍布全国23个省、市、自治区，用数学解决了大量生产中的实际问题，被誉为"人民的数学家"。

根据华罗庚的成功经历，分析通往理想彼岸必不可少的因素是什么。

资料链接

建立真正自信的方法

积极自我暗示，相信自己能行。别人能行，相信自己也能行；其他同学能做到的事，相信自己也能做到。要善于在课桌上、床头上放上激励语："我行，我能行，我一定能行。""我是最好的，我是最棒的。"每天早晨起床后、临睡前各默念几次，上课发言前、做事前、与人交往前，特别是遇到困难时要果断、反复地默念。这样，就会通过自我积极的暗示机制，鼓舞自己的斗志，增加心理力量，使自己逐渐树立起自信心。

练习正视别人。一个人的眼神可以透露出许多有关他的信息。当别人不正视你的时候，你会问自己："他怎么了？他是怕我什么吗？还是他心中有鬼？"不敢正视别人通常意味着：感到自卑、不如别人，做了或想到不希望别人知道的事；怕一接触别人的眼神，就会被看穿。正视别人会告诉对方：我很诚实、光明正大，我的话是真的，你完全可以信任我。你要让你的眼睛为你工作，这不但使你增加自信，也能为你赢得信任。

练习当众发言。很多思路敏锐、天资高的人，在参与讨论时却无法发挥他们的长处。这并非他们不想，而是因为他们缺少信心。他们总是认为："我的话无足轻重，别人不会采纳的，如果说出来，别人也会觉得太愚蠢，我最好什么也不说。而且其他人可能比我懂得多，我并不想让他们知道我是这么无知。"还有的人，心里总是说：下一个就是我，我要发言。可是当前者发言完毕时，他又不敢马上站出来，于是告诉自己"下一次吧"，白白地将机会让给了别人。积极发言需要你有自信，一旦你有了机会，就要不惜代价抓住它。该说就说，不用考虑你在说什么，只要你敢说，拿出你的自信来。这样一次又一次，你的自信会不断增长。这是信心的"维他命"。

切勿求全责备，学会变换视角。信心不足的学生总是看到自己的缺点，而很少看到自己的优点。总喜欢用自己的缺点与别人的长处相比较，常常导致情绪低落，自信心缺乏。其实，我们不需要为自己的不足而整天自责，而要相信"天生我材必有用""天行健，君子以自强不息"。即使自己因失败而陷入自责时，请你提醒自己，不要做完美主义者，换一个角度看问题，把它变成表扬。心理学家告诉我们，做自己的伯乐，善于发现自己的优点，及时激励自己，你的自信心一定会大增。

学会善待他人，融洽人际关系。首先，要善于对师长和同学微笑。微笑是友善的信号，会给别人带来温暖和欢乐，也会得到别人的喜欢，从而赢得别人与自

己主动交往，使自己摆脱孤独感和寂寞感，内心充实，心情舒畅，不断产生信心和力量。其次，在与他人交谈时，适当、真诚地赞美别人的优点，会使别人感到高兴，别人也会投桃报李，夸赞你的闪光点，使你有如沐春风之感，信心大增。再次，在生活上、学习上主动帮助同宿舍、同班同学，进而帮助其他人，这样，不仅赢得了别人对自己的好感、赞扬和帮助，也使自己增强了社会责任感；同时，自信心不仅得到了调动，而且可以得到社会性的升华。

四、自强不息，迎接人生挑战

自强不息是中华民族几千年来熔铸成的民族精神。自强是在自爱、自信的基础上充分认识自己的有利因素，积极进取，努力向上，不甘落后，勇于克服困难，做生活的强者。树立自强的目标有助于克服意志消沉、性格软弱，从而振奋精神，担负起时代赋予的重任。自强表现在方方面面，如在困难面前不低头，不丧气；自尊自爱，不卑不亢；勇于开拓，积极进取；志存高远，执著追求等。

> 生活就像海洋，只有意志坚强的人，才能到达彼岸。
>
> ——马克思

 案例链接

尼克·武伊契奇（Nick Vujicic），香港译名为尼克·胡哲，1982年12月4日生于澳大利亚墨尔本，塞尔维亚裔澳大利亚籍基督教布道家，"没有四肢的生命"（Life Without Limbs）组织创办人、著名残疾人励志演讲家。他天生没有四肢，但勇于面对身体残障，创造了生命的奇迹。

他一生下来就没有双臂和双腿，只在左侧臀部以下的位置有一个带着两个脚趾头的小"脚"，他妹妹戏称为"小鸡腿"，因为尼克家的宠物狗曾经误以为那个是鸡腿，想要吃掉它。看到儿子这个样子，他的父亲吓了一大跳，甚至忍不住跑到医院产房外呕吐。他的母亲也无法接受这一残酷的事实，直到尼克·胡哲4个月大才敢抱他。父母对这一病症发生在他身上感到无法理解，多年来到处咨询医生也始终得不到医学上的合理解释。"我母亲本身是名护士，怀孕期间一切按照规矩做。"英国《每日邮报》7月1日援引尼克·胡哲的话报道，"她一直在自责。"经过长期训练，残缺的左"脚"成了尼克·胡哲的好帮手，它不仅帮助他保持身体平衡，还可以帮助他踢球、打字。他要写字或取物时，也是用两个脚趾头夹着笔或其他物体。"我管它叫'小鸡腿',"尼克·胡哲开玩笑地说,"我待在水里时可以漂起来,因为我身体的80%是肺,'小鸡腿'则像是推进器。"游泳并不是尼克·胡哲唯一的体育运动,他对滑板、足球也很在行,"最喜欢英超比赛"。他还能打高尔夫球。他先看射击的方向然后在击球时,他用下巴和左肩夹紧特制球杆,然后击打,并击打成功。尼克·胡哲在美国夏威夷学会了冲浪。他甚至掌握了在冲浪板上360度旋转这样的超高难度动作。由于这个动作属首创,他完成旋转的照片还刊登在了《冲浪》杂志封面。"我的重心非常低,所以可以很好地掌握平衡。"他平静地说。由于尼克·胡哲的勇敢和坚韧,2005年他被授予"澳大利亚年度青年"称号。

尼克·胡哲从17岁起开始做演讲,向人们介绍自己不屈服于命运的经历。随着演讲邀请信纷至沓来,尼克·胡哲开始到世界各地演讲,迄今已到过35个国家和地区。他还创办了"没有四肢的生命"组织,帮助有类似经历的人走出阴影。2007年,尼克·胡哲移居美国洛杉矶,不过演讲活动并没有停止。他计划去南非和中东地区演讲。他用带澳大利亚口音的英语告诉记者:"我告诉人们跌倒了要学会爬起来,并开始关爱自己。"

资料链接

自强的表现

1. 自强是努力向上,是对美好未来的无限憧憬和不懈追求。

2. 自强是奋发进取,是狂风暴雨袭来时的傲然挺拔。

3. 自强是脚踏实地,百折不挠,一步一个脚印地向着崇高的理想迈进。

4. 自强是对困难的蔑视,对挫折的回应,对成功的向往和渴望。

5. 自强是在命运之风暴中奋斗的汲汲动力,是在残酷现实中拼搏的中流砥柱。

6. 自强是"有志者,事竟成,破釜沉舟,百二秦关终属楚"的凌云壮志,是"苦心人,天不负,卧薪尝胆,三千越甲可吞吴"的雄浑气魄。

7. 自强是滴自己的汗,吃自己的饭,自己的事情自己干,勇往直前的勇气和魄力。

8. 自强是"看成败,人生豪迈,只不过是从头再来"的决心,是振作精神,下定决心,排除万难的信念。

9. 自强是一种困难压不倒,厄运不低头,危险无所惧的亮丽操守。

体验与践行

一、恩格斯说："动物仅仅利用外部自然界，单纯地以自己的存在来使自然界改变；而人则通过他所做出的改变来使自然界为自己的目的服务，来支配自然界。这便是人同其他动物的最后的本质区别。"

恩格斯的话体现了什么哲学原理？为什么？

二、有这样一则寓言故事：三只青蛙同时掉进一只装满鲜奶的木桶中。第一只想，这是上天的旨意……第二只说，木桶太深了，我实在没有办法跳出去……第三只，没有放弃努力，它想：只要我的后腿还有些力气，我就一定要把头伸出鲜奶上面。结果怎样？由于它不断地游，鲜奶变成奶油，结块了。它自然得救了。

结合上述寓言，分析自信自强对于理想实现的作用，并搜集能体现自强不息的人物事迹。

三、根据所学内容，结合个人实际，制订一份培养自己自信心的计划。

专题二

用辩证的观点看问题，培养积极进取的人生态度

认识目标：学习唯物辩证法的观点和方法，使学生了解事物的普遍联系与发展变化、矛盾是事物发展的动力等唯物辩证法的基本观点和方法，以及树立积极人生态度的重要意义。

能力目标：学会用联系的、全面的、发展的观点看问题，自觉营造和谐的人际关系，正确对待人生发展中的顺境与逆境，处理好人生发展中的各种矛盾。

素质目标：培养积极向上的人生态度，学会享受生活的美好。

第一节　科学的世界观与人生的发展方向

案例导入

王选（1937—2006），生于上海，江苏无锡人，中国科学院院士，中国工程院院士，第三世界科学院院士，北京大学教授。1992年，王选研制成功世界首套中文彩色照排系统。先后获日内瓦国际发明展览金牌、中国专利发明金奖、联合国教科文组织科学奖、国家重大技术装备研制特等奖等众多奖项。

王选在计算机应用研究和科学教育领域里取得重大成就，1991年获国务院特殊津贴，1995年获联合国教科文组织科学奖、何梁何利科学与技术进步奖，获2001年度国家最高科学技术奖。还先后获全国教育系统先进工作者、国家有突出贡献中青年专家、全国高等学校先进科技工作者、全国教育劳动模范、全国先进工作者、北京市劳动模范、"首都楷模"等称号，并被授予人民教师奖章。

他写过一篇文章《我一生中的八个重要抉择》，文中提到："我们到了二年级的下学期分专业——那时候有数学专业，搞纯数学的；力学专业；还有计算数学——是刚刚建立的一个专业，同计算机是关联的。好的学生当时都报到数学专业去，觉得计算数学这个专业跟计算机打交道，没有意义，很枯燥。当时输入用卡片或纸带，非常烦琐，就这个烦琐的东西，不见得有很多高深的学问，所以很多学生都不愿意报。我一生中第一个重要的抉择，是选择了计算数学，正好赶上了计算机迅速发展的年代，这是我一生中的幸运，这个幸运跟我当初的抉择有关。为什么当初选这个方向呢？我觉得我这个抉择的一个重要的核心的想法是：一个人一定要把他的事业，把他的前途，跟国家的前途放在一起，这是非常重要的。我当时选择这个方向，就是看到未来国家非常需要这个。我非常关注我们国家的科学事业的发展，我看到了十二年科学规划里，周恩来总理讲了未来几个重点的领域，包括有计算机技术，我看了以后非常高兴，我觉得把自己跟国家最需要的这些事业结合在一起，是选择了正确的道路。这是我一生中第一个抉择，选择了计算数学这个方向……可惜当时我是一无名小卒，别人根本不相信。我说要跳过日本流行的第二代照排系统，跳过美国流行的第三代照排系统，研究国外还没有商品的第四代激光照排系统。他们就觉得简直有点开玩笑，说：'你想搞第四代，我还想搞第八代呢！'我从数学的描述方法来解决，他们也觉得难以理解。当时清华大学精密仪器系和长春光机所的一批权威都是在光学上非常出色的，这么多的光学机械权威解决不了的（搞第二代非常复杂，动作啊、精度啊，要求非常高）这么困难的问题，怎么可能由一个无名小卒用一种数学的描述，软、硬件结合一下，就解决了？这不可思议。所以我被批判为'玩弄骗人的数学游戏'，是不可信的。幸运的是1976年我得到了电子工业部郭平欣、张淞芝两位领导的支持，后来又得到教育部、计委、科委、经委的大力支持。

"我就从1975年自己动手做，一直做到1993年的春节。一直做，做了差不多18年，18年的奋斗。18年里头没有任何假日，没有礼拜天，也没有元旦，也没有年初一。年初一都是一天三段在那儿工作，上午、下午、晚上，所以我能够体会这句名言：'一个献身于学术的人就再也没有权利像普通人那么生活。'我家里必然会失掉常人所能享受到的不少的乐趣，但也能得到常人所享受不到的很多乐趣。当然这个乐趣是难以形容的，看到我们全国的报纸99%都用了北京大学开创的这种技术，这种既感动又难以形容的心情，是一种享受。今天我们的年轻人能欣赏到他们的杰作，都非常漂亮。像日本的非常著名的汽车杂志，双周刊，每期500页，这里头非常漂亮的版面，就是我们自动排出来的。看到自己劳动的成果被广泛应用，那种享受是难以形容的。而且我认为克服困难本身是一种难以形容的享受。居里夫人曾经讲过，科学探索研究，其本身就是一种至美、一种享受，带来的这种愉快本身就是一种酬报。很多有成就的人都把工作中的克服困难看作是一种享受。著名诗人歌德也认为，一个有真正才干的人，都在工作过程中感到最高度的快感。我在18年的奋斗中间，在克服一个又一个的困难当中，也体会到一种高度的享受。"

 思 考 从王选的事例中我们得到哪些启示？

一、认识世界需要科学的世界观

爱因斯坦的世界观为："我们这些总有一死的人的命运多么奇特！我们每个人在这个世界上都只作一个短暂的逗留；目的何在，却无从知道，尽管有时自以为对此若有所感……我每天上百次地提醒自己：我的精神生活和物质生活都是以别人（包括生者和死者）的劳动为基础的，我必须尽力以同样的分量来报偿我所领受了的和至今还在领受着的东西。我强烈地向往着俭朴的生活。并且时常发觉自己占用了同胞的过多劳动而难以忍受……我从来不把安逸和享乐看作生活目的本身——我把这种伦理基础叫作猪栏的理想，照亮我的道路的是善、美和真。"

世界观是人们对包括自然、社会和人类思维在内的整个世界的总体看法和根本观点。

由于人们总是从自身的存在和发展这个基本点出发去认识世界，形成对世界的根本看法和观点，因此，世界观也是人们对人和世界关系的总体把握。作为理解和协调人与世界相互关系的世界观，它既要反省人对世界的认识问题（认识论），又要反省人对人与世界关系的评价问题（价值论），更要反省自身的存在与发展问题。

世界观为人们提供认识世界和改造世界的普遍方法，它不是只简单地描述现实世界，而且还批判现实世界，构想更理想的世界，它往往作为理想、信念从而也作为价值观对人们起着激励和导向作用。

世界观的基本问题是精神与物质、思维与存在、主观与客观的关系问题。辩证唯物主义和历史唯物主义是无产阶级及其政党的世界观。我们党把这一科学的世界观同中国的具体实践相结合，形成了有中国特色的"实事求是"的思想路线，即"一切从实际出发，理论联系实际，实事求是，在实践中检验真理和发展真理"。这是科学、正确的世界观最具体、最生动、最集中的表现。

马克思主义世界观是辩证唯物主义和历史唯物主义相统一的世界观，是正确的世界观，也是无产阶级的世界观。这个世界观是人类历史文化发展的产物，是以实践范畴为核心的完整的科学体系。辩证唯物主义和历史唯物主义是马克思主义的基石。具体问题具体分析是马克思主义活的灵魂，解放思想、实事求是、一切从实际出发是马克思主义理论精髓。中国共产党运用马克思主义理论指导中国的革命和建设，实现了历史性的突破。

同样，对于个人，世界观总是和他的志向、信念有机联系在一起的，世界观总是处于最高层次，对志向和信念起支配作用和导向作用；同时世界观也是个性倾向性的最高层次，它是人的行为的最高调节器，制约着人的整个心理状态，直接影响人的个性品质。可以讲，世界观决定一个人的价值观和人生观。价值观是人对客观事物的需求所表现出来的评价，它包括对人的生存和生活意义即人生观的看法，属于个性倾向性的范畴。价值观的含义很广，包括从人生的基本价值取向到个人对具体事物的态度。人生观被认为是对人生的意义和目的的根本观点。一个人的世界观是否正确，将直接影响他的价值观和人生观。世界观一旦形成，就对人的活动发生支配作用，发挥决定作用。每个人都有自己的世界观，但每个人的世界观是不一样的。由于人们的社会实践水平以及所处的历史发展阶段、知识结构以及思维方式不同，认识会有所不同，世界观也有所不同；人们因其根本利益、社会地位，以及对社会发展、人生追求的看法和态度有所不同，由此形成不同的世界观。在过去我们讲阶级斗争的时候，一个人的阶级立场、阶级属性在很大程度上决定着一个人的世界观。世界观这个问题也是社会存在决定社会意识，有什么样的社会存在就有什么样的世界观。

在我们的成长经历中会遇到各种各样的人群，不同人群，他们的世界观都有所不同，通过接触的人和事及环境因素，人们的世界观也会有所改变。只有树立正确的世界观，

才能保持政治上的清醒与坚定，才能坚定
不移地跟党走中国特色社会主义道路；才
能抵御各种错误思想的侵蚀和影响，在任
何考验面前站稳立场；才能形成正确的思
想方法和工作方法，为将来所从事的工作
打下坚实的基础。树立正确的世界观对于

　　人的一生可能燃烧也可能腐朽，
我不能腐朽，我愿意燃烧起来！

———奥斯特洛夫斯基

现在的我们尤为重要，因此我们不要被身边的错误现象所蒙蔽，自觉树立正确的世界观，
只有这样，才能像毛泽东所说的，成为一个高尚的人、一个纯粹的人、一个有道德的人、
一个脱离了低级趣味的人、一个有益于人民的人。

二、做事情要具体问题具体分析

　　矛盾是辩证法的核心概念。马克思、恩格斯在批判继承了黑格尔的唯心主义辩证法
的基础上，创立了唯物辩证法。他们把辩证法看作是关于自然界、社会和思维发展的最
一般规律的科学，是科学的世界观和方法论。它科学地回答了世界是如何存在的这一问
题，即世界上的万事万物是以联系、发展的状态存在，还是以孤立、静止的状态存在。
唯物辩证法认为，世界上的事物都是相互联系的、运动发展的，发展的根本原因在于事
物的内部矛盾。由于唯物辩证法是从自然界和社会生活本身抽象出的科学理论，所以它
既是客观事物发展的普遍规律，也是认识、思维的普遍规律。唯物辩证法的基本规律包
括对立统一规律、质量互变规律、否定之否定规律和诸多范畴按照其内在联系而组成的
科学体系。对立统一规律又称矛盾规律，这一规律揭示事物发展的源泉、动力及其实在
的过程，提供理解一切现存事物的运动规律的钥匙。矛盾作为哲学范畴，是指事物内部
或事物之间的对立和统一的关系。对立和统一是矛盾的基本属性。

　　对立面的统一即矛盾的统一性，是矛盾双方相互依存、相互肯定的属性，它使事物
保持自身统一。事物保持暂时的自身统一，使对立双方能够共处于一个统一体中，这
是事物获得发展的必要前提。由于对立面之间相互统一的作用，双方能够互相吸取和
利用有利于自己的因素而得到发展，从而为扬弃对立、解决矛盾准备条件。对立面的
斗争即矛盾的斗争性，是矛盾双方相互排斥、相互否定的属性，它使事物不断地变化
以至最终破坏自身统一。由于对立面之间相互斗争的作用，双方的力量对比和相互关
系不断地发生变化；当这种变化达到旧的矛盾统一体所不能容许的限度时，就造成旧矛
盾统一体的瓦解、新矛盾统一体的产生。对立面之间的相互斗争是促成新事物否定旧事
物的决定力量。

　　对立面的相互斗争并不是在双方之间划出一条绝对分明的和固定不变的界限。在对
立面的相互斗争中，就有相互依存、相互渗透、相互斗争的结果，可以使双方相互转化、
相互过渡。同样，统一也总是以差别和对立为前提，没有离开斗争的统一。在对立面的

相互统一中，就有相互对立、相互排斥；作为斗争的结果而发生的对立面的相互转化，最鲜明地表现着对立面之间的内在统一。

事物发展的动力和源泉是事物的内部矛盾。矛盾的同一性和斗争性在事物发展中都起着重要作用。

矛盾的同一性在事物发展中的作用表现在：第一，统一性是事物存在和发展的前提，在矛盾双方中一方的发展以另一方的发展为条件，发展是在矛盾统一体中的发展。第二，统一性使矛盾双方相互吸取有利于自身的因素，在相互作用中各自得到发展。第三，同一性规定着事物转化的可能和发展趋势。

矛盾的斗争性在事物发展中的作用表现在：第一，矛盾双方的斗争促进矛盾双方力量的变化，造成双方力量发展的不平衡，为对立面的转化、事物的质变创造了条件。第二，在事物质变过程中，斗争突破事物存在的限度，促成矛盾的转化，实现事物的质变。在事物发展中，矛盾的同一性和斗争性都有重要作用，但都不能孤立地起作用，只有将二者结合在一起才能成为事物发展的动力。

矛盾作为世物发展的动力和源泉，是通过矛盾的不断发展和解决而表现出来的，因为深入认识矛盾的作用，就要分析矛盾的状况、发展和矛盾的解决。

矛盾具有普遍性和特殊性。矛盾作为事物发展的动力和源泉，是一种普遍的规定，这也就是说，矛盾是普遍的。矛盾的普遍性又叫矛盾的共性，它是指矛盾存在于一切事物中，存在于一切事物发展过程的始终。简言之，矛盾无处不在，矛盾无时不有。矛盾是普遍存在的，但是不同事物的矛盾又各不相同，都有其特殊性，矛盾的特殊性又叫矛盾的个性，它是指矛盾的性质、地位以及解决矛盾的具体形式各有其特点。任何事物都是一个复杂的矛盾体系，认识矛盾的特殊性，首先从构成事物矛盾体系的诸多矛盾及其关系中去把握其特殊性：第一，根本矛盾和非根本矛盾。每一事物及其发展过程都有其根本矛盾，同时又包含着非根本矛盾。根本矛盾是指贯穿于事物发展过程的始终，并规定事物的本质的矛盾。非根本矛盾是指不规定事物的本质，也不一定贯穿于事物发展过程始终的矛盾。同化和异化是生物体的根本矛盾，而生物体运动中包含着物理、化学等性质的矛盾是非根本矛盾。第二，主要矛盾和非主要矛盾，矛盾的主要方面和非主要方面。在事物的矛盾体系中，常常会有一种矛盾的存在和发展，规定或影响着其他矛盾的存在和发展。这种处于支配地位、对事物的发展起决定性作用的矛盾，就是主要矛盾；其他处于从属地位、对事物的发展不起决定作用的矛盾，就是非主要矛盾，也叫作次要矛盾。不论主要矛盾还是非主要矛盾，其矛盾双方的力量是不平衡的。其中一方处于支配地位，起着主导作用，这就是矛盾的主要方面。另一方处于被支配地位，不起主导作用，这就是矛盾的非主要方面。事物的性质是由主要矛盾的主要方面决定的，无论是主要矛盾与非主要矛盾，还是矛盾的主要方面与非主要方面，二者是辩证的，矛盾双方相互作用，甚至在一定条件下，它们的地位还会发生转化。

　　研究主要矛盾和非主要矛盾、矛盾的主要方面和非主要方面之间的关系，就是要求人们在分析和处理矛盾的过程中，坚持唯物辩证法的两点论与重点论相统一的原则。坚持两点论，就是要求在分析任何事物及其矛盾时，既要研究主要矛盾、矛盾的主要方面，又要研究非主要矛盾和矛盾的非主要方面。坚持重点论，就是要求在分析任何事物及其矛盾时，要着重把它的主要矛盾和矛盾的主要方面置于优先位置。唯物辩证法的两点论和重点论是有机统一的。

　　另外，要认识矛盾的特殊性，还要从解决矛盾的具体形式着手来把握其特殊性。矛盾的发展是和矛盾的解决联系在一起的，具体事物的矛盾发展过程是千差万别的，因而矛盾解决的形式也是多种多样的。一般来说，矛盾解决的形式有三种：一是矛盾一方克服另一方，一方吃掉一方。例如在社会生活领域中，正义战胜邪恶；在认识领域，真理战胜谬误，科学战胜迷信等等。二是矛盾双方同归于尽，为新的对立双方所代替。例如，封建社会中农民阶级和地主阶级的矛盾的最终解决，就是被新的对立双方——无产阶级和资产阶级的矛盾所代替。三是矛盾双方融合为一个新事物。

　　矛盾的普遍性与特殊性是不可分割的。它们是共性与个性，绝对与相对的辩证统一关系。矛盾的特殊性包含着矛盾的普遍性，共性寓于个性之中；共性统摄着个性；矛盾的普遍性与特殊性在一定条件下能相互转化。矛盾的普遍性和特殊性、共性与个性的有机统一，是关于矛盾问题的精髓，它既是客观事物本来的辩证法，又是指导人们正确认识事物的方法论。深刻把握矛盾的共性与个性的辩证关系，就要求人们具体问题具体分析。具体问题具体分析，是指在矛盾普遍性原理的指导下，具体分析矛盾的特殊性，并找出解决矛盾的正确方法，它是马克思主义的一个重要原则，是马克思主义的活的灵魂，对我们正确认识世界和改造世界具有重要的方法论意义。

资料链接

　　马克思主义是无产阶级认识世界和改造世界的伟大思想武器，而世界上一切事物不仅充满矛盾，而且每一事物的矛盾又各有特点，如不进行具体分析，既不能认识世界，改造世界更无从谈起。

　　毛泽东在《矛盾论》中论述了具体地分析具体情况的一般性原则，这就是：分析各种物质运动形式矛盾的特殊性；研究每一物质运动形式在其发展长途中的每一个过程矛盾的特殊性，即研究过程矛盾的特点；过程中矛盾的各个侧面也有各自的特殊性，要注意加以研究；一个过程在其发展长途中常常又分为若干阶段，而每一阶段上矛盾的特点是不相同的，要认真分析研究；阶段上矛盾着的各个侧面也各有特点，不可一律对待，亦须作具体分析。只有对客观事物作这样具体的分析，方能正确认识事物，制订出改造世界的正确方案；才能分清矛盾的性质和

特点，从而进一步制订出解决矛盾的正确方法。

具体问题具体分析是人们正确认识事物的基础——世界上的事物之所以千差万别，就在于它们各有其特殊矛盾，这种特殊矛盾规定了一事物区别于他事物的特殊本质。只有从实际出发，具体分析矛盾的特殊性，才有可能区分事物，认识事物发展的特殊规律。

议一议

常言道："水火不相容。"着了火用水浇就行了，你认为如何？

具体问题具体分析是正确解决矛盾的关键——不同质的矛盾，只有用不同质的方法才能解决，只有对具体情况进行分析，把握事物矛盾的特殊性，才能找到解决矛盾的正确方法。

做到具体问题具体分析，就要注意研究事物的特点、本质以及该事物存在的具体条件。不同事物具有不同的特点，同一事物在不同的条件下表现出不同的特点。我们应该运用科学、辩证的观点全面观察事物、分析问题。

首先，我们要确信任何事物都不是孤立地存在的，分析问题时，要看到事物内部各种构成因素之间的关系，以免偏颇。

资料链接

隋炀帝在历史上是暴君，他开凿大运河给人民带来沉重负担和深重灾难。可是唐代诗人皮日休却在《汴河怀古》中冷静地评价："尽道隋亡为此河，至今千里赖通波。若无水殿龙舟事，共禹论功不较多。"客观地说，隋炀帝开凿大运河是一项伟大的工程，促进南北经济发展，后世享用至今。我们还可以联系到秦始皇建万里长城。这首怀古诗让我们看到隋、秦亡国的真正原因，不在于开大运河和建万里长城本身，而在于国君"水殿龙舟事"的源头——践踏民生的"独夫"之心。

其次，我们要看到问题的各个方面，考虑多种可能的因素，抓住最主要的矛盾和最关键的原因，剔除次要的枝节或表象。

资料链接

《廉颇蔺相如列传》中"完璧归赵"和"渑池会"展示了蔺相如的过人胆识和非凡口才，他以外交家的魄力战胜了秦王，为赵国赢得了国威和荣誉。可是历史学家告诉我们的真相却使我们清醒和冷静：蔺相如的三寸不烂之舌真的能起到如此巨大的作用吗？秦王真的会败给他？原来，当时秦对外扩张的中心由向东推进改为南下攻楚，所以秦王不因和氏璧的小事与蔺相如乃至赵国纠缠，又在渑池会上与赵修好，为的是防止赵国掣肘自己攻打楚国的计划——其实真正抓大放小、不以一时之怒而影响统一大计的乃是秦王！在《屈原列传》中我们已经清楚地看到了楚国的命运。蔺相如立下的"功劳"，只是秦国统一趋势中一朵拍击的浪花而已。

需要说明的是，在追求全面、辩证分析问题的时候，也要注意自己的原则立场，避免为了辩证而在说理时反反复复、逡巡不前、进退不由，使自己的观点不知所云。

此外，我们还要看到矛盾的事物在一定条件下互相转化的可能性。陈至立在谈知青群体人生历程时曾感言："苦难和挫折是宝贵的财富。"苦难挫折与财富在很多人的命运中既相对立又相依存，就如孟子所言："天将降大任于斯人也，必先苦其心志，劳其筋骨，饿其体肤，空乏其身，行拂乱其所为，所以动心忍性，曾益其所不能。"

名人名言

马克思主义最本质的东西，马克思主义的活的灵魂，就在于具体地分析具体的情况。

——毛泽东

三、人生要有科学的方法

在科学领域，方法至为重要。一部科学史，在很大程度上就是一部工具史——无形的和有形的——由一系列人物创造出来，以解决他们所遇到的某些问题。每种工具和方法都是人类智慧的结晶。

人生发展变化的过程受许多许多因素制约，不同的人有不同的成功道路，发展轨迹是不一样的，科学的发展方式更有益于人的发展进步，如：有的人喜欢打篮球、有的人喜欢跑步、有的人喜欢户外运动等等，每个成功的个体人生和群体人生都有自己得以成功的独特方法。

有人说"方法"一词来源于希腊文，含有"沿着"和"道路"的意思，表示人们活动所选择的正确途径或道路。殊不知"方法"一词在我国不仅使用早，而且与希腊文"方法"一词涵义也相一致。"方法"，就是"行事之条理也""法者，妙事之迹也"。把方法看成是人们巧妙办事或有效办事应遵循的条理或轨迹、线路或路线。

人们的世界观总是在观察和处理各种具体事物和具体问题时通过所持的态度和所采取的方法或思想而表达出来。因此世界观又是方法论。人们认识世界要有认识方法或思想方法，改造世界也要有行动方法或工作方法。认识和改造不同对象需要不同的方法。

人生方法是指与解决人们的思想、言论和行动等问题相关的门路、程序、办法、方法、策略等，人生方法贯穿于人生过程各个层面，与人的生存和发展有着直接相关，是为人们立身于世界服务的。它包括人们求生存和发展的方法、与人的成长进步相关的战略战术、人们争取成功采取的韬略办法以及思想方法、行为方法、学习方法等等。

人生，是人的生命活动的社会旅程。不论认识世界还是改造世界，在我们的人生道路上都需要采取一定的方法，不同的方法产生不同的效果。认识和选择正确的方法是关系人生成败和人类文明事业兴衰成败的重大问题。

大江东流，日月交替，大自然生生不息，用规则演绎着生命的轨迹。火车之所以能够奔驰千里，是因为它始终离不开两条铁轨；风筝之所以能高高飞翔，是因为它总是未脱离手中的连线；宇宙间无数颗恒星亘古不变地灿烂，是因为它们都按照自己的轨道运行。人类社会也是如此，军队的战斗力来自于铁的纪律，企业的竞争力来源于严格的规章制度，学校的生命力则来自于严格的校纪校规。社会发展要讲规矩讲方法，同样，作为万物之灵长的人类也应该有相应的人生方法，而且是科学的人生方法。

科学的人生方法有助于我们正确地认识世界和改造世界。认识世界和改造世界是认识主体（人）同一活动的两个不同方面。认识世界是指人们对自然和人类社会本质和发展规律的认识；改造世界是运用实践的力量引起包括人在内的整个世界和社会的变化，创造出更多的物质财富和精神财富，也就是改造客观世界和主观世界。认识世界和改造世界是相互联系的，一方面，要认识世界就必须改造世界，这是认识世界的目的。另一方面，要改造世界，就必须认识世界，认识世界是改造世界的前提条件，人们只有认识了客观世界的本质及其发展规律，才能在改造世界的斗争中获得自由。无产阶级要实现改造客观世界的目的，就必须不断地改造主观世界，这是改造世界的两个重要方面。因为客观世界是复杂的、不断发展的，主客观之间总是存在着认识的差别和矛盾，要想正确地反映客观世界，跟上客观世界的发展，就必须不断地改造主观世界，改造主观与客观的关系，树立辩证唯物主义和历史唯物主义的科学世界观。要想达到主客观世界的统一，必须在实践的基础上，用科学的理论武装头脑，用科学的方法去指导实践。

另外，科学的人生方法还能帮助我们分析问题、解决问题，为我们提供观察人生问题的方法，提高我们对人生意义、人生理想、人生目的的认识，帮助我们树立正确的人生态度。

有的人将"人"写得浩气凛然、顶天立地；有的人把"人"写得认认真真、堂堂正正；有的人把"人"写得马马虎虎、歪歪斜斜；有的人把"人"写得头脑倒立、挤进了非人的行列。

你将如何书写自己的人生？

名人名言

一个科学家，他首先必须有一个科学的人生观、宇宙观；必须掌握一个研究科学的科学方法！这样，他才能在任何时候都不致迷失道路；这样，他在科学研究上的一切辛勤劳动，才不会白费，才能真正对人类、对自己的祖国做出有益的贡献。

——钱学森

四、把握人生发展的规律，不断优化自己的人生

毛泽东在《实践论》中指出："人们要想得到工作的胜利即得到预想的结果，一定要使自己的思想合乎客观外界的规律性，如果不合，就会在实践中失败。"社会发展决定一个人的产生、发展和前途。人生规律要和社会发展规律相符合，实现人生科学化。

优化人生，既是一个时间概念，又是一个文化概念；既是一个生物概念，又是一个精神概念；既是一个历史概念，又是一个时代概念。"人生难以最好，但可以更好。人生就是在追求一个个更好的目标中不断优化、彰显其自身价值的。"人生的核心使命是做人、做事，做事的成功又需要以做人的成功为支撑。

人生优化是为适应社会发展在进化基础上主动地改造自身的过程，是为全面提高自身素质对人生结构进行科学的组合，使人生质量达到最佳状态。

孔子的忧乐人生："学而时习之，不亦说乎？"国外有句名言"最美好的风景在读书中。"学习真的让人很快乐吗？有人说学习是一件很辛苦的事，是一个认知的过程，是一个辨别对错真假、积累知识的过程。在学习中不断地唤醒自己的潜能，享受到优化自己后的喜悦，这就是孔子说的"学而时习之，不亦说乎"的真谛。

优化人生是实现人生科学化的手段，是遵循人生规律创造美好人生的有效途径，可以实现人生要素的有效组合，全面提高人生素质。人生优化是多方面的，包括生活方式的优化、思想意识的优化、人生行为的优化、知识结构的优化、素质和能力的优化、世界观人生观价值观道德观等的优化。人生，活的是一种价值，这种价值主要体现在怎

样做自己上。要取得令人满意的业绩，环境因素有一定的作用，但根本在自己，在于自己是否优化了自己的人生。

优化人生，必须有强烈的优化意识。每个人在人生中都要选择一条路来走。毛泽东同志说过："人总是要有一点精神的。"一个人要想有所成就，必须有优化意识，这种意识本身就是一种动力，具有导人向前、向上的强大力量。我们都应在奋进中，不断超越自己，创造非凡的人生。

第二节　事物发展与人生境遇

史铁生，1951 年出生于北京，电影编剧，著名作家。生前曾任北京市作家协会副主席、驻会作家，中国作家协会第五、六、七届全国委员会委员，中国残疾人作家协会副主席。1967 年毕业于清华大学附属中学。因病双腿瘫痪，后来又患肾病并发展到尿毒症，靠着每周 3 次透析维持生命。自称职业是生病，业余在写作。他在散文《我与地坛》中写道：两条腿残废后的最初几年，我找不到工作，找不到去路，忽然间几乎什么都找不到了，我就摇了轮椅总是到它那儿去，仅为着那儿是可以逃避一个世界的另一个世界。

史铁生多年来与疾病顽强抗争，在病榻上创作出了大量优秀的、广为人知的文学作品。他的作品多次获得国内外重要文学奖项，多部作品被译为日、英、法、德等文字在海外出版。他为人低调，严于律己，品德高尚，是作家中的楷模。史铁生病故后，根据其生前遗愿，他的脊椎、大脑捐给医学研究；他的肝脏捐给需要的患者。他的写作与他的生命完全连在了一起，在自己的"写作之夜"，史铁生用残缺的身体，表达了最为健全而丰满的思想。他体验到的是生命的苦难，表达出的却是明朗和欢乐，他睿智的言辞，照亮的反而是我们日益幽暗的内心。在最艰难的日子里，他一如既往地思考着生与死、残缺与爱情、苦难与信仰等重大问题，并解答了"我"如何在场、如何活出意义来这些普遍性的精神难题。当多数人在这个困难时刻放弃希望时，史铁生却居住在自己的内心，苦苦追索人之为人的价值和光辉，这种勇气和执著，深深地唤起了我们对自身所处境遇的警醒和关怀。

　结合史铁生的事例谈谈你对人生发展中顺境和逆境的看法。

一、用发展的观点看问题

（一）世界的运动发展

物质世界是一个有机联系的整体，事物运动发展的根本原因就是由于事物之间的联系，而这种相互联系内含相互作用，相互作用必然导致事物的运动和发展。在唯物辩证法中运动和发展是同一范畴。运动包含宇宙中的一切变化和过程，它是物质的存在方式和根本属性。发展是在运动的基础上揭示物质运动的整体趋势和方向性的范畴。简言之，发展是运动的一种特殊形式，它是前进的、上升的运动，是事物从一种形态转变为另外一种形态，特别是在人类社会中，是从低级向高级、由简单到复杂的上升运动。

任何事物都是变化发展的，都有其产生、发展和灭亡的过程。而事物在每个阶段所处的地位、作用和状况是不同的，因此，用发展的观点观察和分析问题，就要正确对待和处理事物之间的关系。对昨天，不能苛求；对今天，要立足于现实；对明天，则要有预见性，要科学地预见事物发展的未来方向，审时度势、因势利导地为事物发展创造一切必要的条件。

要用发展的眼光分析问题。现实生活和客观事物纷繁复杂，不断变化发展。如果用静止、孤立、绝对化的观点看问题，往往会滞后且偏激。比如，莫泊桑的小说《项链》，传统的教材分析主人公玛蒂尔德的性格思想时往往集中于剖析她的虚荣心，由此上升到对社会制度的批判。改革开放以后随着文化的开放、视角的多元化，对玛蒂尔德的评价变得理解和宽容——对她诚信精神的肯定、责任勇气的赞美和人性的理解，使她的形象变得可爱了。这一变化，恰恰说明了我们的社会观念变得更为理性和辩证，更加重视人自身的理想、愿望和诉求。

> **知识链接**
>
> 发展的实质是什么？发展的实质就是新事物的产生和旧事物的灭亡。新事物是符合客观规律、具有强大生命力和远大前途的事物。旧事物是违背事物发展的必然趋势、最终走向灭亡的事物。新事物必然战胜旧事物的原因：第一，新事物符合客观规律，具有强大生命力和远大前途，而旧事物则相反；第二，新事物比旧事物有优越性，因为它克服了旧事物的消极因素，保留了旧事物的积极因素，并且增添了一些为旧事物所不能容纳的新内容；第三，在社会历史领域中，新事物符合人民群众的利益，得到人民群众的拥护支持。事物的发展之所以是新事物会战胜旧事物，主要是因为：新事物的成长壮大需要经历一个由小到大、由不完善到比较完善的曲折发展过程；新事物的成长过程总是受到旧事物的抵制和扼杀；在社会历史领域内，人们对新事物的认识和接受也需要经过一个长期历史过程。但是，不管经历怎样的艰难和曲折，新事物必然会战胜旧事物。

（二）发展是前进性和曲折性的统一

任何事物的发展都不是直线式的，而是曲折性与前进性的统一。前进性是总的趋势，新生事物是不可战胜的。

但事物的发展不是一帆风顺的，必然会经历一个艰难曲折的过程。它总会经历一个从小到大，从弱到强，从不完善到比较完善的循序渐进的曲折发展过程。事物的发展不是笔直的，而是波浪式前进、螺旋式上升的过程。

知识链接

螺旋式上升的形式其实是一个不完全封闭的圆圈，前一个开放性的圆圈的终点也是后一个开放性的圆圈的起点，事物的发展，就是一个周期接着一个周期，循环往复，以至无穷。这种形式表明事物的发展过程是前进性与曲折性、上升性与曲折性的统一。需要说明的是，事物的曲折、倒退是暂时的，它的总趋势是改变不了的。

坚持事物的发展是前进性与曲折性统一的原理，对我们正确认识事物有着重要意义。要坚信前途是光明的，道路是曲折的，这是一切事物发展的客观规律。

议一议

回顾 20 世纪中国的历史，你能否体会到中国社会的巨大发展？ 20 世纪人类社会的巨大发展对你有何启示？

二、时代精神与人生态度

时代精神是一个时代的人们在文明创建活动中体现出来的精神风貌和优良品格，是激励一个民族奋发图强、振兴祖国的强大精神动力，构成同时代精神文明建设的重要内容。根据一个国家、一个民族时代精神的内涵以及它在经济、政治、社会、文化等建设活动中所发挥作用的大小，可以透视其国民的理性程度与成熟水平，因而成为衡量其文明进步的重要标准。

时代精神反映一个时代人类社会发展变化的基本趋势，并已成为世界绝大多数国家和人民共同的心愿、意志和精神追求。当今时代，和平与发展既是时代的主题，也是全世界绝大多数国家和人民取得共识的时代精神。在这个时代里，世界范围内的现代科学技术革命正在蓬勃展开，科学技术以前所未有的速度向前发展。面对这一新技术革命浪潮的蓬勃兴起，中国的历史已进入一个伟大转折的新时代。有着强烈社会责任感的我们又应该有怎样的人生态度呢？

人生态度，是指人们在一定的社会环境影响和教育引导下，通过生活实践和自身体验所形成的对人生问题的一种稳定的心理倾向和基本看法。人生态度体现了人的基本立场、观点和行为倾向。人生态度是由认知、情感和意向三个基本因素构成的。人生道路是曲折的，在前进中必然会遇到各种矛盾。例如，成功与失败、光明与黑暗、生与死、苦与乐、得与失、顺境与逆境等等。对待这些矛盾的根本观点和态度，就是人生态度。人生态度主要包括人们对社会生活所持的总体意向，对人生所具有的持续性、信念以及对各种人生境遇所作出的反应方式等，是人们在社会生活实践中所形成的对人生问题的稳定的心理倾向。人生态度作为人生观的主要内容，是人生观最直接的表现和反应。

　　人生是认识世界和改造世界的生命历程，人生领域无比宽阔，学习、工作、爱情、家庭、理想都属于人生范畴，人生所涉及的范围也是丰富多彩的，不仅有人与自然界的关系问题，而且还有人际关系问题，不仅有物质生活和精神生活的关系问题，而且还有现实生活和理想生活的关系问题，这一系列问题，对每一个人来说，都是在人生历程中必然会遇到和必须解决的问题，而且解决这些问题，又同每一个人的人生态度有着直接的联系。

　　人生态度在人生过程中发挥着重要作用，一个人的某种态度一旦形成，就会支配着他按照某种原则来待人处世，来解决人生道路上遇到的各种矛盾。而人生态度是受社会环境影响的，是随着生产力的不断发展和社会的变化而变化的。因此，我们应该怎样处世待人，人生的道路该怎么走，这都表现出我们对客观事物、对他人以及对自己的基本态度。任何时代的时代精神，都会对人们应当树立怎样的人生态度提出要求。

　　我国当今的时代精神，要求我们树立怎样的人生态度呢？

　　第一，要树立奋发向上、勇于进取的人生态度。中华民族从来都是勇于进取的民族，在社会主义同资本主义两种社会制度相互竞争的国际形势下，我国必须坚持社会主义制度，迅速改变贫穷落后的面貌，争取尽早实现社会主义现代化。邓小平同志一针见血地指出："不坚持社会主义，不坚持改革开放，不发展经济，不改善人民生活，只能是死路一条。"为此，我们应当在马列主义基本原理和中国特色社会主义理论指导下，不断提高自己的政治素质，使自己具有坚定的政治立场、正确的政治观点和饱满的政治热情，坚持社会主义，坚持改革开放，努力学好本领，努力奋发向上，坚持勇于进取的人生态度，积极投身于祖国的社会主义建设，为祖国社会主义现代化建设做出贡献，也使自己的人生价值得到充分的实现。

　　第二，要树立一切从实际出发、实事求是的人生态度。坚持解放思想、实事求是，以马克思主义基本原理为指导，以实践作为检验真理的唯一标准，从斗争中不断创造新局面，坚持把解放思想和实事求是结合在一起。搞社会主义现代化建设和各项改革，必须从实际出发，实事求是，而不应幻想、空想，因为一切从实际出发，理论联系实际，实事求是，是我们认识世界和改造世界的锐利武器，是我们党一贯倡导的思想原则和工

作作风，也是我们贯彻党的思想路线和政治路线应有的科学态度。我们走自己的人生道路，也必须从实际出发，把握社会发展规律，把握事物的本质，为建设有中国特色社会主义做出更大的贡献。

第三，要树立脚踏实地、埋头苦干的人生态度。科学是老老实实的学问，科学是人们对自然、社会和思维活动最一般规律的系统认识的总结，掌握它，必须要有刻苦钻研的治学精神，必须下苦功夫，花大气力，付出一定的代价。祖国的建设和改革，也需要我们脚踏实地、埋头苦干，继承和发扬中华民族艰苦奋斗的优良传统。建设和改革无疑是艰苦的，唯其艰苦才需要我们去奋斗。所以我们要发扬艰苦创业的精神，因为只有这样，我们才能在生活道路上坚忍不拔，斗志旺盛，不论什么艰难困苦都能征服；才能在工作上兢兢业业，在学习上刻苦钻研。总之，有了这种精神，才能在社会主义现代化建设中勇往直前，成为一个合格的社会主义建设者。

第四，要树立不畏艰难曲折的积极的人生态度。我们国家的社会主义建设和各个方面的改革不可能是一帆风顺的，难免会遇到困难和挫折，我们的人生道路也不会是平坦的，因此，时代要求我们树立起不畏艰难曲折的积极的人生态度，要求我们对任何曲折、困难、逆境都能以顽强的意志奋力拼搏，披荆斩棘，只有这样，才能战胜一切困难，不断取得胜利。

我们正处在长知识、长身体、追求真知与真理的青春旺盛期，也是世界观、人生观正在形成、发展、趋向稳定和成熟的时期。生活在社会主义初级阶段的我们，应该按照以上要求，逐步树立起正确的世界观、人生观，正确对待不同的人生境遇。

三、正确对待不同的人生境遇

人生境遇即人生命运。当一个人身处顺境，碰到机遇，我们就说这个人是幸运的；如果一个人身处逆境，遭遇不幸，我们就说这个人的命运是厄运。所以，人们把追求理想目标实现过程中出现的顺利境遇，称之为顺境；反之，称之为逆境。顺境和逆境，对每个人的"机会"是不均等的。有的人顺境多一些，有的人逆境多一些。这取决于个人所处的客观条件及主观条件。

人是社会中的人，人的一生都受限于客观条件。社会环境、经济发展等都为人的发展提供了条件。在制约人们的社会领域中，有些事物是已经存在的，有些事物经过后天的改造会发生相应变化。比如，一个人的家庭背景、籍贯、性别，是无法改变的，它们从不同角度制约着个人发展。而一个人的学习、生活、工作环境或性质，可以通过努力发生变化，使之与自己的理想目标相吻合。一个人也可以通过教育和训练，使自己获得某种能力，从而获得某种发展的机会。

那么，我们又应该如何去做呢？

（一）正确对待奋斗中的顺境与逆境

人生就是奋斗。由于外部环境和自身条件的复杂多变，不可避免地会遇到不同的境遇。人生发展是前进性与曲折性的统一，在人生发展的过程中，不可避免地会

有顺境和逆境两种不同的境遇。顺境，是人们在奋斗过程中出现的顺利的境遇。如社会安定，经济发展，生活条件富足，工作环境优越等。在顺境中，人的成长和发展犹如顺水行舟，能较容易地到达目的地。所以，人们喜欢顺境。然而，良好的环境和条件并不等于个人可以坐享其成。顺境对于人的发展也有不利的一面。在顺境中，个人容易满足，安于现状，不思进取，导致人生平淡无奇，成为庸碌之辈。顺境对人生目标的实现固然有利，但是人生道路的曲折性与复杂性决定了逆境是不可避免的。逆境对人生发展虽然不利，但并非身处逆境就必定不能成功。逆境只是给人造成了不利的环境条件，但条件是可以由人来利用和改变的。处于逆境时，由于没有退路，往往会使人发掘潜能从而爆发出巨大的力量，摆脱逆境。因此，我们应该辩证地看待人生道路上的顺境和逆境。

一方面，顺境为人生发展提供机遇与有利条件，所以要善于抓住机遇，为社会和他人做贡献，为个人的发展提供机会和条件。另一方面，身处顺境若故步自封，就会使人的奋斗目标迷失，所以一个人身处顺境时要把握住优势，以创造出更多的价值，切不可迷失方向！

案例链接

阿姆斯特朗是登陆月球的第一人。小时候，他是一个善于幻想的孩子，但他的母亲从来不打击他的积极性。一次，他的妈妈在厨房洗碗，他在后院蹦蹦跳跳地玩耍，母亲问他："你在干吗？"他说："我要跳到月球上去。"他的妈妈听后没有像其他孩子的家长那样泼孩子冷水，也没有说"不要淘气，快停下来"之类的话，而是说："好！不要忘记回来哦！"在这种轻松的成长环境中，他终于登上了月球。可见，好的引导方式更有利于孩子的发展。

顺境无阻未必成。大千世界，处在顺境中庸庸碌碌、无所作为的例子屡见不鲜。一个人，"如果在情况好时不先考虑将来的事情，那么在时节改变时，就会遇到很大的不幸"。在太平盛世，因沉湎安乐与享受而自取灭亡的，历史上不乏其人。商纣王宠妲己，酒池肉林，寻欢作乐，通宵达旦，结果江山毁于一旦；周幽王宠褒姒，烽火戏诸侯，为觅一笑，付出千金，终于被困身亡；明末农民起义军领袖李自成入京以后，沉湎富贵，以致内部大闹宗派斗争，自相残杀，最终山海关失守，"仓皇而去，仓皇而败，仓皇而返"。

顺境为人生发展提供机遇和有利条件，逆境却是对人生的巨大考验。但另一方面，逆境可以磨炼人的意志。贾籍说过："世界荣誉的桂冠，常用荆棘编成。"生活中的逆境，只能成为砥砺人生锋芒的砺石。孔子周游列国宣扬"仁政"到处碰壁，一生遭受冷遇但不气馁，晚年执笔编著《春秋》，成为一代圣人；屈原被放逐而赋《离骚》，司马迁遭宫刑而作《史记》，曹雪芹举家食粥而有《红楼梦》，巴尔扎克流浪街头而后写成《人间喜剧》……正是这种挫折、逆境，才使他们成为照耀人类历史的群星。

老子曰："祸兮福之所倚，福兮祸之所伏。"这话是有一定的辩证道理的。我们应当用辩证唯物主义的观点来看待逆境和顺境的问题，在逆境中发扬乐观主义精神和奋斗精神，坚忍不拔；在顺境中保持头脑清醒，刻苦自励，谦虚谨慎，锐意向上。这样，在任何情况下，我们都能发掘和调动积极因素，化消极因素为积极因素，在人生道路上奋力前行。

顺境和逆境相比，人们都喜欢顺境。顺境如同顺水行舟，具备天时、地利、人和等有利因素，使人们更容易接近和实现目标。但是顺境对人的事业发展也有不利影响。顺境中的宽松气氛、优越条件，易使人滋生骄娇二气，自满自足，意志衰退。古人说的"生于忧患，死于安乐"，就是对顺境消极作用的一种警戒。积极利用顺境的有利条件，避免顺境的消极影响，是我们在人生的旅途中应该注意的一个问题的两个方面。

资料链接

关于人生挫折的思考

人生的道路曲折漫长，在人的一生中充满着成功与失败、顺境与逆境、幸福与不幸等矛盾。而人生挫折则是一个人迈向成功的征途中所必须认真对待的一个基本课题。只有经历人生挫折，才能真正领会感悟人生的乐趣，也只有在战胜了人生挫折以后，才能真正走向成功。

所谓人生挫折，是指人们在某种动机的推动下，在实现目标的过程中所遇到的障碍和由此在个人内心深处引起的痛苦体验，通俗地说，人生挫折也就是人们常见的逆境状态与不幸感受。

人生的内容是多方面的，因而人生的挫折也是多方面的。如政治上蒙冤、工作上失败、生活的穷困、爱情的失意、家庭的离散、身体的疾病伤残等等。在校大学生所经历的挫折除了常人所遇到的一般挫折外，还表现在高考落榜或高考不中意、竞争失败、家境贫寒、初恋夭折等方面。

构成人生挫折的要件包括：其一，行为的动机和追求的目标，这是人生要达到的价值意义所在。人的活动都是以动机和目标来导航的，挫折意味着行为偏离了航向而失去应有的意义。其二，满足动机和达到目标的手段或行为，实施手段和行为也就意味着个人为自己的目标做出实际付出。付出而没收获，自然就有失落和痛苦。其三，挫折的实际情景发生，也就是说行为手段因种种原因没有收到应有的结果，没有达到相应的目标。其四，个人对挫折的心理体验，即个人因为行为手段与追求目标的背离而感到痛苦和不幸。

人生挫折，本质上是人生实践与人生理想的矛盾冲突，现实的实践未能达到理想所企盼的目标，使理想未能变成现实。这一理想的落空，在人们心灵深处引起强烈的震撼从而造成人生毁灭感，或努力改变现状的使命感和紧迫感。

人们在社会中生存，就必然会遇到这样或那样的挫折。在市场经济大潮中，人的活动与交互关系越来越频繁、越来越复杂。这一变化在激发人们多种多样的动机和目标的同时，也增加了个体人生挫折的概率。对此我们不能消极地忍耐或回避，而应直面正视人生挫折，积极寻求克服和战胜挫折的有效途径，抚平伤痕，向人生的成功目标奋斗。

"文王拘而演《周易》，孔子厄而著《春秋》，屈原放逐，乃赋《离骚》，左丘失明，厥有《国语》，孙子膑足，《兵法》修列，不韦迁蜀，世传《吕览》，韩非囚秦，《说难》《孤愤》……"古今中外一切杰出人物，没有一个是一帆风顺走向成功的。在失败和不幸面前，他们无不是选择了发愤图强之路，一个个奋起与人生的逆境抗争，紧紧扼住命运的咽喉，做生活的强者，通过自己的艰苦奋斗，最终赢得命运女神的青睐。

我们正当青春年华，虽说也曾遇到这样那样的不顺，但总的来说，基本上是在顺境中成长起来的，今后在漫长的人生之路上会遇到更大的挫折与不幸。为此我们要立志发愤图强，学会在挫折中奋起，在挫折中走向成功。不在挫折中奋起，便会在挫折中灭亡。人的一生，不如意事十有八九。但是无论是在何时何地，也无论你遇到什么样的艰难困苦，你都不要失去对生活的热望和对美好事物的追求，同时必须为之长期不懈地努力奋斗，这样命运之神将会回报你以幸福的微笑。

人生之路，机遇与挑战并存，成功与失败相连。我们所应做的就是善待人生，向往追求成功，但丝毫也不惧怕失败。我们不一定能拥有一个个美丽的风景，但完全可以创造一个美好的心境，以此去努力和追求，那么在我们的前方将会有坦荡的旷野和蔚蓝的天空。

在逆境中向目标前进，犹如逆水行舟，要付出更大的努力和更多的艰辛，才可能成功。但是，逆境只是增大了人们向理想、目标前进的难度，而不是剥夺了为理想目标奋斗的权利和实现理想目标的可能性。事物常具有两面性，在逆境中向理想目标奋斗，可能会有顺境中难以得到的收获。因为，逆境的恶劣

环境，对于挑战者而言，可以磨炼意志、铸造品格、丰富战胜困难的经验。事物的发展不是直线形进行的，逆境与顺境的交替过程也是这样。人的一生往往是在顺境和逆境的交替中向前演进。因此，当身处顺境时，切莫得意忘形，因为顺境只是一时，不是一世；当身处逆境时，也勿悲观失望，因为只要勇于战胜逆境，顺境就在前面。无论是顺境还是逆境，对人生的作用都是二重的，关键是怎样去认识和对待它们，只要善于利用顺境，勇于正视逆境和战胜逆境，远大的人生目标就一定能够实现。

（二）正确对待成功与失败

我们每个人都期望自己获得成功，但又时时会无奈地面对失败。细细想来，我们其实都行走在成功与失败之间。

所谓成功，也许是建立在无数次失败的基础上，成功是要付出辛勤劳动的，就像许多著名的科学家，他们很多就为一个课题而付出了一生！寻找基点是成功；说明立意是成功；证明理论是成功；总结实践是成功；而失败理所当然地也一定是成功的重要组成部分！所以在分享成功的同时，我们是否也愿意分享失败呢？

有的人，命运似乎永远对其情有独钟，在别人看来，这些人时时与幸运相伴，好事总是光顾他们……

有的人，命运似乎永远与其开玩笑，在别人看来，这些人时时与幸运擦肩而过，好事很少光顾他们……

对于成功和失败，每一个人都有自己的定义。事实上，同一代人，即使在同一个起跑线上，前进的速度也不会一致，更何况还有"青出于蓝，而胜于蓝"呢！所以，年轻人也许速度更快。成功与失败的因素很多，成功者可能更睿智，付出更多；失败者也未必都是品德不良，在当今充满竞争的社会里尤其是这样。

近几年出现的贪官，在他们的权力达到巅峰时，无论是他们自己，还是别人，都会毫无例外地认为他们是成功的，然而，当他们无情地践踏法律的时候，他们就是最大的失败者！

成功常常使人兴奋，失败常常使人沮丧，这是人之常情。失败不是因为道德缺失或者违法乱纪，只是因为其知识水平和工作能力暂时有所欠缺，我们在为成功者献花唱赞歌的同时，千万别忘记对失败者给予一些善意的提醒和鼓励！

成功和失败常常与我们相伴左右，我们一定要正确面对。胜不骄，败不馁！无论何时何地，都要用道德和法律约束自己，在这个前提下，我们做人就毫无疑问是成功的！至于做事，我们会在失败中汲取教训，不断提升自己的能力。不断提高，就是在走向成功！

案例链接

> 　　李·艾柯卡，22岁时以推销员的身份加入福特公司，25岁时成为地区销售经理，36岁时成为福特公司副总裁兼总经理，46岁时升为公司总裁。他创下了空前的汽车销售纪录，使公司获得了数十亿美元的利润，从而成为汽车界的风云人物。54岁时，他被亨利·福特二世解雇，同年以总裁身份加入濒临破产的克莱斯勒公司。六年后，创下了24亿美元的盈利纪录，这比克莱斯勒此前60年的利润总和还要多。艾柯卡也因此成为美国家喻户晓的大人物，美国人心目中的英雄。他的座右铭是："奋力向前，即使时运不济，也永不绝望，哪怕天崩地裂。"

（三）正确对待幸福与不幸

　　正确对待生活中的幸福，应该全面理解构成幸福的条件和内容，促成幸福的过程和机制，以及造成不幸的原因和结果。幸福是物质生活和精神生活的统一。人要生存和发展，必须依赖一定的生活条件，要解决吃、穿、住、用等物质生活问题，也要解决文化、道德、理想等精神生活问题。这两类问题对于人生幸福来说，都是不可缺少的必要条件和内容。强调幸福是人在精神方面的感受，是为了避免把幸福等同于物质享乐，反对庸俗的享乐主义。但也不能把幸福仅仅看做精神的满足，排除物质生活的需要和享受。禁欲主义、苦行主义也是错误的。人是有丰富精神生活的，否则便把自己降低为动物。人总是要有点精神的，特别是青年，更应有高尚的精神追求，以更高的精神境界去对待物质生活。

　　中央电视台曾做过一次幸福感调查，通过节目我们可以了解到，不同的人群对于幸福的理解和定义是不同的，有的人觉得能够吃饱穿暖就已经很幸福了，有的人觉得幸福就是多给自己的小孩攒一点钱。其实这些所谓的调查结果中人们的幸不幸福，都是依据一种幸福指数的量化标准来进行评判的。幸福指数的评判指标主要有三种——基本需求、发展需求以及享受需求，通过这三个方面来进行幸福指数的计算。但可以发现，其实这三个指标都是跟物质挂钩的，因此幸福感调查说简单一点就是物质生活水平调查，但是人们到底幸不幸福也不能够完全依靠物质来进行评判。比如说一些偏远山区的人们，从物质的角度来说，我们觉得他们很不幸福，但是他们的内心却觉得这样的生活很惬意，觉得自己很幸福。所以说，幸福感是一种内心和精神上的感受，很难用量化的方法来进行统计。虽然说现在人们的物质生活开始丰富了，但是同时人们的各种压力也在加大，并因此导致幸福感的降低。

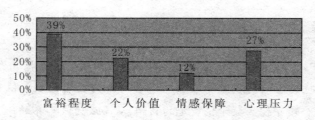

影响幸福的首要因素

人是在社会中生存和发展的，不可能完全脱离一定的社会集体而孤立地得到幸福。要享受幸福必须创造幸福。只有亲自创造幸福的人，才配享受幸福。幸福不能排斥享受，但这种享受必须建立在自己劳动和创造的基础上。幸福只属于矢志不渝的奋斗者。

社会生活极其复杂，充满矛盾，总有某些方面不能如愿以偿，总要遇到这样那样的不幸，只是程度的轻重不同而已。遇到不幸时要客观地分析原因，寻求恰当的方式方法战胜不幸，并使之向有利的方向转变。人生不可能一帆风顺，总会有风风雨雨，人生正是在顺境与逆境、平稳与动荡、成功与失败、幸运与厄运的交替中向前迈进的。

毕淑敏说："人生真正的圆满，不是平静乏味的幸福，而是勇敢地面对所有不幸。"

四、以积极的心态对待人生

积极的心态，一方面指心理状态是乐观的，另一方面指态度是积极的。积极的心态是成功的起点，它能激发你的潜能，让你愉快地接受意想不到的任务，宽容意想不到的冒犯，做好想做又不敢做的事，获得他人所企望的发展机遇，这样你自然也就会超越他人。而消极的思想压着你，你像一个要长途跋涉的人背着无用的沉重大包袱一样，使你看不到希望，也失掉许多唾手可得的机遇。

以积极心态面对人生的人，是乐观的、为人热情的、善于行动的人，同时，他的思维也是积极的。心态积极的人，他的心理是健康的，人际关系是和谐的，性格是随和的；心态积极的人，他在事业上要比普通的人、消极的人，更容易获得成功。面对金色的晚霞映红半边天的情景，有人叹息："夕阳无限好，只是近黄昏。"也有人感慨："莫道桑榆晚，为霞尚满天。"不同的人面对同一件事有不同的心情，也就会有不同的结果。

以积极的心态面对人生，不是肤浅地指面对困难或挫折，只要主动困难和挫折便会自动让道，而是指在追求目标的过程中，面对困难和挫折时，凭着锲而不舍的精神、积极乐观的态度，去克服困难，战胜挫折。

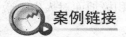

在推销业，流传着这样一则故事。有家做鞋子的公司，派了两位推销员到非洲去做市场调查，看看当地的居民有没有这方面的需求。不久，这两位推销员都将报告交给总公司。其中一个说："不行啊，这里根本就没有市场，因为这里的人根本不穿鞋子。"而另一位则说："太棒啦，这里的市场大得很，因为居民多半还没有鞋子穿，只要我们能够刺激他们想要的需求，那么发展的潜力真是无可限量啊！"同样一个事实，却有完全不同的见解，因为前者是一个心态消极的人，而后者是一个心态积极的人。

拥有积极心态的人是这样的一些人：他们有必胜的信念，善于称赞别人，乐于助人，具有奉献精神，他们微笑常在，充满自信，能使别人感到他们的重要。

有明确的目标和立志长远是心态积极的重要表现。没有远见的人只看到眼前的琐碎事，个人的精力都被这些琐事消耗掉。有志向的人不仅站得高，看得远，具有明确的目标，而且能够采取积极的行动去实现它。可以说，人的远见有多广，他的世界就有多大。具有远见卓识的伟人，他的心中装着整个世界。志向能使人具有远见，能调动人的积极性，能激发稳定的内在动力，能引发巨大的潜能。成大事者都是那些有远见卓识的人。每个成功者都有明确的自我发展目标，他们脚踏实地，坚韧不拔，不断地实现具体目标，不断地体验成功感，以激发内在的动力，直至实现伟大的目标。

以积极的心态面对人生，是一份超然。用超然的心态看待一切，不去苛求。以积极的心态面对人生，是一份豁达。当你坚持正义，明辨是非，抗击邪恶，而有人却偏偏要把黑的说成白的，把白的说成黑的时，你千万不要生气，只需以豁达待之。面对赵高指鹿为马，你只要知道那是鹿不是马，不必去争个是非曲直。

以积极的心态面对人生，要学会认输。我们常常会遇到些纠缠不清的麻烦，怎么办？认输就是了。人有时难免走错，走错了退回来就是了。这个道理人人都懂，但做起来并不容易。当你开始走的时候，并不知道对错，当你知道错的时候往往又舍不得抽身而回，总是心存幻想。你不能控制他人，但可以掌握自己；你不能选择容貌，但可以展现笑容；你不能左右生活，但可以改变心情。积极的心态不是天生的，而是后天养成的，是人主动创造出来的，它是避过暴风雨的法宝。

人生如画，哪怕笔法再老道，也不可能尽善尽美；人生如诗，即使是隽永的文字，也无法掩饰颓废的情绪；人生如歌，尽管旋律很优美，但也不能保证个个音符都铿锵圆润。虽然人生不能尽善尽美，总要面对遗憾与挫折，但只要我们以积极的心态去面对，一切都将迎刃而解。

积极的心态，需要豁达，更需要心智，给自己微笑，鼓励自己积极地面对人生，激发奋斗的力量，创造自己应有的辉煌，这才是当代学生应有的心态。

第三节　人类社会发展的基本动力

一切社会变迁和政治变革的终极原因，不应当到人们的头脑中，到人们对永恒的真理和正义的日益增进的认识中去寻找，而应当到生产方式和交换方式的变更中去寻找。社会发展是一个自然的历史过程，也是人们有目的、有计划的认识活动，因此，我们应该用积极的人生态度对待一切发展变化的事物，用自己的能力推进社会的发展。

一、社会基本矛盾是人类社会发展的基本动力

社会基本矛盾是指生产力和生产关系、经济基础和上层建筑之间的矛盾。这两对矛盾贯穿于整个人类社会发展的始终。

社会基本矛盾推动着人类社会的发展。社会基本矛盾是两对矛盾、三个方面，这三个方面即生产力、生产关系和上层建筑。生产关系对于上层建筑来说是经济基础，对于生产力而言它是生产关系。生产力是社会存在和发展的基础，生产力发展到一定程度，便同生产关系发生冲突，迟早会引起生产关系的变革，随着生产关系即经济基础的变革，整个上层建筑或快或慢地也要发生变革，社会就将由一种形态或制度发展到另一种形态或制度。一切事物发展的动力都是其内部的根本矛盾，人类社会历史发展的动力也是其内部的根本矛盾或基本矛盾。生产力和生产关系的矛盾，经济基础和上层建筑的矛盾，是社会历史内部的根本矛盾，因而，它们是社会历史发展的基本动力。

（一）生产力和生产关系、经济基础和上层建筑的矛盾是社会的基本矛盾

1. 社会基本矛盾

社会基本矛盾指贯穿社会发展过程始终，规定社会发展过程的基本性质和基本趋势，并对社会历史发展起根本推动作用的矛盾。生产力和生产关系、经济基础和上层建筑这两对矛盾作为社会基本矛盾的根据是：（1）两对矛盾涵盖了整个社会的经济、政治、文化三大领域，能够反映社会的整体结构。（2）两对矛盾存在于人类社会发展的始终，同人类社会共存亡。（3）两对矛盾决定着社会历史的性质和全貌，决定社会形态的更替和社会发展的方向。（4）两对矛盾规定和影响着其他社会矛盾的存在和发展。（5）两对矛盾构成了贯穿于人类社会整个历史发展过程的一般规律。

2. 社会基本结构

生产力和生产关系、经济基础和上层建筑的矛盾，规定并反映了社会的基本结构的性质和基本面貌，涉及社会的基本领域，囊括社会结构的主要方面。社会基本结构主要包括经济结构、政治结构和观念结构。经济结构有广义和狭义之分。广义的经济结构是指生产方式，包含生产力和生产关系两个方面。狭义的经济结构是指经济关系或经济制度。政治结构是指建立在经济结构之上的政治上层建筑，即政治法律制度和设施。观念结构主要是指以经济结构为基础，并反映一定社会经济和政治的社会意识形态，即观念上层建筑。社会基本矛盾实际上也就是社会基本结构要素之间的矛盾。

（二）社会基本矛盾是社会发展的根本动力

社会基本矛盾作为社会发展的根本动力，它在社会发展中的作用主要表现在：

首先，生产力是社会基本矛盾运动中最基本的动力因素，是人类社会发展和进步的最终决定力量。生产力和生产关系的结合构成一定社会阶段的生产方式，在生产方式的发展中，生产力是最为活跃、最不稳定，不断发展和变化的因素，而生产关系作为制度化的经济交往关系则具有相对的稳定性，生产力的发展推动生产关系的变革，进而引起社会的政治结构和观念结构的变革，这种变革最终使得在旧制度下被束缚的生产力获得解放，使人类社会发展从整体上跃上更高的层面。

生产力是社会进步的根本内容，是衡量社会进步的根本尺度。作为社会历史发展过程基础的物质生产存在着双重关系：体现在生产力中的人与自然的关系，以及体现在生产关系中的人与人的关系。这双重关系犹如社会历史的经纬线，构成了社会发展过程中最基本的矛盾。

其次，社会基本矛盾特别是生产力和生产关系的矛盾，是"一切历史冲突的根源"，决定着社会中其他矛盾的存在和发展。在生产力和生产关系、经济基础和上层建筑这一基本矛盾的运动中，生产力和生产关系的矛盾是更为基本的矛盾。生产力和生产关系的矛盾决定经济基础和上层建筑的矛盾的产生和发展。社会基本矛盾的变化、发展又会引发其他社会矛盾的产生和发展。正是从这个意义上说，"一切历史冲突都根源于生产力和交往形式之间的矛盾"。

经济基础和上层建筑的矛盾也会影响和制约着生产力和生产关系的矛盾。因为，生产力和生产关系的矛盾的最终解决还有赖于经济基础和上层建筑的矛盾的解决。

最后，社会基本矛盾具有不同的表现形式和解决方式，并从根本上影响和促进社会形态的变化和发展。社会基本矛盾要通过一定社会的阶层或阶级的矛盾表现出来，或表现为不同社会集团之间的利益矛盾甚至冲突。其表现和解决方式，无论是阶级斗争、社会革命，还是社会改革，都根源于社会基本矛盾。

二、发展生产力与人的能力素质的提高

生产力是人们自觉拥有和支配的能力。人的能力素质是潜藏在人体的一种能动力，包括工作能力、组织能力、决策能力、应变能力和创新能力等素质，是影响青年成才的一种智能要素。生产力与人的能力素质不仅在内涵上具有内在统一性，而且在生成过程中具有共时性或同步性。因此，发展生产力与提高人的能力素质之间具有互动性和价值同一性，在实践中把二者有机结合起来，真正形成发展生产力与提高人的素质之间价值同一性的人本维度，是推进中国特色社会主义事业的必然途径和应然选择，是对科学社会主义的坚持和发展。马克思主义唯物史观认为，生产力是人类社会发展进步的最终决定力量。同时，马克思主义强调人是生产力的主体和生产力中最活跃的因素，强调社会生产力的发展水平和人的素质程度的有机统一。

所谓人是生产力的主体，是指生产力本身就是人类在生产过程中把自然物改造成为适合自己需要的物质资料的力量。生产力的直观表现是各种物质资料，而其实质是人的力量。人类生产各种物质资料、发展生产力的目的，则是为了满足人类自身生存和发展的需要，人的需要是生产力的原动力。所以，不能脱离人来谈生产力，不能脱离人的需要来谈发展生产力。所谓人是生产力中最活跃的因素，是指在生产力三要素——劳动者、劳动资料和劳动对象中，劳动者是首要的、能动的因素。具有一定的知识、经验和技能的劳动者，通过掌握和运用一定的劳动资料（以生产工具为主），将各种劳动对象（自然物、原材料、初级产品等）改造成能够满足人们各种需要的劳动产品。这一过程构成了人们的生产过程。需要强调的是，人是生产力中最具决定性的力量，大力发展生产力，必须尊重劳动，尊重知识，尊重人才，尊重创造，全面提高劳动者素质。人作为生产力的主体和生产力中最活跃的因素，在推动生产力发展的同时，其本身也是不断发展进步的。用马克思的话说，就是在人们的生产活动中，"生产者也改变着，炼出新的品质，通过生产而发展和改造着自身，造成新的力量和新的观念，造成新的交往方式，新的需要和新的语言"。

也正是基于对人的生产力主体作用以及生产力发展与人的发展相辅相成、互相促进关系的深刻揭示，马克思主义经典作家强调未来社会是人的自由而全面发展的社会，强调生产力的高度发达和人的素质的极大提高是未来社会的两大前提条件。

资料链接

马克思早在《1844年经济学哲学手稿》中就提出，共产主义是使人以一种全面的方式、作为一个完整的人，占有自己的全面的本质。他在《资本论》中又指出，每个人自由而全面的发展是共产主义的基本原则。恩格斯晚年时，有记者问他：

"马克思主义的最基本信条是什么？"他回答说，是《共产党宣言》中的这句话："每个人的自由发展是一切人的自由发展的条件。"可见，人的自由而全面的发展是马克思主义的核心价值追求和马克思主义经典作家所揭示的未来社会的首要特征。同时，马克思和恩格斯认为，实现共产主义需要两个基础条件：一是物质财富的极大丰富；二是人们思想觉悟的极大提高。物质财富极大丰富的过程，就是社会生产力高度发达的过程；当生产力极大丰富的同时，它也提高了人的能力素养。

生产力与人的能力的提高是相辅相成的，只有发展了生产力，才能为提高人的能力素养提供相应的准备条件。同样，人的能力素养的提高也能促进生产力的发展。

进入新世纪，我们党提出"促进人的全面发展"，形成了以人为本的科学发展观，进一步推动了发展社会生产力与提高全民族素质的有机结合。党的十八大报告指出："必须坚持解放和发展社会生产力。"牢牢把握这一基本要求，对于进一步筑牢国家发展繁荣、人民幸福安康、社会和谐稳定的强大物质基础，具有重大意义。

解放和发展社会生产力是中国特色社会主义的根本任务。人类社会要逐步消灭阶级之间、城乡之间、脑力劳动和体力劳动之间的对立和差别，保证人们的体力和智力获得充分的自由的发展和运用，离不开生产力的充分发展。中国特色社会主义要赢得与资本主义相比较的优势，充分显示优越性，始终保持旺盛生机和蓬勃活力，归根到底也要靠生产力的持续健康发展。中国特色社会主义制度的建立和完善、改革开放的伟大创造和实践，为我国社会生产力发展提供了根本前提，开辟了广阔道路。在整个社会主义初级阶段，发展都是解决我国所有问题的关键。全党同志必须继续牢牢坚持发展是硬道理的战略思想，牢牢扭住经济建设这个中心，坚持聚精会神搞建设、一心一意谋发展，不能有丝毫动摇。

当前和今后一个时期，解放和发展社会生产力，推动科学发展，必须突出工作重点。通过全面深化经济体制改革，加快形成有利于科学发展的体制机制；通过实施创新驱动发展战略，不断提高原始创新、集成创新和引进消化吸收再创新能力；通过推进经济结构战略性调整，着力解决制约经济持续健康发展的重大结构性问题，改善需求结构、优化产业结构，促进区域协调发展；通过全面提高开放型经济水平，不断完善互利共赢、多元平衡、安全高效的开放型经济体系，更好利用国际国内两个市场、两种资源。

解放和发展社会生产力，坚持科学发展，就是要按照中国特色社会主义事业五位一体总体布局，全面推进经济建设、政治建设、文化建设、社会建设、生态文明建设，始终把满足人民需要、改善人民生活、激发人的潜能、实现人的价值作为发展的根本目的，

把改革发展取得的各方面成果，体现在不断提高人民的生活质量和健康水平上，体现在不断提高人民的思想道德素质和科学文化素质上，体现在增强人民幸福、促进人的全面发展上。

职业教育既受制于社会一定的经济发展水平，同时促进着社会经济的发展。首先，社会经济形态的拓展要求职业教育注重培养学生的创业能力和竞争意识。改革开放以后，随着我国经济体制改革的不断深化，社会经济形态发生了深刻变化，民营经济、开放经济和劳务经济已占到了相当的比例。这种变化和新形势对人们就业观念的影响将会越来越大，它促使各级各类职业教育在人才培养的过程中更多地关注受教育者的创业能力与竞争意识。其次，社会产业结构的调整要求各级各类职业教育的人才培养与人才需求相适应。我国产业结构正在发生根本性转变，传统产业在产业结构中的比重急剧下降，而以知识密集型和新知识运用为特征的新兴产业得到迅猛发展；同时，传统产业中的知识、技术含量也大大提高。这就要求生产一线的劳动者不仅要具有熟练的专业技能，还要有较强的理论素养，成为一名智能型的应用人才。这对直接面向社会生产第一线培养中、高级技术应用型人才的各级各类职业学校产生了直接的影响。再次，经济全球化的发展趋势需要各级各类职业学校培养大量"本土化""外向型"的中、高级技术应用型人才。随着社会经济发展的全球化趋势的加快，大量的跨国公司进入我国，它们带来了尖端的技术，但不可能带来数量众多的企业生产第一线的技术人才，这为我国职业教育带来发展的机遇，同时，也对职业教育人才培养目标、规格等提出了更高的要求。

为此，我们要注重培养自己的职业能力，使自己在知识、能力、素质等方面全面协调发展。联合国教科文组织也曾提出教育的"四大支柱"：学会学习、学会做事、学会共处、学会发展。这已成为国际通用的标准。职业教育培养的是中、高级技术应用型人才，因此，我们在学习中应该更加注重自身知识应用能力即操作能力的培养，适应社会发展的需要，做社会发展需要的人才。

三、事物发展的动因状态与人的成功

矛盾是事物发展的动力。矛盾双方既对立又统一，推动了事物的运动、变化和发展。事物的发展变化必须具备两个条件：内因和外因。事物发展的动力和源泉是事物的内部矛盾，是事物变化发展的内在根据，也就是内因，它是指一事物内部矛盾对立双方的相互作用和斗争。内因是事物存在的基础，是一事物区别于他事物的内在本质，它规定着事物运动和发展的基本趋势。外因是事物存在和发展的外部条件，它通过内因而作用于事物的存在和发展，加速或延缓事物的发展进程，但不能改变事物的根本性质和发展的基本方向。所以，内因是第一位的原因，外因是第二位的原因。

"二战"期间有这样一个实验：实验者是一名军医，而实验对象则是一个即将被处死的俘虏。军医将俘虏的双眼蒙住，把他绑在一张床上，在俘虏手腕的静脉处插上一支注射针头，并导上一根导管，在床侧放一个盆，然后告诉俘虏："我将放你的血，直到你滴尽最后一滴血为止。"不一会儿，俘虏就听到液体滴在盆里的声音——嘀嗒，嘀嗒……一个小时过去了，两个小时过去了……俘虏坚定的信心开始慌乱起来。两天后，那个军医再观察俘虏时，发现他已经死去。

其实，医生并没有放俘虏的血，那根导管的另一端是封闭的。那种液体滴落在盆里的嘀嗒声，是把一个底部有小孔的容器装上水让其滴落在盆中发出来的。

俘虏死亡的原因是什么？

综上所述，事物的内部矛盾，是事物发展的根本原因；而事物的外部矛盾，则是事物发展的第二位原因。事物的发展是内因和外因共同起作用的结果。内因是事物变化发展的根据，外因是事物变化发展的条件，外因通过内因而起作用。

案例链接

1962年夏天，郭沫若游览普陀山时，碰到一位两次高考落榜的姑娘，她精神颓丧，心灰意冷，对前途丧失了信心，对生活失去了勇气。郭老对她循循善诱，悉心开导，并赠送《蒲松龄落第自勉联》一副："有志者，事竟成，破釜沉舟，百二秦关终属楚；苦心人，天不负，卧薪尝胆，三千越甲可吞吴。"那位考场失意的姑娘在郭老的鼓励开导下，信心陡增，表示从此决不消沉，要从失败中奋起。

在这里，郭老的回春妙笔（外因）仍然是通过促使姑娘的思想（内因）发生变化而起作用的。

正因为内因是事物变化发展的根本原因，它决定事物发展的性质和方向，所以，我们在成长的道路上要重视内因的作用。一个人进步过程中的内因主要是指本人主观能动性的发挥，具体表现在理想、志向、进取精神、意志、毅力、勤奋、战胜困难挫折逆境的勇气等。一个人进步的快慢和程度主要取决于本人的主观努力。在相同的条件下，个人主观努力的程度不同，所取得的成绩和做出的贡献就会有很大的差别。因此，只能充分发挥自己的主观能动性，即内在动力，才能不断进步，取得更大的成绩。即使是孪生兄弟，在同一所学校同一个班级里学习，外因虽相同，但进步的情况也会有所不同。其

关键就在于每个人的基础、动力、进取精神、努力程度等内因不同。所以，我们必须充分重视内因。"天行健，君子以自强不息"，这是我国的古训。在历史上，它鼓舞了无数仁人志士为中华民族的富强而奋斗，为个人的成长而努力。今天，我们在建设中国特色社会主义的伟大事业中，在各种学习和工作环境中，也一定要坚持自重、自省、自警、自励。再者，要正确看待机遇。生活中也确实有这样一些强者，他们把握住了某一稍纵即逝的机会，或者说是"机遇"，从而取得了事业上的成功。一个农村姑娘，如果不是一个偶然的机会被田径教练看中，可能她将在农村度过自己的一生，决不会成为世界田径场上的名将；一个射击选手，如果不是紧紧把握住了一次进入省射击队的机会，也决不会在奥运会上夺得奖牌。因此，能否把握机遇，往往成为能否在事业上取得成功的重要一环。

但是，机遇毕竟只是事物发展的外因，它在事物发展中不起支配和主导作用。主观努力才是内因，只有通过长期的主观努力，才能培养并具备善于捕捉和利用机遇的能力。机遇的出现对于我们任何一个人来讲都是公正的，关键是我们能不能把握住。

在个人的成长过程中要重视内因的作用，但是，外因的作用也不能忽视。对于外因，我们要做"一分为二"的分析。"近朱者赤，近墨者黑"，说的就是外部环境对个人的成长有着重要的影响。我们决不可忽视外因对事物变化发展的作用。这方面，既有"榜样的力量是无穷的""名师出高徒"等有益经验，也有"哥们义气害死人"之类的沉痛教训。因此，我们必须对周围的环境作"一分为二"的分析，看到对我们成长的有利因素，并充分发挥这种因素对我们成长的促进作用，力争做到"近朱者赤"，以便早日成才；同时又要看到对我们成长的不利因素，并尽量抵制、削弱其不良影响，努力做到"近墨者未必黑"。我们看待任何事物，都要把内因和外因结合起来，在个人成长过程中学会正确地对待内因和外因。

资料链接

　　郎朗曾是无数少年钢琴学子中的一名，既没有显赫的地位也没有高贵的出身。郎朗13岁获第二届柴可夫斯基国际青年音乐家比赛第一名，从此声名远播，成为继霍洛维兹和鲁宾斯坦之后世界钢琴界的又一位领军人物。郎朗的音乐才华与热情奔放的性情相得益彰，使他成为古典音乐最理想的诠释者和年轻人心中的偶像。成就郎朗的内因和外因是什么呢？

　　内因是决定事物发展趋势的内在根据，而成就郎朗的内因就是其自身的音乐条件和努力。1982年，郎朗出生在沈阳的一个充满音乐气氛的家庭。祖父曾经是位音乐教师，父亲郎国任是文艺兵，在部队里做过专业二胡演员，退役后进入沈阳市公安局工作。父亲从小便很注意培养郎朗的音乐气质，当他发现两岁的郎朗对钢琴很敏感时，便毅然花了家里的大半积蓄为郎朗买了一架钢琴。刚刚三岁的时候，郎国任每天都会陪着郎朗练上一两个小时的钢琴。此后，为了郎朗能更好地学习，郎国任放弃了工作，辞职陪着郎朗踏上了到北京的求学之路。

郎朗演奏的音乐被人们如此喜欢和熟悉，究其原因，郎朗自身所拥有的音乐才华、刻苦的努力以及对音乐不停的追求是根本。他无论怎样都没有放弃钢琴，曾经的艰难生活都咬着牙挺过来了，他的成功是由他自身的坚韧不拔和刻苦进取的精神决定的。

外因是事物的外部矛盾，是事物存在和发展的条件和第二位的原因。郎朗之所以能取得现在的成就，其外因就是他的父亲（家庭因素）的引导和当时社会环境的影响。郎朗纵然有傲人的音乐天赋，但是假如没有他父亲正确的引导，谁能肯定他就会有今天的成绩？就像方仲永，小的时候天赋异禀，却因为其父没有正确引导，最后荒废了。后来王安石评价说：仲永的通晓、领悟能力是天赋的，他的天资，远远地超过一般人，但最终成为一个平凡的人，就是因为他没有受到后天的良好教育。

还有就是社会环境。20世纪末，当时我国人民的物质生活水平有了极大的提高，从而开始寻求精神生活层面的提高，开始增强自身的文化素质修养，产生了对高雅生活的追寻。钢琴从一个侧面反映了人类社会精神生活不断发展的状态，大大小小的钢琴比赛不仅给了郎朗表现和增加自身阅历的机会，更是给了郎朗提高自己的机会。

唯物辩证法认为，事物的变化发展是内因和外因共同作用的结果，内因是事物变化发展的根据，外因是事物变化发展的条件，外因通过内因起作用。事物的发展首先是事物本身的运动和变化，是事物内部矛盾双方相互作用的表现和结果，而事物的矛盾运动又总是和事物外部的影响分不开的，这种影响是通过加强或削弱矛盾双方的某一方面而表现出来的。因此外部影响又是通过其内部矛盾起作用。因而内因和外因的关系是辩证的。

四、立志高远与始于足下

（一）立志当高远

立志是立青春之志。我们是青春的象征，我们所处的人生阶段也是立志的关键时期。青春，是成长，是一种自我追寻与自我归属的确认。一个人若是看不

立志是一件很重要的事情。
——法国微生物学奠基人巴斯德

到未来，就把握不住自己的青春。"为中华之崛起而读书"，周恩来为国家建立了不朽的功勋；"未来的世界是属于互联网的，我要为我的目标而奋斗"，马云毅然选择了离开，最终创立了阿里巴巴。他们无一不是从小立他人不敢想之志，方成他人不可成之事。的确，立大志不一定成大事，但成大事必先立大志。人的一生就应像树一样活着，立志参天，即便是被踩到泥土里，也会汲取营养，成为一道靓丽的风景线。

立志高远，为实现目标，你必定经风历雨，在苦难中磨砺，在奋斗中成长。拥有一个志向，你会发现，痛苦、忧愁、失恋、沉迷……只不过是你人生中的匆匆过客。我立志，我经历，我收获，我成功。在追逐青春的道路上应有这样的心态。立大志可登泰山顶；有恒心可将沧海平。人生没有如果，有的只是后果和结果。所以，身为21世纪的希望，我们应找到自己的兴趣，明确自己的目标，做好人生规划，使自己的学习生活充实而有意义。

《吕氏春秋》曰："凡举人之本，太上以志，其次以事，其次以功。"让我们抚往昔，看今朝，追溯历史，放眼周遭，用心地找一找，那些或叱咤风云，或流芳百世的人是否都是立志做大事者。陈胜小时候当长工时说出"燕雀焉知鸿鹄之志""王侯将相宁有种乎"，遂"斩木为兵，揭竿为旗，天下云集响应，赢粮而景从"，成为彪炳千古的农民起义的英雄人物。在无产阶级革命史上，无数的英雄人物和革命领袖，在青年时期就立下了伟大的志向，并为之奋斗不息，为人类作出了巨大的贡献。

资料链接

　　马克思在青年时代就立下了为人类幸福献身的崇高志向。毛泽东15岁就"身无半文，心忧天下"，立志让祖国"富强、独立起来"，他把自己"自信人生二百年，会当击水三千里"的豪情壮志与中国人民的命运紧密相连，终于带领中国人民推翻"三座大山"，建立了社会主义新中国，也成为世界公认的一代伟人。

大量的事实告诉我们，一个人在事业上所取得的成就，与他在青年时期就立下志向并不懈奋斗是分不开的。有志者，事竟成。

（二）立志做大事

个人志向只有同国家的前途、民族的命运相结合，个人的向往和追求只有同社会的需要和人民的利益相一致，才是有意义的。青年人应以国家民族的命运为己任，而不应以个人的荣华富贵为人生的志向。如果一个人不顾自身所处时代的召唤，脱离自己所归属的国家和民族繁荣发展的需要，把个人喜好等同于个人奋斗，一切以自我为中心，那么，不仅他的人生价值取向是错误的，而且这种追求因为脱离了国家、民族和时代的需要，往往也是难以实现的。在今天，做大事就是献身于中国特色社会主义伟大事业。无论从事什么具体、平凡的工作，只要是与这一伟大事业相联系，是服务于祖国和人民的，就值得我们去做，就是大事。新时代的大学生应该把个人的命运与国家和人民的命运联系在一起，胸怀祖国，服务人民，立志为祖国和人民的利益而奋斗，真正做到"以服务人民为荣、以背离人民为耻"。

（三）立志须躬行

春秋时期，著名的哲学家老子根据事物的发展规律提出谨小慎微和慎终如始的主张。他认为，处理问题要在它未发生以前，治理国家要在未乱之前。合抱的大树是细小的幼苗长成的，九层的高台是一筐一筐泥土砌成的，千里远的行程是从脚下开始的。

名人名言

其安易持，其未兆易谋；其脆易泮，其微易散。为之于未有，治之于未乱。合抱之木，生于毫末；九层之台，起于累土；千里之行，始于足下。为者败之，执者失之。是以圣人无为故无败，无执故无失。民之从事，常于几成而败之。慎终如始，则无败事。是以圣人欲不欲，不贵难得之货，学不学，复众人之所过，以辅万物之自然而不敢为。

——《老子·道德经》

当你对生活有了崇高理想与美好憧憬的时候，最直接的方法就是将高远的志向分解开来，然后一步一步将其实现。

有的人总感到自己的理想太过遥远，有时觉得好像在天边一样遥不可及，于是就产生了一种松弛与懈怠的心理：反正实现不了，不如就此放手。就这样任时光白白流逝，到头来一事无成。与其这样，不如把自己的目标分成若干小段，从现在开始，努力完成能够实现大目标的每一个小的目标。切记要从现在开始，千万不要养成拖延的习惯，到最后你会惊奇地发现，远大目标的实现原来不过如此。即使未能实现目标，你也会因不断的努力而使生活变得充实无比，也会因不断的前进提高了自我。从现在开始，让我们努力地把身边该做的事情做好吧，人的生命只有一次，与其在无聊与苦闷中度过，还不如在奔走与劳顿中前行。只有这样，才能感觉到生命的存在，也只有这样，才能体现真正的自我。

 **案例链接**

一位韩国学生到剑桥大学修心理学，他常听到一些成功人士聊天，这些人幽默风趣，举重若轻，把自己的成功都看得非常自然和顺理成章，而这位留学生觉得自己被国内成功人士欺骗了，那些人士把自己的创业艰辛无限夸大。最后这位青年通过心理研究，写出了《成功并不像你想象的那么难》，作为毕业论文提交

给现代经济心理学的创始人威尔·布雷登教授。教授读后大为惊喜。后来这本书伴随着韩国的经济起飞而为人们所熟知，鼓舞了许多人。

人世中的许多事，只要想做，就能做到，该克服的困难也都能克服。关键是你是否有一颗主动的心。现在许多大学生毕业之后都处于一种等待的状态，从不想主动出击去寻求一份能使自己得到锻炼的工作，而自己鲜活的生命也在这种等待中蹉跎。若是我们能够从现在开始，对生活主动一点，必将会得到意想不到的收获。

在你有生之年，当"现在就做"的提示从你的潜意识中闪现时，就要立刻投身于适当的行动，这是一种能使你的志向变为现实的良好习惯。它能使你在面对不愉快的责任时，不致拖延；也能帮助你抓住那些宝贵的，一经失去便永远也追不回的时机。把目标转化为现实，一定要看到自己的进步，因为在现实中，成功肯定会经历一个过程，看清自己的进步是对自己的一种激励，也会增强自己对完成下面每一步目标的信心。

总之，立志高远固然重要，然而更重要的是要脚踏实地地为之付出，为之努力。正所谓漫长的征途需要一步步地走，崇高理想的实现需要一点一滴地奋斗。通往理想的道路是遥远的，然而起点就在脚下。荀子在《劝学》中曾有"不积跬步，无以至千里。不积小流，无已成江海"的警句，实现崇高的志向就要从平凡的小事做起。著名数学家华罗庚认为，雄心壮志只能建立在踏实的基础上，否则不叫雄心壮志。想要实现任何一种志向都必须脚踏实地地为之奋斗。不能空抱着雄心壮志去幻想。一定要把握住今天，把握住生命里的每一分钟。"与其在夕阳西下的时候去幻想什么，不如在旭日东升时就投入工作。""志存高远"为成功导航，然"始于足下"则为成功奠定基础。二者得兼，方可成就大事。

体验与践行

美国汽车工业巨头福特公司创始人亨利·福特曾经特别欣赏一个年轻人的才能，他想帮助这个年轻人实现自己的梦想。可这位年轻人的梦想却把福特吓了一跳：他一生最大的愿望就是赚到 1000 亿美元——超过福特所有财产的 100 倍。

福特问他："你要那么多钱做什么？"

年轻人迟疑了一会儿，说："老实讲，我也不知道，但我觉得只有那样才算是成功。"

福特说："一个人果真拥有那么多钱，将会威胁整个世界，我看你还是先别考虑这件事吧。"

在此后长达 5 年的时间里，福特拒绝见这个年轻人，直到有一天年轻人告诉福特，他想创办一所大学，他已经有了 10 万美元，还缺少 10 万。福特这时开始帮助他，他们再没有提过那 1000 亿美元的事。经过 8 年的努力，年轻人成功了，他就是著名的伊利诺斯大学的创始人本－伊利诺斯。

1. 这个故事给了我们怎样的启示？
2. 我们应该怎样正确对待自己的人生？

专题三

积极参加社会实践，实现人生价值

认知目标：学习和了解实践与认识的辩证关系，了解人的社会本质、人的自我价值与社会价值、人的全面发展等观点，了解集体主义和社会主义核心价值观。

能力目标：在知行统一的过程中提高人生发展能力。在社会发展中实现人的充分自由的发展，在劳动中实现人生价值。

素质目标：在当今市场经济条件下坚持正确的价值取向。

第一节　社会实践与人的发展

一、实践与认识的辩证关系

（一）实践对认识的决定作用

1. 实践是认识的来源

首先，实践产生了认识的需要。人的认识任务是实践的需要，是为解决和完成实践提出的问题而产生的。我们所熟知的小马过河的故事中，小马为什么想知道河水的深浅？这种认识源于小马想过河的实践需要。再例如，原来人们把螃蟹看成是一种可怕的动物，后来有人改变了这种看法，捉了几只螃蟹煮熟了吃，觉得味道非常鲜美。从此螃蟹成了人们餐桌上的佳肴。这也说明认识来源于实践，实践决定认识。

其次，认识来源于实践并不能否认学习间接经验的重要性。人的生命是有限的，我们没有时间也没有必要事事都亲自实践。间接知识虽然不是我们亲自实践的结果，却是我们的先人实践经验的总结，也是经过实践检验的正确认识，也正因此同学们应重视书本知识的学习，读万卷书，可以行万里路。

知识链接

一切真知都来源于实践。直接经验和间接经验是人们获得知识的两种途径，都来源于实践。

2. 实践是认识发展的动力

实践的发展不断地提出认识的新任务，推动着认识向前发展。恩格斯说："社会一旦有技术上的需要，则这种需要就会比十所大学更能把科学推向前进。"小马过河的故事中，小马从原来对河水的深浅一无所知到后来认识到河水"不深不浅"，这个过程说明了什么？说明实践是认识发展的动力。

知识链接

新问题、新要求，推动新的探索和研究，新工具、新手段，推动认识不断向前发展，认识能力的提高，推动认识不断深化。

3. 实践是检验认识正确与否的唯一标准

认识的正确与否，最终还是要靠实践来检验。实践是认识的起点，也是认识的归宿，是认识的全部基础。小马过河的故事中，小马问牛伯伯能否过河，牛伯伯说河水很浅，这是因为牛伯伯身材很高；小松鼠却说河水很深，因为小松鼠身材矮小。到底河水是深是浅，还需要亲自过河实践的检验。

知识链接

认识本身无法成为判断标准，客观事物本身无法回答认识是否正确反映了它，只有客观与主观相对照的实践才能检验它。

4. 实践是认识的目的

认识活动的目的并不在于认识活动本身，认识活动的最终目的还是为了指导实践。总之，实践是认识的起点，也是认识的归宿，是全部认识的基础。因此，我们要坚持实践第一的观点，热爱实践，尊重实践。

（二）认识、理论对实践的指导作用

认识不是消极被动的认识，认识本身对实践有能动的反作用。正确的认识积极地指导实践，错误的认识对实践有消极的阻碍作用。可见认识与实践是辩证统一的。

名人名言

一个人只有经过东倒西歪的、让自己像个笨蛋那样的阶段才能学会滑冰。

——萧伯纳

一个人怎样才能认识自己呢？决不是通过思考，而是通过实践。

——歌德

有知识的人不实践，等于一只蜜蜂不酿蜜。

——萨迪

纸上得来终觉浅，绝知此事要躬行。

——陆游

理论脱离实践是最大的不幸。

——达·芬奇

人类用认识的活动去了解事物，用实践的活动去改变事物；用前者去掌握宇宙，用后者去制造宇宙。

——克罗齐

理论上一切争论而未决的问题，都完全由现实生活中的实践来解决。

——车尔尼雪夫斯基

理论在变为实践，理论由实践赋予活力，由实践来修正，由实践来检验。

——列宁

仅仅一个理论上的证明，也比五十件事实更能打动我。

——狄德罗

二、在知行统一中提高人生发展能力

（一）人生发展要坚持知行统一

知行统一是理论和实践之间的关系问题。有人认为知易行难——懂得理论很容易，实践起来很难；有人认为知难行易——领悟道理很难，实践很容易。而实际上，懂得道理是重要的，但实际运用也很重要。要想实现崇高伟大的理想，必须有符合实际、脚踏实地的方法。这绝不仅仅是一句空话，而是一种高深的处世态度和生活智慧。知行统一不是一般的认识和实践的关系。知，主要指人的道德意识和思想意念；行，主要指人的道德践履和实际行动。所以人生要想取得成功，必须提高发展能力；而提高发展能力，必须做到知行统一。

 案例链接

据《史记》记载，战国时期赵国大将赵奢有一个儿子叫赵括，他从小熟读兵书，热爱军事，别人往往争辩不过他。他因此非常骄傲，自以为天下无敌。然而赵奢却很为其子担忧，认为他不过是纸上谈兵罢了。果然不出所料，公元前259年，秦军前来侵犯，廉颇为统帅，秦军难以制胜。于是秦王施了反间计，使赵王上当受骗，派赵括替代了廉颇。赵括却死搬硬套兵书上的条文，结果赵军40多万人被秦军歼灭，赵括也被秦军箭射身亡。最终赵国亡家亡国。

赵括熟读兵书却兵败的事例，说明了坚持实践和认识统一的重要性。我们不能割裂实践和认识两者之间的关系。马克思主义认识与实践相统一的基本原则要求我们，既要积极参加社会实践，又要在实践中不断学习反思，提高认识水平，提高人生发展能力。

 案例链接

1. 齐白石是我国现代著名的书画家和篆刻家。他原来是一位雕花木工，只是业余时间喜欢学画和篆刻。后来有幸遇到了胡沁园先生，并成为其徒弟。胡先生爱才，教齐白石读唐宋诗词，并引导他看书。齐白石勤奋好学，常常读书到深夜。很快他背熟了唐诗三百首，还研读了很多古文，学习了很多名著，他写的诗也有了自己的特点。胡先生从"立意""用笔"等基本功入手教授齐白石绘画。齐白石勤学苦练，临摹、领会古今名画的用笔之妙，吸取百家之长，很快他的绘画技艺突飞猛进，短短一年就掌握了山、水、人、物、花、鸟的基本画法和技巧。

在胡先生的言传身教下，齐白石还苦练书法和刻印。短短几年时间，齐白石在绘画、篆刻、吟诗、书法、装裱等方面都取得了显著的成绩，成为名满天下的书画家。

在人生发展的道路上，每个人只要不断反思、不断提升自己的发展能力，勇于实践，踏实肯干，持之以恒，最终就会像齐白石一样取得个人发展的显著成绩。

2. 爱迪生是铁路工人的孩子，小学未读完就辍学了，依靠在火车上卖报度日。但爱迪生非常勤奋好学，尤其对电器特别感兴趣。自从法拉第发明电机后，爱迪生就决心制造电灯，为整个人类带来光明。爱迪生总结了别人失败的教训，先后尝试了 1600 多种不同的耐热材料，发现唯独白金丝性能良好，但白金价格昂贵，他又继续做实验，决心找到可以替代白金的材料。功夫不负有心人，最终爱迪生发明了用钨丝来做灯丝的电灯。终于他的灯泡亮了，少年的梦想照亮了全世界。

发明家爱迪生的成功充分说明，人生发展的各种能力是在实践和认识循环往复中不断锻炼和提高的。只有在实践中不断学习，做到知行统一，才能不断提高人生的发展能力，早日走向成功。

3. 我国明代医药学家李时珍花费了 27 年时间才写成了流芳百世的医药名著《本草纲目》。他在 20 多年里，不但阅读了 800 多部书籍，积累了上万字的札记材料，而且还历尽千辛万苦，亲自采集药物标本，收集民间单方。《本草纲目》全书共收集药物 1892 种，药方 11000 多个。52 卷的皇皇巨著，通过他自己的亲自实践和学习，将一种种药物、一个个药方积累起来。因此李时珍被后人尊称为"药神"。

从李时珍的故事中我们再次得到启示，只有在实践中不断学习，做到知行统一，才能不断提高人生的发展能力，早日走向成功。

 议一议

实际生活中我们应该怎样做到知行统一？如果知行脱离，危害是什么？

（二）在社会实践中学会正确认识人生的成功和失败

"心若在，梦就在，天地之间还有真爱。看成败，人生豪迈，只不过是从头再来……"歌曲《从头再来》告诉我们面对人生的成败时，要保持良好的心态。下面我们就通过例子，看看名人成败的故事。

 案例链接

　　蒲松龄是我国清代著名文学家，他自幼聪明好学，但一直仕途不顺，屡次应试屡次落第。但他没有因此而气馁，而是继续追求成功。他曾含羞自荐，然而最终没能如愿以偿。从此他一边在乡下教书，一边准备应试。此时此刻他的妻子陈淑卿离开了人世，这使他悲恸欲绝，生活变得更加悲凉。但所有的困难并没有动摇他对成功的追求。他曾作了一副对联来自勉，上联是："有志者，事竟成，破釜沉舟，百二秦关终属楚"，下联是"苦心人，天不负，卧薪尝胆，三千越甲可吞吴"。

　　此后他隐居乡间，摆起了路边小茶馆，凡是路过此地的人，他都免费提供茶和烟，但客人必须讲一两个民间故事。就这样，他坚持不懈地从群众中获取素材，年复一年、日复一日地不断积累，准备他的写作。

　　经过20年苦心创作，他终于写出了闻名中外的短篇小说集《聊斋志异》。这部作品通过写狐谈鬼的表现手法，对当时社会的黑暗面进行批判，具有百读不厌的艺术魅力，很受群众的欢迎。同时，他还完成了《聊斋文集》四卷、《聊斋诗集》六卷、《聊斋俚曲》十四种及其他著作。

　　人的一生做任何事情都不可能是一帆风顺的，总会遇到这样那样的困难和问题。做商人可能会遇到资金和人才短缺的困难，做研究人员需要攻克技术上的难题，作为一名普通工作人员也会遇到很多陌生的新问题等。

　　我们在面对困难和挫折的时候，应该保持清醒的头脑，以正常的心态去看待它；还要进行分析和总结，找出工作中存在的不足。俗话说，"失败乃成功之母"，正是因为有了失败的经历，我们才能更好地从中吸取经验教训，少走弯路。最后，不能因为失败了而灰心丧气，只有信心满怀才能产生勇气和力量，有了勇气和力量，才能克服工作中遇到的任何挫折和困难，人才能真正地成熟和成长。在人生发展的道路上，谁都渴望获得成功，避免失败，但成功和失败总是相伴而生的，古今中外凡属成功人士都曾有过不止一次的失败经历。万事如意，心想事成，只是人们的良好愿望罢了。总之，人生是美好的，但人生的整个历程不会是一帆风顺的。天下没有不经过失败就随便成功的人，也没有从未体验过失败的苦涩滋味永远品味成功甘甜的人。

 知识链接

失败之中孕育着成功，成功常常是从失败中发展而来的。这就是哲学的辩证法。失败并不可怕，失败可以造就新的成功，失败是通向成功的途径。失败是成功之母。

案例链接

一位哲学家来到一片废墟旁边，看到一尊被遗弃很久的"双面神"雕像，感慨油然而生。

突然他听到好像有声音在问："朋友，你为何感叹啊？"

哲学家疑惑不解，原来是神像在说话。哲学家好奇地发问："你为何同时拥有两副面容呢？"

双面神像回答道："因为我有神奇的功能，一副面孔可以观察过去，吸取曾经犯过的经验教训，另一副面孔则可以展望将来，描绘无限美好的蓝图。"

哲学家说："过去只是现在的过去，无法再挽留。未来是现在的未来，一个人没办法提前迎接。唯有你不放在眼里的现在，才是你能真正拥有的。如果放弃现在，即使你能对过去、对未来了如指掌，那又有什么用处呢？"

双面神听了，大哭起来，他说："我现在才明白我沦落到这种地步的真正原因。"

哲学家马上问："朋友，你何故拥有此态？"

双面神说："那是很遥远的故事了。那时我镇守这座城池，我自傲既能一面了解历史，又能一面展望未来，唯独忽视了现在这一关键时刻。结果，敌军来犯，我无力镇守，城池很快就被攻破了，城池的辉煌也转眼成为历史，我也被永久地抛弃在废墟之中了。想想真是后悔莫及呀！"

这个故事告诉我们，要把握现在，珍惜现在，这才是正确的人生态度。

名人名言

为了追求幸福而努力，为了实现梦想而奋斗，即使失败，也不悔今生。因为我毕竟试过了，行动过了。

——贝多芬

失败也是我所需要的，它和成功对我一样有价值。只有在我知道一切做不好的方法以后，我才知道做好一件工作的方法是什么。

——爱迪生

> 没有播种，何来收获；没有辛苦，何来成功；没有磨难，何来荣耀；没有挫折，何来辉煌。
>
> ——佩恩

三、在社会实践中认识人的本质

（一）人的自然属性

所谓自然属性，是指人的肉体存在及其特性。自然属性是人存在的基础，是人社会属性的物质承担者。

（二）人的社会属性

所谓社会属性，是指在实践活动中人与人之间发生的各种关系。从根本上讲，人的本质不是由自然属性决定的，而是由人的社会属性决定的。也就是说，一个人是什么样的，具有什么样的品质、品行，从根本上说，不取决于人的机体状况，而取决于一个人的社会关系。

人的本质属性是能够把人与一切动物区分开来的标志，是人类特有的属性。社会性是人类特有而为其他一切事物所没有的，它揭示了人区别于动物的特殊本质，因此，社会性是人的本质属性。

社会性是人类所独有的，动物包括很高级的动物，都不具有社会性。即使是人类的后代，离开了社会，离开了社会生活，离开了社会关系，也就缺少了社会属性，只能称为"像人的动物"，而不是真正意义上的人。例如狼孩、豹孩（1932年在印度发现）、熊孩（1961年在匈牙利发现）、羊孩（1972年在伊朗发现）、鹿孩（1975年在撒哈拉发现）、猴孩（1976年在布隆迪发现），由于长期与社会隔绝，他们在刚被发现时已经不具备人的一些属性了，只具备"像人的动物"的一些特性。

人的本质属性是社会性。人是社会中的人，人的生产活动具有社会性，人的生活也具有社会性，总之，人是一切社会关系的总和。

如果有一天，你与社会失去任何联系，结果会怎样？

案例链接

　　电影《荒岛余生》讲述了这样一个故事：主人公查克是一位联邦快递的系统工程师，他虽然事业成功，但情感生活却并不圆满。由于他是个超级工作狂，平时很少有时间陪女友，因此他们的关系出现危机。在一次出差的旅程中，查克坐的小飞机失事，他被困在一座荒岛上。当失去现代生活的便利时，他唯一的目的就是求生。在被困的这段时期，他开始反思人生的目的，最后对于工作、感情，甚至生命本身都有了全新的体会和领悟。当他一气之下打跑唯一的排球朋友，又含着热泪把朋友找回来，他才知道朋友的存在是多么重要；当他看到救援船只时，他才知道身在喧嚣的社会中是怎样的幸福；他曾经讨厌的人类社会，他曾经厌恶的劳累生活，这时都变得美好了，都变成了他的渴望。他想回去，回到他赖以存在和发展的社会，回到他曾经讨厌的社会中，因为任何人都无法脱离社会而存在。

　　同学们，我们该不该珍惜周围的世界呢？该不该爱周围的人呢？

知识链接

　　任何人都不能孤立地存在于世界上，人始终生活在各种社会关系中。一个人只有在与他人的结合中才能保证自己的生存，只有在与他人结成的各种关系中，才能证实自己的存在，只有在与他人的交往中，才能逐步提高和发展自己。

（三）人是自然属性与社会属性的统一

　　人的自然属性是人存在的基础和前提，是人的社会属性的物质承担者；人的社会属性是人的本质属性。人的社会属性与自然属性之间是辩证统一的关系。人既有自然性，又有社会性，二者都是人不可缺少的属性；自然属性是人类生存和延续的前提条件，社会属性是人类存在和发展的基础，两者都是客观存在的。

 案例链接

　　《鲁滨逊漂流记》是一部家喻户晓的现实主义小说，它讲述了一个苏格兰水手海上遇险的经历。作者笛福在书中塑造了一个勇于面对自然挑战的新型人物——鲁滨逊·克鲁索。他不屑守成，倾心开拓，三番五次地抛开家庭，出海闯天下。有一次遭遇海难流落到荒岛上二十几年，他运用自己的头脑和双手，修建住所，种植粮食，驯养家畜，制造器具，缝纫衣服，把荒岛改造成"世外桃源"。他经过自己的努力，成功地在无人岛上生活多年。最终历经千辛万苦，他终于回到英国，完成了一个时代英雄人物的创业历程。

鲁滨逊一个人在荒岛上生活了28年，他脱离了社会照样生活得很好，这如何解释呢？这是因为人的自然属性和社会属性之间是一种辩证统一的关系。自然属性是人类生存和延续的前提条件，社会属性是人类存在和发展的基础；两者都是客观存在的。

（四）把握人的本质，积极融入社会

1. 个人与社会的辩证关系

一方面，个人是社会中的人，个人不能脱离自然界和人类社会孤立存在，人只能在社会中才能生存，任何人离开社会只能毁灭，个人只有在与他人的结合中才能保证自己的利益和存在，只有在与他人结成的各种关系中，才能证明自己的存在。另一方面，社会是由无数个个人组成的，任何社会的存在和发展都是无数个个人努力的结果，是集体智慧的结晶。总之，个人离不开社会，社会离不开个人，两者是辩证统一的关系。

2. 正确处理个人与社会的关系

在个人与社会的关系中，是个人决定社会，还是社会决定个人？个人是生活在社会这个大环境里的，所以社会为个人提供了一个历史舞台，同时社会也为个人提供了人生的规则。个人是社会的一分子，个人不能脱离社会而存在。正常的个人总要在社会生活中担负一定的工作，在自己的岗位上从事有意识有目的的活动，从而在社会历史发展的进程中留下自己的印记。人只能顺应社会，没有人能逆历史潮流而进，社会的发展变化一定不是一人之力来推动，个人只有在社会中找到自己合适的位置，才能获得回报和成功。

个人和社会是密不可分的，正如爱因斯坦所说："我们吃别人种的粮食，穿别人缝的衣服，住别人造的房子。我们的大部分知识和信仰都是通过别人创造的语言由别人传授给我们的……个人之所以成其为个人，以及他的生存之所以有意义，与其说是靠他个人的力量，不如说是由于他是伟大人类社会的一个成员，从生到死，社会都在支配着他的物质生活和精神生活。"

四、社会发展与人的全面发展

（一）人的全面发展的内涵

人的发展是指每个人，也即社会的每一个成员的发展，包括人的体力、智力、个性和交往能力等的发展。人的发展包括人的全面发展、自由发展、充分发展三个方面。在人的发展中，马克思主义哲学最强调的是"全面发展"。

所谓人的全面发展，就是指人的素质的多方面、多层次和多样化的发展。人的全面发展也指人的完整发展，即人的各种最基本或最基础的素质必须得到完整的发展，各个方面可以有发展程度上的差异，但缺一不可，否则就是片面发展。全面发展也可以理解为做人与做事两个方面的完整发展；可以理解为身与心两个方面的完整发展；可以理解为我们通常所说的德、智、体、美、劳诸多方面的完整发展；可以理解为真、善、美的完整发展。人的全面发展还指人的多种基本素质在人生的不同阶段的长足发展。

总之，人的全面发展是指人的各方面发展条件在相互促进中实现和谐的整体的发展，是克服了发展的片面性，全面而健康的发展，它强调的是人的丰富性、完整性和延续性。

 案例链接

一代才女林徽因

林徽因是中国著名建筑学家和作家。她是中国第一位女性建筑学家，同时也被胡适誉为中国一代才女。20世纪30年代初，林徽因与丈夫梁思成用现代科学方法研究中国古代建筑，成为这个学术领域的开拓者，为中国古代建筑研究奠定了坚实的科学基础。在文学方面，她一生著述甚多，主要有《你是人间四月天》《谁爱这不息的变幻》《笑》《清原》《一天》《激昂》《昼梦》《瞑想》等诗篇几十首；话剧《梅真同他们》；短篇小说《窘》《九十九度中》等；散文《窗子以外》《一片阳光》等。

1949 年新中国成立后，林徽因在美术方面曾做过三件大事：第一是参与国徽设计，第二是改造传统景泰蓝，第三是参与天安门人民英雄纪念碑设计，为民族及国家作出了巨大的贡献。可见，越是全面发展的人，对祖国和人民的贡献越大。

 案例链接

神童退学的启示

1983 年出生的魏永康在两岁时就能认读 1000 多个汉字，4 岁就掌握了初中文化，8 岁上县重点中学，13 岁以高分考上重点大学，17 岁考上中国科学院的硕博连读研究生。他因此被人们称为神童。但是，这位神童在 19 岁时，却因生活自理能力太差，知识结构不合理，被迫辍学。魏永康走过的这段人生历程，启人深思。神童虽具有超越同龄人的智力，但他首先是个孩子，同样需要遵循小孩子成长成才的基本规律。在成长过程中，他同样需要从与外界的社会交往中汲取养分。而在魏永康的成长过程中，他的童年被人为地剥夺了，除了学习还是学习，没有伙伴，没有课外书，也没有玩具，更没有人生路上那些美丽的、欢乐的、悲伤的、复杂的、温暖的、坎坷的际遇。正常孩子拥有的快乐童年都与他无关。

片面发展是指偏离了人的发展的本意和社会对人的发展要求，单纯为了某一方面的发展而牺牲其他方面的发展，甚至是牺牲了更重要方面的发展。人的发展是德、智、体、美、劳的和谐发展。应试教育过分强调片面发展，一味地追求分数，只要考得好就是好学生，而不顾及学生身心健康发展，不顾及学生实践能力和创造能力的培养，不顾及学生未来发展和生活幸福，更不顾及现代社会对人才的要求。

你们渴望自己全面发展吗？

讨论一下，片面发展都有哪些危害？

（二）个性自由发展

1. 个性自由

个性自由表现了人的个性的多样性和丰富性，因为不同的人有不同的特点和优势。但自由是建立在对必然性的认识基础之上的，它不是主观任意的，不是头脑中想象的。

 案例链接

谁都不会"一无是处"

　　法国文豪大仲马在成名前，穷困潦倒。有一次，他跑到巴黎去拜访他父亲的一位朋友，请他帮忙找份工作。他父亲的朋友问他："你能做什么？""没有什么了不得的本事，老伯。""数学精通吗？""不行。""你懂物理吗？或者历史？""什么都不知道，老伯。""会计呢？法律如何？"大仲马满脸通红，第一次知道自己太差劲了，便说："我真惭愧，现在我一定要努力补救我的这些不足。我相信不久之后，我一定会给老伯一个满意的答复。"他父亲的朋友对他说："可是，你要生活啊！将你的地址留在这张纸上吧。"大仲马无可奈何地写下了他的住址。他父亲的朋友笑着说："你终究有一样长处，你的名字写得很好呀！"

　　大仲马在成名前，也曾认为自己一无是处。而他父亲的朋友，却发现了他的一个看似并不是什么优点的优点——把名字写得很好。

我们每一个人，都有自己的优点，切不可把优点的标准定得太高，而对自身的优点视而不见。不要死盯着自己成绩不够优异、相貌一般等不足的一面，还应看到自己的长处，例如会唱歌、会写字等。我们要留心那些不容易被外人留意或发现的优点，这样我们的个性才能得到更充分的发展。

2. 个性自由与他人自由的关系

一个人的个性自由应得到社会和他人的尊重，任何人的自由都不能妨害和影响他人的自由。要真正实现个性的自由发展，大前提是必须保证社会稳定、和谐地发展。也就是说，个人的自由发展是以其他所有人的自由发展为前提的，任何人都不可能脱离社会、脱离他人的发展来谈自己的自由发展。不能在社会生活中以个性自由发展为借口，不顾他人的自由发展而恣意妄为。例如，我们不能躺在大街上睡觉，不能在图书馆大声喧哗，也不能在无烟餐厅吸烟，因为这样做妨碍了别人的自由。

案例链接

在世界共同抗击甲型 H1N1 流感的时候，一些留学生在网上发起暂时不回家的倡议书；大部分从国外回国人员自觉自我隔离。

北京的首例患者在确诊之前，除了打车前往医院就诊，与出租车司机有过近距离接触之外，一直在家里待着，与她的母亲在一起。而且，为了防止意外，她把打车的票据一直保留着，方便找人。正是由于患者这种极高的自觉意识，在她被确诊之后，需要隔离观察的只有两人——她的母亲和出租车司机。也正是因为她保存着票据，出租车司机很快就被找到了，为隔离工作节约了大量的寻找时间。

自我隔离，这是个体对他人、对社会的一种责任，也是对别人自由的一种尊重。

3. 个性自由与社会约束的关系

自由都是相对的，有条件的，没有绝对的自由。自由和约束是不可分的。人可以摆脱和克服某些条件的限制，但不能克服所有条件的限制。一个人一旦失去约束，不管是什么人，都会轻易被击败，生活中不能没有约束。

 案例链接

一棵刚栽下的小树，被束缚在木桩上，它感到很不自在，气愤地指责木桩说："老东西，你为什么要束缚我，剥夺我的自由？"木桩亲切地说："小兄弟，你刚开始自立，弄不好是会栽倒的，我是为了帮助你扎稳根，增强抵御风的能力，扶持你茁壮正直地成长，让你成为有用之材呀！""鬼话！"小树心里骂道，"我才不信你这骗人的鬼话呢，没有你我同样能扎稳根，不用你扶我同样茁壮正直地成长，你就等着瞧吧！"于是，小树凭借风力，故意找别扭，天天和木桩磨来磨去。有一天，它终于把绳索挣断了，感到非常得意，整天随着风，东摇西摆地起舞，直至把根部的泥土都晃松动了。一天夜间，一阵急风骤雨，它被连根拔了起来。第二天一早，岿然不动的木桩望着倒在地上的小树叹道："你现在感到彻底自由了吧！""不！"小树难过地说，"我现在感到需要约束，可惜已经有点迟了！"

 案例链接

在一个有风的春日，一群年轻人正在迎风放风筝玩乐，各种颜色、形状和大小的风筝就好像美丽的鸟儿在空中飞舞。当强风把风筝吹起，牵引线就能够控制它们。

风筝迎风飘向更高的地方，而不是随风而去。它们摇摆着、拉扯着，但牵引线以及笨重的尾巴使它们处于控制之中，并且迎风而上。它们挣扎着、抖动着想要挣脱线的束缚，仿佛在说："放开我！放开我！我想要自由！"即使与牵引线奋争着，它们依然在美丽地飞翔。终于，一只风筝成功挣脱了。"终于自由了！"它好像在说，"终于可以随风自由飞翔了！"脱离束缚的自由使它完全处于无情微风的摆布下。它毫无风度地震颤着向地面坠落，落在一堆乱草之中，线缠绕在一棵死灌木上。"终于自由"使它自由到无力地躺在尘土中，无助地任风沿着地面将其吹走。

有时我们真像这风筝啊！上苍赋予我们困境，赋予我们成长和增强实力必需遵从的规则。约束是逆风的礼物。但我们中有些人是如此强硬地抵制各种规则，以致那些人从来无法飞到一定的高度。而如果我们摆脱规则的束缚就可能落到地上。让我们心平气和地接受令我们生气的约束吧。因为它实际上是帮助我们实现愿望的平衡力。

你想自由发展自己吗？自由发展需要具备哪些条件？

（三）人的全面发展与社会发展

人的全面发展与社会发展是同一过程的两个方面。马克思主义认为，人与社会是不可分的，社会是人的集合体，人是社会的人，社会是人的社会；人是社会的主体，社会是人的存在方式。因此，人的发展与社会发展是同一历史过程中紧密联系、不可分割的两个方面。发展的概念，既包括社会发展，也包括人的发展，两者不是直接的同一或简单的包含关系，而是相对独立、相互联系的两个方面。人的全面发展与社会的全面可持续发展是相互促进、同步实现的。在个人与社会的关系上，人的全面发展与社会的全面可持续发展是辩证统一、相互促进的关系。一方面，人的全面发展是社会经济文化发展的前提。另一方面，人的全面发展又以经济文化的发展为基础。人不能孤立于社会之外而存在，人的发展、人的素质的提高，离不开社会发展所提供的必要的物质和文化条件。人的全面发展与社会发展都是逐步提高、永无止境的过程。人的全面发展与社会的发展相互作用、相互促进。社会主义制度的建立为人的全面发展开辟了广阔前景，创造了更加充分的条件，能够促进人的全面发展。因为建设社会主义的目的，就是为人的全面发展提供更优越的物质文化条件，使人在更高的水平上实现全面发展。我们既要树立共产主义的远大理想，又要立足现实，不懈努力，在不断推动经济发展和社会进步的同时，不断推进人的全面发展，使这两个历史过程相互结合、相互促进，共同向前发展。

名人名言

一个人追求的目标越高，他的能力就发展得越快，对社会就越有益。

——罗曼·罗兰

我们的教育方针，应该使受教育者在德育、智育、体育几方面都得到发展，成为有社会主义觉悟的，有文化的劳动者。

——毛泽东

集体生活是儿童之自我向社会化道路发展的重要推动力；为儿童心理正常发展的必需。一个不能获得这种正常发展的儿童，可能终其身只是一个悲剧。

——陶行知

体验与践行

酸甜可口、营养丰富的西红柿，人们都喜欢吃，然而当初人们却不敢吃它。原来西红柿生长在南美洲茂密的森林里，尽管它很讨人喜爱，但当地人认为它有剧毒，不用说吃，就连碰也不敢碰它，并给它起了个吓人的名字，叫"狼桃"。到了 16 世纪，有一位英国的公爵，在旅行时发现了它，就带回国几株，将它栽种在皇家花园里供观赏。直到 18 世纪，法国有一位画家抱着献身的精神，决心要尝试一下。在吃之前，画家做好了牺牲的准备，吃完之后，就躺在床上等待"上帝的召见"。可是时间过了很久，他不但没有死，而且也没有任何不舒服的感觉。这种勇敢的尝试，产生了"西红柿可以吃"这一认识，从此全世界开始普遍食用西红柿。

1. 这个历史上的真实故事说明了什么道理？
2. 你怎样理解俗话说的"不经一事，不长一智""不见不识，不做不会""不入虎穴，焉得虎子""百闻不如一见，百见不如一干"等谚语？

第二节　社会实践与人生价值

案例导入

　　徐虎是上海普陀区中山路房管所的一名普通维修工人，多年来，他在管区内设置三只报修箱，每天晚上坚持上门服务，利用业余时间2000多次为居民解决水电方面的难题，1989年和1995年连续两次被评为全国劳动模范。

　　徐虎被人们誉为20世纪90年代的雷锋、时传祥。应该说，他是当之无愧的。但徐虎又不完全同于雷锋、时传祥。

　　雷锋、时传祥经历过旧社会的苦和新社会的甜，是党和人民给了他们第二次生命。要报答党的恩情，要努力为人民群众造福，这样一种朴素的感情使他们公而忘私，乐于奉献。徐虎没有经历过由受压迫到当家做主、由受奴役到扬眉吐气的感情历程，他的奉献精神更带有时代的色彩。

　　雷锋、时传祥生活的时代，我国经济文化还相当落后，社会没有为个人发财致富提供太多机会。徐虎生活在一个改革开放、发展社会主义市场经济，每个人都有更多选择机会的时代，在这样一个社会背景下，徐虎能够十多年如一日淡泊名利，甘于奉献，他的精神具有更现实的社会意义。

思考　　1.徐虎所处的时代与雷锋、时传祥生活的年代完全不同，但他们都体现了什么精神？

　　　　2.徐虎在改革开放、发展社会主义市场经济的历史条件下，淡泊名利、甘于奉献，他的事迹的现实意义是什么？

一、社会价值与自我价值

　　马克思主义认为，人的价值，就是指人对自己、他人乃至社会需要的满足；人的价值包含两个方面，其一是社会价值，其二是自我价值。具体地说，就是人通过自身的实践活动，充分发挥其体力和智力的潜能，不断创造出物质财富和精神财富，在满足自身需要的同时，满足他人和社会的需要。简而言之，人的价值的实质在于其对社会的贡献。

（一）社会价值

人生的社会价值就是个人一生对人类、集体和他人存在和发展的积极作用的总和。人生的社会价值的主体是人类、集体和他人。在个人一生的全部积极作用中，减去用以满足自己生存发展需要的积极作用，以及应当回报而未回报社会对自己的尊重和满足的积极作用，剩余的积极作用才是对社会的真正贡献，才是人生的社会价值。如果把个人一生的积极作用叫做创造，把个人直接满足自己的需要和社会对自己的尊重和满足叫做消费，那么，个人一生的创造减去个人一生的消费，剩余部分才是个人对社会的真正贡献，才是人生的社会价值。个人一生对社会的贡献越大，人生的社会价值就越大。人生社会价值的实质，就是个人对社会的贡献。

那么，为什么个人一生要为社会作出贡献呢？第一，个人为社会作贡献是社会存在和发展的需要。任何社会里的人，都由三种人构成。这就是尚未参加劳动的婴幼儿和青少年、参加劳动创造的青壮年、丧失劳动能力的老年人。尚未参加劳动的婴幼儿和青少年，基本上是消费者，他们需要有人为他们作出贡献，才能生存和发展，人类社会也才能得以延续和发展。否则，就会后继无人。丧失劳动能力的老年人，需要有人为他们作出贡献，才能颐养天年。否则，无人赡养老人，也就没有人抚养子女，社会也将不存在。进行劳动创造的青壮年正在为社会和自己创造财富，作着对社会的贡献。但是，他们也需要有人为他们作贡献。因为，任何一个人的能力总是有限的，而需要却是多方面的，单靠自己是不能完全满足个人生存发展需要的。只有相互满足，才能生存，只有作出更多的贡献，人类社会才能发展。总之，人类社会的存在和发展需要个人作出贡献，个人不能不为社会作出贡献，不能没有社会价值。第二，个人为社会作贡献是由个人对社会的依赖关系决定的。社会的存在和发展需要人们作出贡献，有人会说，为什么必须由我去贡献呢？个人为社会作出贡献，这是每个人义不容辞的义务。因为，个人依赖于社会，个人离不开社会。每个人的一生都要经历未参加劳动的婴幼儿和青少年时期，参加劳动创造的青壮年时期，以及丧失劳动能力的老年时期。应当说，每个人的一生都是依靠社会、集体、他人的贡献，才能得以生存和发展。那么，任何人都不能只索取社会对自己的贡献，而自己却不给社会作出贡献。正是由于"人人为我"，也就必须"我为人人"。

人生价值就是个人的一生对人类、集体、他人、自己的存在和发展的积极作用的总和。

人生价值的客体是个人一生。人生价值是由个人一生创造的，是属于个人一生的。人生价值的客体是具体的、现实的个人一生，而不是抽象的个人一生。人生价值是个人一生的积极作用的综合，这是人生价值的实质。首先，人生价值是一个综合的整体，人生价值不仅仅是个人一时一事的积极作用，而是个人一生总的积极作用。其次，人生中的失误和错误造成的消极作用不是人生价值。由于个人的某些失误或者错误，对人类、集体、他人或自己产生的消极作用，都不是人生价值。同时，个人在一生

中的消极作用，需要用积极作用来抵偿和弥补，用以抵偿和弥补消极作用的积极作用，也不再是人生价值。因此，人生价值作为个人一生的积极作用的总和，应当是个人一生发挥的积极作用减去用以抵消消极作用的积极作用。这就要求人们，为了使人生具有较大的价值，尽可能地减少失误，尽量少犯错误或者不犯错误。

（二）自我价值

自我价值是指在个人生活和社会活动中，自我对社会作出贡献，而后社会和他人对作为人的存在的一种肯定关系，包括人的尊严和保证人的尊严的物质精神条件。自我价值的实现必然要以个人对社会的贡献为基础，以答谢社会为目的。德国著名诗人歌德曾说过："你若要喜爱自己的价值，你就得给世界创造价值。"爱因斯坦也曾经这样说过："人只有贡献于社会，才能找出那实际工作上短暂而有风险的生命意义。"把人的社会价值确定为贡献，是马克思主义历史哲学在对人与社会互助关系深刻理解的基础上，对人的社会价值本质的正确揭示。可见，奉献主要体现于个人对他人和社会需要的满足，即体现于人的社会价值。

（三）社会价值与自我价值的关系

人生的社会价值和人生的自我价值既有区别，又有联系，并且与社会对个人的尊重和满足相互关联。人生的社会价值和自我价值的主要区别，在于它们的价值主体不同：人生社会价值的主体是人类、集体和个人，而人生自我价值的主体是自我。

人生的社会价值和自我价值是紧密联系的。社会离不开个人，个人更要依赖社会。个人和社会之间是一种相互需要、相互满足的关系，人生的社会价值和人生的自我价值是人生价值的两个不可分割的组成部分，它们二者的关系以及和人生价值的关系可以用一个等式来表示。即：人生价值＝人生的社会价值＋人生的自我价值。也就是：个人一生的积极作用的总和＝用来满足自我需要的积极作用＋用来满足社会需要的积极作用。还可以是：个人一生的创造＝一生的消费＋一生的贡献。从这些等式中可以看出：

第一，人生的社会价值离不开自我价值。因为，如果一个人的一生，一点也不能自己满足自己，完全靠社会来满足，那么，这个人不仅没有人生的自我价值，也不可能有社会价值。如果一个人的一生有些创造，但是不能完全自己满足自己，还需要社会来满足，那么，这个人虽然有一定的自我价值，却不可能为社会作出任何贡献，也就不可能有什么社会价值。所以，只有在个人一生能够满足自己生存和发展的基本需要的基础上，才可能为社会作出贡献。也就是只有在具有了一定的自我价值的基础上，才可能有人生的社会价值。有的人一生的创造正好满足自己一生的消费，这种人自己直接满足了自己，也回报了社会对自己的尊重和满足，具有不小的人生的自我价值，但是，他没有对社会作出任何贡献，也就没有人生的社会价值。这种人虽然无损于社会，但是也无益于社会。这种人认为，自己既不吃亏，也不沾光，很合算。如果所有的人都像这种人一样，人类社会的进步就会停止，也就不会发展到现在。

第二，人生的自我价值也不能离开社会价值。一个人，在处于婴幼儿和青少年的时期，是作为价值的主体，享用着人生价值。在处于丧失劳动能力的老年时期，也是作为价值的主体，享用着人生价值。只有在进行劳动创造的青壮年时期，才作为价值的客体，通过劳动创造，一方面自己满足自己，另一方面偿还对人生价值的享用。这两方面都是在实现人生的自我价值。同时，通过更多的劳动创造，为社会作出贡献，实现人生的社会价值。由此可以看出，一个人是在享用前人的人生社会价值的基础上，才成长起来的。并且，在丧失劳动能力之后，还要享用后人的人生社会价值。一个人不能只享用他人的人生社会价值，而自己却从没有人生的社会价值。如果只享用他人的社会价值，而不创造社会价值，就会遭到社会的反对，也就不能很好地实现人生的自我价值。因为，任何人自己满足自己，都不是离开社会而独立实现的。离开了社会，个人就无法满足自己，无法实现人生的自我价值。

在人类的历史长河中，有许多人一生的创造很多，不仅自己直接满足了自己，而且回报了社会对自己的尊重和满足，还为社会作出了贡献。这种人的人生既有较大的自我价值，又有很大的社会价值，实现了人生的社会价值和自我价值的高度统一。人类社会发展的历史事实证明，广大的劳动人民和杰出的历史人物对人类社会作出了许多贡献，而自己却消费得很少。他们人生的社会价值大于自我价值。正是由于他们的社会价值，才推动了人类社会的进步和发展。每个人都应该实现人生的社会价值和人生的自我价值的高度统一，并且努力使人生的社会价值大于人生的自我价值。

二、人生价值的评价

（一）人生价值评价的标准

人生价值评价的根本尺度，是看一个人的人生活动是否符合社会发展的客观规律，是否通过实践促进了历史的进步。

人生价值评价的基本尺度，是劳动以及通过劳动对社会和他人作出的贡献，这是社会评价一个人的人生价值的普遍标准。

人是社会的人，人总是生存和活动于各种各样的社会关系当中，并受到一定社会关系的制约。在实际生活当中，人们会选择自己的人生道路，通过一定的方式实现自己的人生目的，以独特的思想和行为赋予生活实践以个性特征。不过，任何个体的人生意义只能建立在一定的社会关系和社会条件基础之上，并在社会中得以实现。离开一定的社会基础，个人就不能作为人而存在，当然也无法创造人生价值。人的社会性决定了人的社会价值是人生价值的最基本内容。一个人的生活具有什么样的价值，从根本上说是由社会所规定的，而社会对于一个人的价值评判，也主要是以他对社会所作的贡献为标准。个体对社会和他人的生存和发展贡献越大，其人生的社会价值也就越大；反之，人生的

社会价值就越小。如果个体的人生活动对社会和他人的生存和发展不仅没有贡献，反而起到某种反作用，那么，个体人生的社会价值就表现为负价值。

人生的价值在于奉献。星星没有月亮耀眼，却无私地献出了它的一切，把万里夜空点缀得美丽诱人；绿叶没有红花夺目，却为鲜花吐馨献出了自己的芳华，将花朵衬托得艳丽多彩。无私的奉献，是人生的主旋律，是镌刻在人们心中的一座永恒的丰碑，其重如泰山，其珍如瑰宝。展现人生的价值，必须用高尚品格造就光彩的人生，力图使自己活泼而不轻浮，严肃而不冷淡，自信而不自大，虚心而不盲从。成功时学会深思，受挫时保持镇定，在追求人生价值中奉献，在奉献中实现人生价值。只有这样才能行进在人生的旅途上，经风不折，遇霜不败，逢雨更娇，历雪更艳。

一个人的一生不在于他获得过什么，而在于他为这个世界付出过什么。也许我们做不了伟人，不能作出多大的贡献，但是只要我们做好分内的事情，力所能及地帮助别人，就是有意义的。一个人的一生一定要为自己的理想努力过，这样才会有意义。

（二）人生价值评价的方法

客观、公正、准确地评价社会成员人生价值的大小，除了要掌握科学的标准外，还需要掌握恰当的评价方法。为此，需做到以下四个坚持：

（1）坚持能力有大小与贡献须尽力相统一；

（2）坚持物质贡献与精神贡献相统一；

（3）坚持完善自身与贡献社会相统一；

（4）坚持动机和效果相统一。

三、人生价值的实现条件

（一）实现人生价值需要一定的客观条件

首先，实现人生价值要有一定的社会、经济、政治、文化条件。

人所特有的劳动创造力是人生价值的源泉，但是，人的创造力的形成和培养需要经过学习和训练，而这种学习和训练的条件又需要社会提供，即依赖于一定的社会经济、政治状况、科学和文化发展水平。如，在"文革"十年中有许多有志之士，他们虽有非凡的才能，但终因社会条件的限制而不能施展。同学们应珍惜自己生活、成长在一个健康、发展的时代。北大方正集团原总裁王选曾说过这样一段话："改革开放的20年是我一生中工作最有成效的一个时期。我庆幸在步入中年的时候碰到改革开放这么一个好时机。"随着改革开放的深入，随着社会主义现代化事业的发展，国家在人才培养、智力开发、才智的发挥等方面为我们提供了良好的条件，开辟了广阔的前景和发展空间。可见，人们创造力的利用发挥还需要一定的社会条件、工作条件以及社会多方面的支持。良好而必要的客观条件，为我们实现人生价值提供了基本保证。

其次，实现人生价值的客观条件还包括国际环境、社会需要、社会制度、社会意识形态、时代特点等等，以及个人的家庭环境和人际关系等方面因素。

（二）实现人生价值需要发挥主观能动性，创造必要的主观条件

关于实现人生价值的主观条件，主要把握以下几点。

1. 要全面提高个人素质

一个人的素质主要包括思想政治素质、道德素质、科学文化素质、心理素质和身体素质。这几方面的素质是一个相互促进、协调发展的整体，任何一方面欠缺都会影响其他方面的发展，使人不能健康发展，不能很好地实现人生价值。

要明确全面提高各方面素质的重要性：

（1）提高思想政治素质。只有具有较高的思想政治素质，学会运用科学的世界观来分析、对待人生问题，才能正确认清社会发展的客观规律，把自己的人生选择建立在科学认识的基础上，才不致迷失方向，才能较好地处理人生道路上遇到的矛盾，全面地辩证地对待人生。

（2）提高道德素质。提高个人的道德素质，既是个人成长和实现人生价值的需求，又是建设社会主义物质文明和精神文明的需要。在今天的历史条件下，就是要培养爱祖国、爱人民、爱劳动、爱科学、爱社会主义的良好道德素质。

为人民服务是社会主义道德的核心和集中体现。一个人有良好的道德品质，才能热爱本职工作，努力做到全心全意为人民服务，实现自己的人生价值。相反，道德素质低下或道德品质堕落的人，即使有文化，有才能，也不会尽力为社会作贡献，只能给社会带来破坏作用。

（3）提高科学文化素质。为振兴中华而学习，努力把自己锻炼成为社会主义现代化建设的合格人才，是21世纪青年肩负的使命；在科学技术高度发展的今天，不用现代科学技术知识武装自己，就不能算是一个合格的、好的劳动者，而真才实学又是实现和提高人生价值的重要条件。

（4）提高心理素质。人们在认识世界和改造世界的过程中，特别是在发展市场经济的大潮中，面对激烈的竞争，总要受到外界的刺激，引起心理上的复杂活动。人在良好健康的心理状态下，能够适应外界的变化情况，充分发挥身心潜在的能力，更好地努力学习和工作。

案例链接

　　邓亚萍是一位在世界比赛中屡屡夺冠的乒乓球运动员，给人们留下了深刻的印象。她的教练曾经评价她说，与邓亚萍水平接近的运动员其实不在少数，邓亚萍比别人突出的地方，在于她有特别优秀的心理品质：自信、顽强、不服输和极强的自制力。优秀的心理品质，在关键时刻往往会显示出重大的作用，使她能

保持情绪稳定，并能积极动脑，采用灵活多变的战术，更好地发挥水平，战胜对手，从而一次次为国争光。

（5）提高身体素质。身体是事业的本钱，健康的体魄是做好一切事情的基础。

我们应提高上述多方面的素质，全面发展。一个人如果没有文化知识，算是次品；有文化知识，但没有健康的体魄，不能正常地生活和劳动，算是废品；如果有文化知识，也有健康的身体，却没有正确的思想道德，不愿为社会作贡献，甚至有反社会情绪，那就是一个会对社会产生破坏作用的危险品。

用自己所见所闻的事例，说明道德素质和心理素质对一个人实现其人生价值所起的作用。

在个人素质的几个方面中，心理素质往往是容易被忽略的一个环节。现在学生中独生子女多，生活条件优越，生活经历平坦，而家长又"望子成龙"。面对家长的殷切希望，面对社会的激烈竞争，一些学生心理负担过重，形成心理障碍，这势必会影响他们的学习和生活，甚至带来不良的社会后果。如，浙江省金华市 17 岁学生徐力因不堪学习的压力残忍地杀害了自己的生母，引发社会各界的普遍关注。可见，提高学生的心理素质对一个人实现其人生价值有着重要的作用。

2. 要在自己的岗位上埋头苦干，发挥聪明才智

实现人生价值不能停留在口头上，最终要落实到行动上。这既是实现人生价值的出发点，又是实现人生价值的落脚点。个人主观能动性的发挥，应该从小事做起，从平凡的事情做起。

从宏观的角度看，社会主义、共产主义是亿万人参加并为之奋斗的伟大理想，需要长期努力。在中国，实现社会主义初级阶段的任务至少需要一百年的时间，至于巩固和发展社会主义制度，就需要更长的时间，需要人们坚持不懈地努力奋斗。这离不开每一个人的努力，需要每个人为之添砖加瓦。所以，每个人都要脚踏实地，从"小事情"做起。

一切有志者都是有理想、有抱负的，总希望成就一番事业，但又需要从平凡工作做起。俗话说，伟大出于平凡，平凡孕育着伟大。一切工作只是分工不同，没有等级贵贱之分。全国著名劳动模范、北京百货大楼售货员张秉贵，每天要接待上千的顾客，他的平凡工作使顾客买到了自己所需要的物品，同时他又为商店创造了效益，他的人生价值在平凡的劳动中得到了实现。全国人大代表李素丽是一位普普通通的公交车售票员，而

小小车厢在她眼中却是神圣的，因为它是向国内外乘客展示北京风采的窗口，是实现为人民服务的窗口。李素丽的人生价值就是在平凡中得以实现的。因此，只要有为祖国、为人民贡献青春的志向，认真学习和掌握本领，就一定能成为有用之才。

3. 要有百折不挠、不怕失败的顽强奋斗精神

青年学生不能正确对待人生中遇到的困难和挫折的原因有三点：

一是对社会生活的复杂性缺乏全面的了解。对人生道路上可能遇到的失败、困难、挫折缺少心理上的准备，因而一旦受挫，便感到无所适从，乃至对未来失去信心。

二是对自己的能力估计过高。由于自我估计过高，实际能力又跟不上，也就容易导致失败，自信的心理防线便开始崩溃，因而感到失望，甚至一蹶不振。

三是对失败缺乏辩证分析。有的人把失败看成是固定不变的最终的判决，甚至感到耻辱，这种认识和感受是不可取的。无疑，失败本身并非好事，但如果自己善于思考，认真总结教训，从失败走向成功，坏事也就变成了好事。

失败转化为成功，克服困难、摆脱困境，需要发挥主观能动性创造多种条件：

一要培养良好的心理素质，做到败而不馁。大发明家爱迪生一生的发明共有2000多项，这些成果大都经过无数次的失败而取得。他曾深有体会地说：灰心丧气就等于放弃了成功的机会。

二要找出失败的原因。从认识上看，失败的原因无非是主观和客观两方面。如果是主观上尚未掌握事物发展的规律性，或者个人主观能动性发挥不够，就要提高个人素质，特别是提高自己的认识能力，创造成功的主观条件。如果是来自客观上的困难，那就要充分利用有利条件，改变不利条件或创造条件，争取成功。

三要有顽强的意志和坚忍不拔的毅力。著名数学家陈景润，身居斗室，废寝忘食，拖着疲倦的身体，十多年如一日，不畏艰辛，不辞劳苦地向数学王冠上的明珠——"哥德巴赫猜想"进军，演算的稿纸竟装了满满六麻袋。青年学生在学习成才实现人生价值的过程中难免会遇到困难、挫折和失败，因此，需要有坚强的意志和不达目的决不罢休的顽强精神。

在人生价值实现的过程中，主客观条件是辩证统一、不可分割的。我们应在尊重客观条件的基础上充分发挥主观能动性，提高自身素质，真正实现自己的人生价值。

四、在劳动实践中创造人生价值

人类起源于劳动，劳动创造人类、劳动创造财富、劳动创造价值、劳动创造幸福、劳动创造一切。劳动是人类社会存在和发展的最基本的条件。马克思说："任何一个民族，如果停止劳动，不用说一年，就是几个星期，也要灭亡。"我们中华民族是以辛勤劳动著称的民族，凭借辛勤劳动这种精神，书写了中华民族5000年辉煌历史，创造了光耀世界的华夏文明。劳动是一个人的立身之本，也是一个国家的立国之基。一个人是

否活得有尊严，并不在于其有如何显赫的地位，如何体面的工作，能靠自己的双手创造美好的生活，活得坦荡自在，就是有尊严地生活。社会的一切发展和进步最终都要靠劳动来实现。离开劳动，知识形不成力量，人才无法成长，创造就会失去方向。"民生在勤，勤则不匮"，一切物质和精神财富的创造都离不开辛勤的劳动。小到个人、家庭，大到民族、国家，坚持辛勤劳动就能兴旺发达；而好逸恶劳、贪图享乐，只能衰败、灭亡。"历览前贤国与家，成由勤俭败由奢"，只有明荣辱，正是非，与一切贪图安逸，轻视、鄙视劳动的观念和行为决裂，才能逐步形成劳动光荣、知识崇高、人才宝贵、创造伟大的时代。劳动创造了人类，劳动创造了世界。从使用旧石器工具猎食自卫的类人猿，进化至使用新石器的原始人，直至进化到能创造、掌握和使用现代工具的现代人这一人类进化过程，也就是从简单劳动上升为复杂劳动，以至现代专业化劳动的过程。劳动是人类生活永恒的主题，人类一旦停止了劳动，就失去了衣食之源；个人一旦厌恶劳动，等于又退化到了动物。懒惰而想不劳而获，是人类的万恶之源。大发明家爱迪生说："世界上没有一种具有真正价值的东西，可以不经过艰苦辛勤的劳动而能够得到。"劳动使人聪颖，劳动使人进步，劳动使人类的精神生活变得丰富多彩。劳动不但创造了人类，还创造了文化，创造了价值。在历史长河中，无论环境条件怎样变化，劳动作为人类文明进步的基本动力源泉都不会变；无论思想观念怎样变化，劳动最光荣、劳动者最伟大的基本价值观念都不能变。我们要继承发扬劳动光荣传统，实现人生价值，让生活更加美好！

 案例链接

　　享誉世界的"杂交水稻之父"袁隆平，20世纪60年代初，在带领学生下农村生产实习时，目睹了农村粮食短缺、群众生活困难的状况，决心从农作物品种改良入手改变农村的落后面貌。50多年来，他克服了种种困难，勤恳劳动，锐意进取，所取得的科研成果使我国在杂交水稻研究及应用领域领先世界先进水平，不仅解决了中国粮食自给的难题，也为世界粮食安全作出了杰出的贡献。

　　袁隆平在劳动中实现了自身的价值。

　　劳动在创造社会财富和体现人的本质力量中有什么作用？如何用诚实的劳动去奉献社会？

知识链接

　　劳动是创造社会财富的活动，也是体现人的本质力量、提升主体能力的活动。劳动和奉献能够创造价值。积极投身于为人民服务的社会实践，是实现人生价值的必由之路，也是拥有幸福人生的根本途径，因此要在劳动和奉献中实现人生价值。实现人生价值有多种途径，无论身处何地，无论从事什么职业，只要通过劳动为社会作贡献，就能实现自身价值。

名人名言

　　少说些漂亮话，多做些平凡的事情。

　　　　　　　　　　　　　　　　　　　　　　　　——列宁

　　少壮不努力，老大徒伤悲。

　　　　　　　　　　　　　　　　　　　　　　　　——李白

　　必须在奋斗中求生存、求发展。

　　　　　　　　　　　　　　　　　　　　　　　　——茅盾

　　重要的不是成功，而是奋斗。

　　　　　　　　　　　　　　　　　　　　　　　　——哈伯特

　　我们应当努力奋斗，有所作为。这样，我们就可以说，我们没有虚度年华，并有可能在时间的沙滩上留下我们的足迹。

　　　　　　　　　　　　　　　　　　　　　　　　——拿破仑

　　我们世界上最美好的东西，都是由劳动、由人的聪明的手创造出来的。

　　　　　　　　　　　　　　　　　　　　　　　　——高尔基

　　翅膀断了，心也要飞翔！

　　　　　　　　　　　　　　　　　　　　　　　　——张海迪

　　谁若游戏人生，他就一事无成；谁不能主宰自己，便永远是一个奴隶。

　　　　　　　　　　　　　　　　　　　　　　　　——歌德

　　痛苦像把利刀，一方面割碎了你的心，一方面挖掘出了生命的新水源。

　　　　　　　　　　　　　　　　　　　　　　　　——罗曼·罗兰

　　患难困苦，是磨炼人格之最高学校。

　　　　　　　　　　　　　　　　　　　　　　　　——梁启超

　　人的生命是有限的，为人民服务是无限的，我要把有限的生命投入到无限的为人民服务当中去。

　　　　　　　　　　　　　　　　　　　　　　　　——雷锋

体验与践行

　　苹果树的旁边长着一株蔷薇花。每个人都喜欢花的香气和美丽。听到人们的赞美，蔷薇花骄傲起来。

　　"谁有我重要？谁敢和我比？"它问，"在所有的花里，我最香。我的花能让人赏心悦目。的确，苹果树很大，但它能给人带来什么快乐呢？"

　　苹果树回答道："即使你比我高，有众多可爱之处和芳香的气味，但你还是没有我这么好的心肠。"

　　"跟我讲讲！你有什么值得夸耀的地方？"蔷薇花挑衅地说。

　　"你不把花奉献给人们，还用你的刺迎接他们，"苹果树回答，"而我，纵使人们向我丢石头，我也会奉献我的果实！"

　　1. 想一想，人生的价值在于什么？
　　2. 我们怎样做才能受到大家的尊重？

第三节　社会实践与价值取向

案例导入

　　1953年，冯志远从东北师范大学中文系毕业后，分配到上海市市南中学。1956年，他又调到上海第一速成师范任教。在市南中学时，他结识了同样毕业于名牌大学的马老师。4年后，他们喜结连理。就在这时，即将成立的宁夏回族自治区派人到上海请求智力支援。校长征求冯志远的意见，冯老师二话没说，当即表示同意。新婚妻子的劝说，也没有动摇他的决心。

　　宁夏荒凉的农村与繁华的大上海相比反差太大。冯志远他们住的是透风的土坯房，睡的是冰冷的土坯炕，用的是烟气腾腾的土炉子，点的是用药瓶自制的煤油灯，吃的是野菜为主、毫无油水的调和饭。就是这样的饭也填不饱肚子，许多人患上了浮肿病。后来，与他同来的人陆续都走了，只有冯志远一直生活在宁夏农村。那时，每天夜晚，每间教室里都灯火通明。冯老师在教室之间穿梭辅导，从这个教室走出，又往那个教室走去，几乎没有在深夜12点以前休息过。他的视力急剧下降，不得不借助放大镜来备课、批作业，到后来，就是借助放大镜，也只能一个字一个字地看了。在眼睛一再发出抗议的情况下，他才闭一闭眼睛，缓解一下疲劳。

视力的下降，冯志远早有警觉。对其严重后果，他也有过预料。但他想到自己老了，一定要抓紧时间工作。为了把过去耽误的时间找回来，他已经顾不了那么多了。终于，在一次语文课上，黑幕罩上了他的双眼，他从此陷入无边的黑暗之中。眼睛失明了，他的心依然亮堂堂，之后，冯志远又坚持给学生上了5年课。那时候，每天上课铃声响起，一个学生就会牵着冯老师的手扶他走上讲台，5年里的每一天，孩子们总是大声朗读课文给冯老师听，然后听他的讲解。上历史课的时候，冯老师干脆用说书的方式，从古讲到今。直到60岁退休，他才正式离开讲台。

 1. 冯老师的价值标准是什么？
2. 我们应该树立怎样的人生价值观？

一、社会主义市场经济条件下人们价值取向的多元化

今天的中国，正处在一个经济转型期，它包括两个转变，即：在经济体制上由计划经济向市场经济转变，在经营方式上由粗放型向集约型转变。

应当看到市场经济在优化资源配置、促进生产发展、繁荣流通领域、降低生产成本、调动人的积极性上有着不可替代的作用；但是，由于市场经济也存在着自发性、盲目性、滞后性和趋利性的特点，一些人对社会主义市场经济加以曲解，把竞争理解为"不择手段"，把搞合法经营理解为"坑蒙拐骗"，把讲经济效益理解为"单纯追求利润"，把讲个人利益理解为抬头向"钱"看，低头向"我"看，于是，社会上出现了多种价值观并存的现象。

多种价值观的表现：

集体主义价值观（以为人民服务为核心）——应提倡和奉行（正确的价值观）

拜金主义价值观——应反对（错误的价值观）

享乐主义价值观——应反对（错误的价值观）

个人主义价值观——应反对（错误的价值观）

二、坚持集体主义的价值导向

社会主义的集体主义既是一种价值观，又是处理国家、集体和个人三者关系的政治原则和道德原则，它的主要内容是：坚持国家、集体和个人利益有机结合，促进社会和个人的和谐发展，提倡把国家、集体利益放在首位；充分尊重和维护个人的正当权益，发挥个人的主观能动性；当国家、集体和个人利益发生矛盾时，个人利益要服从国家和集体利益。

（一）集体主义是社会主义道德的基本原则

集体主义之所以能成为社会主义道德的基本原则，有以下几个原因：

（1）集体主义是人类社会本质的必然选择。确立社会主义道德原则是集体主义，这是社会主义社会本质的必然要求。以社会为本位的集体主义，这是社会主义社会确立的价值目标。社会规定着人的本质，因此，个人与社会不是同质的，社会较之个人更根本。从社会和个人互为依存中，社会高于个体，没有社会就没有单个的"人"。社会不是无数个体的数学集合，而是每一个个体的存在方式，这样，它的本质在于其社会规定性。如果确认人类社会的本质在于社会的规定性，那么，以社会为本位的集体主义价值原则就是理所当然的了。正因为是以社会为本位，人类社会才得以延续和发展。以社会为本位的集体主义原则，可以说是社会本质的必然选择和要求。

（2）集体主义是由社会经济关系所表现出来的利益决定的。社会主义经济关系的基础是劳动人民共同占有生产资料，它反映的最基本的利益关系是劳动人民的共同利益。维护、巩固和发展社会主义公有制，维护劳动人民的共同利益，则是社会主义道德赖以存在和发展的基础。而反映这个基础的道德观念，必然是社会主义的集体主义。

（3）集体主义是调节个人与社会利益的基本原则。在社会主义条件下，明确了社会主义道德原则是集体主义，便能正确地处理好人与人之间的各种利益关系，正确处理好个人利益同社会利益、集体利益、国家利益之间的关系。

在社会主义社会里，集体利益是个人利益的基础和保证。离开了无产阶级和劳动人民的集体利益和集体力量，就没有无产阶级的个人利益和个人解放；个人正当利益的不断实现，个性的全面发展，要依靠无产阶级的集体事业的发展；只有通过无产阶级和劳动群众的联合力量，才能获得个人全面发展的条件。在我国，劳动者个人利益的实现，要以个人对社会的贡献为前提，同时，国家和集体又为个人才能的发挥提供条件，为个人利益提供保证。因此，社会主义集体主义原则要求把这二者统一起来，正确处理个人利益与集体利益的关系。

"坚持国家、集体和个人利益相结合，促进社会和个人的和谐发展，把国家、集体利益放在首位；充分尊重和维护个人的正当利益，发挥个人的主观能动性；当国家、集体和个人利益发生矛盾时，个人利益要服从国家和集体利益。"在我们这个地球上，真正离群索居的人是很难找到的，任何人生下来都处在一定的社会环境里，生活在一定的集体中；个人的生存离不开集体，个人的聪明才智和个性的全面发展归根到底依赖于国家、集体事业的巩固和发展。人们常说，"大河有水小河满，大河无水小河干"，一滴水要想不干就要融入大海，有了国家、集体利益才会有个人利益，因此国家、集体利益应当摆在首位；只有坚持国家、集体和个人三者利益相结合，社会和个人才能和谐地发展，社会才能良性运转。

 **案例链接**

在1998年抗洪前线上，有一位26岁的战士叫吴良珠，他是一个汽车班的战士，他以顽强的毅力、拖着肝癌晚期的身体，在抗洪前线整整坚持了55个日夜，开汽车，垒堰堤，背沙袋。他没有个人利益吗？不，他的家也在灾区，他心里也十分惦念家里受灾的亲人。但他为了"大家"，三次开车路过家门而不入，多次谢绝领导劝他休息和回家探望的关心；在皖江大堤最紧张的抗洪阶段，他平均每天跑车300公里，每天睡眠两三个小时，最后累倒在大堤上。当外科医生打开他的腹腔时，都惊呆了，只见肿瘤像葡萄一样遍布整个肝区，其中一个比拳头大的肿瘤已经破裂。他就是这样，带着严重的病情，在大堤上居然战斗了两个月。他用自己的生命，奏响了一曲社会主义集体主义的凯歌。他被中央军委命名为"抗洪钢铁战士"。

（二）集体主义是我国人民实现现代化建设战略目标的力量源泉

社会意识对社会存在有巨大的反作用，集体主义的价值观在我国当前社会生活中有重大作用，它提供了正确调整个人利益和集体利益相互关系的原则，会变成现实的力量直接影响着人们的行为。现阶段，我国人民的重要任务就是进行社会主义现代化建设，这也是我国当前最大的政治。要在21世纪的中国基本实现现代化，建设富强、民主、文明、和谐的社会主义现代化国家，必须协调各方面的利益，使全国人民团结一致，同心同德投入到现代化建设中去，这样，集体主义价值观就成为我国人民实现现代化建设战略目标的力量源泉。

 **案例链接**

为了民族的尊严

1995年秋天，正值纪念抗战胜利50周年之际，北京光荣软件有限公司（日资企业）接到制作《提督的决断》的安排，遭到中方青年员工的集体抵制，工件退回日本，天津光荣公司的员工也参加了这一行动。但日本光荣总社1996年5月初故态复萌，又将《提督的决断》的图形修整业务安排到天津光荣公司，作业期限为5月13日至23日。

5月13日，天津光荣公司图形部的"担当"（组长）将此活儿分给中国员工。梁广明发现图形中有日本战犯及希特勒的头像和纳粹标志，有日军使用的飞机、大炮、战舰，还有日军杀人和升旗欢呼的场面，他非常反感，随即向部长提出：这活儿伤害中国人的感情，而且模糊了日本军国主义侵略的事实，我们不能做。高原、郭海京、祁巍等人随即响应。四个人走进总经理室，对日方副总经理讲述了自己的心声。日方副总经理承认《提督的决断》伤害了中国人民的感情，表示理解，保证今后不再接这样的工作，但又说工作已经来了，时间较紧，应按计划交货，要将感情与工作分开。他要求梁广明等四人必须干，不要产生不愉快的后果。梁广明等四人坚持正义的立场，第二天，他们以请有薪假的方式拒绝参加制作。

5月15日上午，日方副总经理通知梁广明等四人到公司，分别与他们谈话。在大是大非和民族尊严面前，四人不退缩半步，继续与光荣公司的日方代表据理力争。不耐烦的日方副总经理摊牌了，要求他们马上辞职，并在下午1点前交辞职书。梁广明等人处之坦然。他们拥有共同的心愿：个人与民族利益紧密相连，维护民族利益不是空谈，而应付诸实际行动。听说公司要"炒"梁广明等人，中国员工愤愤不平，以各种方式保护自己的同事。公司员工说："我们虽然在外资公司工作，但不能使我们忘掉民族所受的劫难，为了保护民族的尊严，我们可以抛弃自己的利益。"天津光荣公司青年的正义之举得到了亲人、好友的支持和社会各界的广泛赞誉。

青年学生在成长过程中，随时随地都会遇到个人利益和集体利益的关系问题。当个人利益与集体利益发生冲突的时候，应当毫不犹豫地放弃个人利益，维护集体利益，只有坚持集体主义的价值观，才能把自己培养成为对国家、对社会、对人民有用的人才。

名人名言

在社会主义社会中，国家、集体和个人的利益在根本上是一致的，如果有矛盾，个人利益要服从国家和集体的利益。

——邓小平

把自己的私德健全起来，建筑起"人格长城"来。由私德的健全，而扩大公德的效用，来为集体谋利益。

——陶行知

我们知道个人是微弱的，但是我们也知道整体就是力量。

——马克思

我们爱我们的民族，这是我们自信心的泉源。

——周恩来

一个人对人民的服务不一定要站在大会上讲演或是做什么惊天动地的大事业，

随时随地,点点滴滴地把自己知道的、想到的告诉人家,无形中就是替国家播种、垦植。

——傅雷

　　爱国主义也和其他道德情感与信念一样,使人趋于高尚,使人愈来愈能了解并爱好真正美丽的东西,从对于美丽东西的知觉中体验到快乐,并且用尽一切方法使美丽的东西体现在行动中。

——凯洛夫

三、正确处理利己与利他的关系

（一）利己与利他的内涵

　　利己就是使自己获得利益,利己是人与生俱来的本性,它归根结底源自生存的需要。利他就是使别人获得利益。表面上看利己与利他是矛盾的,事实上单纯的利己行为是行不通的,因为人是生活在群体之中,帮助别人就是帮助自己。所以绝对的利己行为是不存在的,利己在某种程度上包含着利他。总之,利己与利他是相互依存、相互渗透、相互转化的关系。

（二）正确处理利己与利他

　　1. 关爱他人,服务社会

案例链接

　　经大忠,2008年汶川大地震时任北川县长。在汶川大地震中,北川县是受灾最严重的县。地震发生时,经大忠正在开会,他果断地组织与会人员疏散,并用最快速度将县城里的8000多名幸存群众集中在安全区域。全面救援工作展开,经大忠成为北川抗震救灾前线指挥部副指挥长,始终战斗在第一线。5月14日下午,经大忠带领工作人员在废墟中救起了一个小女孩。当经大忠抱着孩子往担架跑的时候,孩子一直在哭泣。经大忠摸着她的脸,安慰她:"别怕,孩子,爸爸救你来了!"这一幕让在场的所有人动容。地震发生后,经大忠3天3夜没有合眼,他说:"群众是我们的兄弟姐妹,只有我们舍命,被埋的人才有更大的希望获救。"震后,北川县城大部分被埋。经大忠家中的6位亲人全部遇难。

　　经大忠被评为"感动中国2008年度人物"。感动中国组委会授予经大忠的颁奖词:千钧一发时,他振聋发聩,当机立断;四面危机时,他忍住悲伤,力挽狂澜!他和同志们双肩担起一城信心,万千生命。心系百姓、忠于职守,凸显共产党人的本色。

 案例链接

　　邱光华是由周总理亲自选定的我军第一代少数民族飞行员。1985年，他驾驶新型直升机首飞西藏，填补世界航空史空白；1999年，他在贵州高原地区冒雨驾机救出台湾游客陈鼎昌；2005年，他在恶劣气象条件下圆满完成卫星回收任务。"5·12"汶川大地震中，邱光华驾机转移出伤员和受灾群众200多名。2008年5月31日14时56分，成都军区某陆航团一架"米-171"运输直升机，在执行任务返航途中，突遇气候变化在映秀失事。经过多方寻找，6月10日10时55分，有关人员终于在该机执行任务航线附近的深山峡谷密林中，找到了失事的"米-171"运输直升机残骸，邱光华机组勇士和机上人员共19人已经全部遇难。每当我们遇到重大灾害，无论是洪水，还是雪灾，无论是森林大火，还是大地震，冲在最前面的总是我们的最可爱的人民子弟兵。在四川汶川大地震救援中，共有12万人民子弟兵紧急奔赴汶川、北川、绵阳、都江堰……他们置自己的生命安危于不顾，用勇气和责任救出了一个又一个灾民，用实际行动谱写了新时代人民军队与人民群众的鱼水之情。

　　无论是经大忠还是邱光华，他们都用生命践行了关爱他人、服务社会的誓言。关爱他人、服务社会，是中华民族的传统美德，也是社会主义精神文明的重要内容。把关爱作为生活的一部分，把关爱放到我们做的每一件事情中，成为我们思想道德的一部分，用自己的真心关爱他人，用自己的诚心温暖社会，用自己的奉献美化环境，诚心诚意、踏踏实实地做好身边的每一件小事，让我们的世界更美好！

　　2. 维护个人的正当利益

　　个人利益是个人活动的前提和动力，包括物质需要和精神需要两大方面，如生活条件、教育条件、工作条件以及发展自己有益于社会的个性和特长的需要等等。

　　集体利益是指社会利益以及组成集体的各个个体的共同利益或根本利益。

　　在社会主义条件下，个人利益与集体利益本质上是一致的。邓小平认为要辩证地看待这两者的关系，他说："在社会主义制度之下，个人利益要服从集体利益，局部利益要服从整体利益，暂时利益要服从长远利益，或者叫做小局服从大局，小道理服从大道理。我们提倡和实行这些原则，决不是说可以不注意个人利益，不注意局部利益，不注意暂时利益。而是因为在社会主义制度之下，归根结底，个人利益和集体利益是统一的，局部利益和整体利益是统一的，暂时利益和长远利益是统一的。我们必须按照统筹兼顾的原则来调节各种利益的相互关系。如果相反，违反集体利益而追求个人利益，违反整体利益而追求局部利益，违反长远利益而追求暂时利益，那末，结果势必两头都受损失。"

他进一步强调："要防止盲目性，特别要防止只顾本位利益、个人利益而损害国家利益、人民利益的破坏性的自发倾向。"他还指出："按照马克思说的，社会主义是共产主义第一阶段，这是一个很长的历史阶段，必须实行按劳分配，必须把国家、集体和个人利益结合起来，才能调动积极性，才能发展社会主义的生产。共产主义的高级阶段，生产力高度发达，实行各尽所能，按需分配，将更多地承认个人利益、满足个人需要。"

3. 反对损人利己

个人争取自己的利益，不得以侵占、损害他人的正当利益为手段。如果无视和损害他人利益、社会利益，只顾追求个人利益，虽然会一时达到利己的目的，但也会在社会中失去信任，最终损人又害己。

同学们该怎样处理自己与别人的利益？

（三）正确处理利己与利他关系的意义

利己主义，个人主要为自己而活着，为自己而生为自己而死，其生死、存在与否仅与自己有关；利他主义，个人不仅为自己活着，也为他人活着，其生死、存在与否不仅与其个人有关，也与他人、社会有关，其生死、存在与否对他人、社会有一定影响。

我们国家提出建设社会主义和谐社会的伟大目标，这是针对中国的发展现实而作出的正确抉择。社会主义社会是拥有许多利益主体的社会，人们在追逐各自利益的过程中，不可避免地面临各种利益的选择。因此，如何处理好各种利益关系问题，如何看待利己与利他的关系问题，关系着社会主义和谐社会建设的成败。

案例链接

1. 四川大地震，2008年5月14日，张关蓉在凝视着丈夫谭千秋的遗体。13日22时12分，救援人员扒出了德阳市东汽中学教导主任谭千秋的遗体。他双臂张开趴在一张课桌上，死死地护着桌下的几个孩子。孩子们得救了，而他们的谭老师却永远地离开了……"要不是有谭老师在上面护着，这4个娃儿一个也活不了。"被救女生刘红丽的舅舅流着泪说。"在我们学校的老师里谭老师是最心疼学生的一个，走在校园里的时候，远远看见地上有一块小石头他都要走过去捡走，生怕学生们不小心摔伤。"夏开秀老师说。刘红丽的舅舅仰天长叹："谭老师，大好

人，大英雄噢！"

2. 范美忠，四川隆昌人，1992年于隆昌二中毕业后考入北京大学，1997年北京大学历史系毕业后到自贡蜀光中学当教师，后任职于四川都江堰光亚学校。范美忠在地震后曾说："在这种生死抉择的瞬间，只有为了我的女儿我才可能考虑牺牲自我，其他的人，哪怕是我的母亲，在这情况下我也不会管的。"这种赤裸裸的表白在网上掀起轩然大波。不少网友认为，地震了老师先跑了是出于一种生物生存本能，本无可厚非。但范美忠还要"洋洋自得"地自我表白，这种无情的举动，连动物都不如，实在无法为人师表。

5月22日，范美忠在网上写下了《那一刻地动山摇——"5·12"汶川地震亲历记》一文，文中详细地描述了自己在地震时所做的一切以及过后的心理思路。据描述，范美忠当时正在四川都江堰光亚学校上语文课，课桌轻轻晃动了一下，范根据自己对地震的一些经验，认为是轻微地震，因此叫学生不要慌。但话还没完，教学楼就猛烈地晃动起来。"我瞬间反应过来——大地震！然后猛然向楼梯冲过去。"后来，范美忠发现自己是第一个到达足球场的人，等了好久才见学生陆续来到操场。

名人名言

建立一个人类社会，难就难在如何处理个人幸福与全民幸福之间的关系。

——多·拉塞尔

社会是一个化妆舞会，人人都掩饰着自己的真面目，但又在掩饰中暴露了自己的真面目。

——爱默生

在个人跟社会发生任何冲突的时候，有两件事必须考虑：第一是哪方面对，第二是哪方面强。

——泰戈尔

好事须相让，恶事莫相推。

——王梵志

人家帮我，永志不忘；我帮人家，莫记心上。

——华罗庚

你要记住，永远要愉快地多给别人，少从别人那里拿取。

——高尔基

世界上能为别人减轻负担的都不是庸庸碌碌之徒。

——狄更斯

最好的满足就是给别人以满足。

——拉布吕耶尔

四、正确处理公私、义利关系

（一）树立正确的公私观

公私观是对公与私的关系的根本看法，是人生观的一个重要方面。公私关系并不是从来就有的，在原始社会初期，由于生产力低下，没有剩余产品和私有财产，因而没有私有观念，也不存在公与私的对立。随着生产力的发展，原始社会公有制解体，出现了私有财产和私有制，由此产生了私有观念，形成了公私关系。

社会主义社会消灭了剥削制度，生产资料公有制代替了私有制。社会主义集体主义原则要求人们在处理公私关系时，把国家利益、社会利益、个人利益结合起来；国家利益、集体利益放在第一位，个人利益放在第二位；当二者发生矛盾时，个人利益必须服从国家利益、集体利益。反对一切损人利己、损公肥私、金钱至上、以权谋私的思想和行为。我们要把先公后私作为处理公私关系的基本原则和努力追求的道德境界，一切从人民利益、国家利益出发，全心全意为人们服务，必要时不惜牺牲自己的一切，甚至生命。

（二）树立正确的义和观

所谓"义利观"，是指人们对待伦理道德和物质利益关系问题的观点。

这里的"义"主要包含两方面的意思：一是"正义"，即指合宜的道理或举动，指思想行为符合一定的道德规范标准；二是"义气"，即主持公道，同情他人的正义行动或甘于替他人承担风险和牺牲的气概。这里的"利"，指物质利益和功利，它涉及国家、集体、个人三方面的利益。唯物史观认为，顺应历史发展潮流、符合大多数人的利益、有利于社会发展和进步的思想和行为，就是义；否则就是不义。利有正当的利和不正当的利之分，通过正当的途径和合法手段获得的个人利益，就是正当的利，否则就是不正当的利，正当的利就应该努力争取。

正确的义利观，通常以重义轻利为基础，为社会创造价值，但汲取较少的物质财富；而错误的义利观，具体表现为拜金主义，甚至忽视道德、践踏诚信等。

坚持义利统一，就是要鼓励人们在不损害国家、社会和他人利益的前提下，通过正当途径和合法手段追求自己的物质利益。反对拜金主义、见利忘义。也避免只讲义，不讲利。应当见利思义，以义制欲，以义导利，营造义重于利、见义勇为的优良社会风尚。

体验与践行

　　你知道华西村吗？它是闻名全国的"天下第一村"，被誉为社会主义新农村建设的一面旗帜。40多年来，华西村始终坚持解放思想、实事求是，始终坚持率先发展、科学发展、和谐发展，走出了一条以工业化教育农民，以城镇化发展农村，以产业化提升农业的华西特色发展之路，形成了经济发展、生活富裕、乡风文明、环境优美、管理民主的社会主义新农村建设新局面。而这一切成就的取得，都离不开华西村的老书记——吴仁宝。在长达48年的村党支部书记任职时间里，吴仁宝一直坚持"三不"：不拿全村最高工资，不住全村最好房子，不拿高额奖金。在带领村民走向共同富裕的过程中，他有许多朴实但又内含深刻道理的话语——"什么是社会主义？人民幸福就是社会主义。""个人富了不算富，集体富了才算富；一村富了不算富，全国富了才算富。"可以说，没有吴仁宝，就没有今天的华西村。

　　1. 什么是集体主义？
　　2. 吴仁宝的言行，说明了什么道理？
　　3. 我们应该坚持什么价值导向？

专题四

认识社会，改变自我，创造科学的人生环境

 学习目标

　　认知目标：了解事物是普遍联系和永恒发展的，掌握矛盾是事物发展的动力。

　　能力目标：学会用联系、发展和矛盾的观点客观地认识社会，学会具体问题具体分析，自觉营造和谐的人际关系。

　　素质目标：正确对待人生发展的客观环境，在社会实践中不断克服各种矛盾，为人生发展创造美好的生存环境，培养积极向上的人生态度，实现自我的发展。

第一节　普遍联系与人际和谐

案例导入

　　小郭高中毕业后顺利考入一所理想的学校，入学后，他成为班里的班长，为此他格外地努力，力求事事完美。在同学中他争强好胜，希望能得到同学们的支持。但是时间一长，同学们对他颇有微词，认为他作为班长应该学会与同学相处，搞好关系，而不是一味地表现自己。小郭听到同学背后的议论却不以为意，认为只要把自己的工作做好就是表现出色。然而在一年后的班干部竞选中他落选了，他非常失落。班主任对他说，你的工作能力是很强，但是你更应该学会处理好与同学们的关系，只有得到同学们的支持，你的工作才会更出色。

　　1. 人能够离开他人而独自生活吗？
　　2. 如何用联系的观点看待人际关系？

一、用联系的观点看问题

　　世界上的事物不是彼此孤立的，而是相互联系的。联系是指事物之间以及事物内部各要素之间的相互影响、相互制约和相互作用的关系。我们平时所说的"鱼儿离不开水，瓜儿离不开秧""名师出高徒"等，说的就是事物之间相互联系的道理。自然界、人类社会、人的思维以及自然界与人类社会之间都是一个普遍联系的有机整体，世界上不存在彼此孤立的事物。

　　联系是普遍的。事物联系的普遍性是指世界上的一切事物都同周围的其他事物相互联系着；每一事物内部各个要素都同其他要素相互联系着；整个世界就是一个相互联系的统一整体，如地球与月球之间

名人名言

　　当我们深思熟虑地考虑自然界或人类历史或我们自己精神活动的时候，首先呈现在我们眼前的，是一幅由种种联系和相互作用无穷无尽地交织起来的画面，其中没有任何东西是不动的和不变的，而是一切都在运动、变化、生成或消逝。

——恩格斯

的联系。自然界内部、人类社会内部、人类与自然界之间、人的认识、人的认识和客观事物之间都是相互联系的。人们常说的"牵一发而动全身""十指连心"，便形象地说明了这一问题。任何一个事物和现象都是整个世界联系中的一个部分、成分或者环节，没有一个事物能孤立存在于这个统一体之外。世界上不存在彼此孤立的事物，但不等于说，世界上任何两个事物都是相互联系的。

桑基鱼塘养殖模式：蚕沙（蚕粪）喂鱼，塘泥肥桑，栽桑、养蚕、养鱼三者结合。它们之间有怎样的联系呢？

首先，联系不是个别事物具有的特点，而是一切事物所共有的普遍特性。世界上的一切事物都处在相互联系之中，任何一个事物都与周围其他事物有条件地联系着，在任何地方、任何时候都找不到不依赖于周围其他事物而孤立存在的事物。

其次，事物的联系不是抽象的、无条件的。联系的存在是需要条件的。如果脱离具体的时间、地点和条件而空谈联系，就不能正确认识事物和解决矛盾。例如，发生火灾后灭火，若不分清燃烧的物质是什么而一味地用水浇，就可能酿成大祸。可见，唯物辩证法讲的联系是有条件的、具体的，并非任何两个事物之间都有必然联系。

最后，要理解事物的联系，还要看事物之间是否相互影响、相互作用。如果两个事物之间存在相互影响、相互作用的关系，就说明它们之间有联系，否则就没有。因此，我们不能把联系无限扩大，尤其不能主观臆造联系。

知识链接

自然界就是一个复杂联系的有机整体。地球上的阳光、空气、水分、土壤、山川、湖泊、河流、森林、草原以及人们赖以生存的环境中的动物、植物、微生物，它们在生存发展的过程中，相互作用、相互影响、相互制约，形成了一个复杂的生态系统，其中任何一个部分的变化，都会引起其他部分乃至整个系统的变化。

联系是普遍的，也是客观的，是不以人们的意志为转移的，是事物本身固有的，而不是人们强加的。联系的客观性要求我们，要从客观事物固有的真实联系中把握事物，切忌主观随意臆造。我们既不能否定事物的联系，也不能把主观联系强加给事物。离开事物的真实联系，主观臆造并不存在的联系，是诡辩论的一个重要特征。例如，喜鹊叫喜，乌鸦叫丧；指纹手相决定人的命运；左眼跳财，右眼跳灾；518我要发，148一世发等，

都是主观臆造的联系。我们应当把握事物的固有联系，切忌主观随意性。联系虽然是客观的，但也并不意味着人们对事物的联系无能为力。人们可以根据事物的固有联系改变事物的状态，调整原有的联系，建立新的具体的联系。

"城门失火，殃及池鱼。"这个寓言故事说明了一个什么哲学原理？

把握联系还应该注意以下几个问题：

（1）不能把人们生活中讲的具体联系混同于唯物辩证法所讲的联系。它们之间应是个性与共性的关系。

（2）不能把联系的普遍性仅仅理解为一事物同周围其他事物的联系。

（3）不能把联系的普遍性理解为一事物同其他一切事物都是相互联系的，从而否认了联系的条件性。

（4）不能把联系的客观性等同于联系是不可改变的。

知识链接

哲学上存在两种根本对立的世界观和方法论：唯物辩证法和形而上学。它们的对立主要表现在：

第一，唯物辩证法用普遍联系的观点看世界，认为世界上的一切事物都处在普遍联系之中；形而上学则是用孤立的观点看世界，认为事物之间是互不联系、彼此孤立的。

第二，唯物辩证法用发展变化的观点看世界，认为世界上的一切事物都处于不断的永恒发展之中；而形而上学则用静止不变的观点看世界，否认事物的变化发展，认为即使有也只是简单的数量的增减和位置的变更。

第三，唯物辩证法认为矛盾是普遍存在的，矛盾是事物发展的动力和源泉；形而上学则否认事物内部存在的矛盾，把事物变化的原因归结为外部力量的推动。唯物辩证法和形而上学的根本分歧及斗争焦点在于是否承认矛盾、是否承认矛盾是事物发展的动力和源泉。

联系是复杂多样的。由于具体事物的性质、所处的环境不同，事物之间的联系呈现出多样性的特点。物质世界的复杂性决定了事物联系及其形式的多样性。首先按照事物之间联系的性质分为本质联系和非本质联系。本质联系是指事物之间内在的、稳定的联系。非本质联系是指事物之间外在的、不稳定的联系。其次按照事物联系的条件不同，可分为内部联系和外部联系。内部联系是指事物内部诸要素如各个部分、成分、环节等之间的联系；外部联系是指某一事物与其他事物之间的联系。再次，按照事物之间的联系有无确定的趋势和方向，可分为必然联系和偶然联系。必然联系是指事物之间一定要发生的、具有确定不移的趋势的联系；偶然联系是指事物之间不一定发生的，可以这样或者那样出现的没有稳定趋势的联系。最后按照事物的联系有无中间环节，可分为直接联系和间接联系。直接联系是指事物之间及其事物内部的不同要素之间，不经过中间环节而发生相互作用和相互制约的联系；间接联系是指事物之间及其事物内部的不同要素之间，经过中间环节而发生相互作用和相互制约的联系。

不同的联系对事物的存在和发展所起的作用是不同的。决定事物的根本性质及其发展的根本趋势，以及对事物的存在和发展具有决定作用的是事物的内部的、本质的、必然的和主要的联系；而外部的、非本质的、偶然的和次要的联系，只能在一定程度上影响事物的发展进程。我们要学会分析事物的联系，抓住事物的主要的、本质的联系，从而更深刻地认识事物。

知识链接

吸烟与肺癌有没有联系？

自 20 世纪 80 年代起，肺癌已成为全球范围内发病率最高的癌症，其发生率正在逐年上升。在我国北京、上海、广州、合肥等地，肺癌跃居群癌之首。在工业发达国家中如美国等，肺癌的发病率居常见癌症的首位，为第一位癌症死亡原因。无疑这一事实与吸烟人数持续增加的因素有关，肺癌的发生与吸烟及其他环境因素有着重要的联系。

中国与吸烟有关的死亡人数在 1987 年为 10 万人，预计 2025 年将有超过 200 万人死于吸烟。令人忧虑的是，目前我国有 3 亿"烟民"，青少年吸烟人数有增加的趋势。只要烟草的生产和销售是合法的，就会有人吸烟。

每一事物的存在和发展都离不开周围其他事物，这些事物就是这一事物存在和发展的条件。因此，我们在考察事物的时候，要充分考虑它存在的条件，如果脱离具体的条件单纯地去考察，就难以对事物作出合理的判断。

世界是一个普遍联系的有机整体，任何事物都与其他事物相联系。要正确认识事物，做好各种事情，必须坚持联系的观点。

　　古时候，有个人饿了，一连吃了六个饼，还是没饱，于是，他就拿起第七个饼吃了起来，当吃到一半的时候，他突然感觉饱了，同时，他也觉得很后悔，便自怨自艾道："早知道这个饼才是管用的，我一开始就应该来吃这个，那就省下前面多吃的六个了。"

　　吃饼人的错误在哪里？

　　联系的观点要求我们：

　　第一，要用普遍联系的观点看问题，要注意一事物同其他事物之间的联系，要处理好全局与局部、整体与部分的关系。我们在认识事物时就要找出哪些是和它联系的事物，具体地分析出它们之间是怎样相互影响、相互作用、相互制约的。只有这样，才能正确认识事物，找出解决问题的正确办法。防止孤立地、片面地看问题，不能只见树木不见森林、只知其一不知其二。青年学生在人生成长过程中，都和学校、家庭、社会等周围事物紧密联系着，每时每刻都要受到这些条件和因素的影响和制约。当然，这些联系的地位和作用是不同的，我们要重视那些直接的、影响大的、有利于我们成长的联系，但也不能忽视那些间接的、影响小的、不利于我们成长的联系。我们要正确选择和充分利用那些有利的联系，自觉克服和避免那些不利的联系。不能只看到自我的独立性，而看不到人在社会关系中的联系，不能只以自我为中心、自我封闭。

　　"头痛医头，脚痛医脚"这个观点对吗？

　　第二，要从整体上把握事物的联系，处理好部分与整体的关系。首先要重视整体，顾全大局。整体是部分的有机统一，整体和部分是相互依赖、不可分割的。部分离开了整体，也就失去了作为部分的性质和意义。人们常说"国兴则家昌，国破则家亡"，讲的就是这样的道理。只有国家繁荣昌盛，家庭才有前途和希望，所以我们要时刻牢记国家的利益高于一切，始终把国家和人民的利益放在第一位，必要时还应牺牲个人利益以维护国家利益。其次要重视部分。任何整体都是由部分组成的，整体离不开部分，离开了部分也就无法成为整体了。部分的联系处理得好，就可以使整体功能得到最大的发挥。

反之则会影响整体。所谓"牵一发而动全身""一着不慎，满盘皆输"，讲的就是部分影响整体的情形。因此，认识和处理问题既要重视整体，又不可忽视部分在整体中的作用。我们青年学生能否把自己培养成为有理想、有道德、有文化、有纪律的社会主义事业接班人，将关系着我们祖国的前途和命运。

据说燕国太子丹百般讨好荆轲，为的是要荆轲去刺杀秦王，在临行前的宴会上，太子丹特意叫来一个能琴善乐的美女为荆轲弹琴助兴。荆轲听着悦耳的琴声，看着美人那双纤细、白嫩、灵巧的手，连连称赞："好手！好手！"并一再表示："但爱其手。"听了荆轲的称赞，太子丹立即命人将美人之手斩断，放在盘子里，送给荆轲。

这个故事告诉我们什么哲理？

第三，把握联系的普遍性和客观性，从而在事物的全面发展中完整地把握事物，反对主观臆造的联系。事物的联系是客观的，不是人们主观臆造的，是事物本

譬如一只手，如果从身体上割下来，名虽可叫手，实已不是了。

——黑格尔

身所固有的，不以人的意志为转移。任何事物及其组成部分，只有在联系中才能存在和发展，才能表现出自己的性质，并为人们所理解。如果把一个事物从它所固有的联系中抽取出来，孤立地加以考察，它就会失去本来的面貌。因此，我们要反对凭空主观臆造的联系。"乌鸦报丧，喜鹊报喜""左眼跳财，右眼跳灾"等都是人们违背了联系的客观性所主观臆造的联系。

资料链接

西方童谣

丢了一个钉帽，坏了一只马蹄；

坏了一只马蹄，折了一匹战马；

折了一匹战马，伤了一位元帅；

伤了一位元帅，输了一场战斗；

输了一场战斗，亡了一个帝国。

请同学们试着把"粉笔"与"神舟七号"以及"黑板"与"姚明"联系起来。

二、用联系的观点看待人际关系

人不是孤立的自然人，人是处于种种社会关系中的社会人。"人"字的结构中，"撇"代表我们自身，"捺"代表他人，没有与他人的交往，没有他人的支持，我们自己也无法立足于社会。"人"字的结构就是相互支撑，说明人的生存离不开他人，我们要学会与他人建立和谐的人际关系。

（一）什么是人际关系

人际关系是一种社会关系，是指人们在物质交换和精神交往过程中发生、建立和发展起来的人与人之间的互动关系。从历史上来看，有了人就有了人际关系，它是人类社会中最基本、最普遍的交往关系，贯穿于人类社会的一切活动中，人就是生活在各种各样的社会关系之中。人际关系是伴随着人们的社会交往而产生和发展的。随着科学技术的不断进步和人们交往范围的不断扩大，整个人类已经构成了一个有机整体。

（二）人际关系的重要性

人都是生活在人际关系网中的，离开与他人的关系，人就无法生存、发展。你能离开自己的父母吗？所以亲属关系对于一个人来说是非常重要的。你在工作中不可能没有同事，所以同事关系对你也很重要。你能够容忍自己没有一个朋友吗？没有朋友，会失去很多快乐，所以朋友关系对你也很重要。如果你当兵，就会有战友关系，一个部队不可能就是你一个人当兵，在当兵的过程中总会与战友发生这样那样的关系。你如果从事打工，那么你能离开你的老板吗？所以雇佣关系对你也是很重要的。

人际关系是复杂多样的，人际关系的复杂多样性，是由联系的普遍性、多样性决定的。由于每个人的思想、背景、态度、性格及行为模式和价值观不同，其人际关系也表现出复杂多样性。大体上人际关系按其形成的基础可以分为血缘关系、地缘关系、业缘关系。

血缘关系，是指父母子女关系、兄弟姐妹关系以及由此衍生的亲戚关系，如祖孙关系、叔侄关系、表亲关系等。血缘关系是人类最早建立起来的人际关系。

地缘关系，是因居住在共同的或相近的区域，以地域观念为基础而形成的人际关系。地缘关系常常以社会历史和文化为背景，使人际关系带有文化传统、心理纽带和乡土色彩，如邻里关系、同乡关系等等，地缘关系对社会的作用和影响十分广泛。

业缘关系，是以共同的事业、志趣为基础而形成的人际关系。如同事关系、师徒（生）

关系、经营关系等，业缘关系打破了血缘关系和地缘关系的界限，以事业和志趣为纽带，在人际关系中所占的比例最大，对社会也最有影响。

在不同的历史阶段，人际关系表现出不同的特征，因此在处理人际关系时，应注意把握好自己的角色，兼顾彼此的多重社会联系。

在你身边都有哪些人与你有关系？请以"你"为中心，列出自己的人际关系网和你在这些人际关系中不同的社会角色。

用联系的观点看待人际关系，要求我们在人生发展的过程中，不能以自我为中心，只看到自己，而看不到个人与社会的联系，不能自我封闭、自我满足，要正确处理个人与社会、集体的关系。同时，也应该看到人际关系对人生的发展产生的不同影响。良好的人际关系，对个人的日常生活和人生发展具有积极的促进作用；反之，就会产生消极的影响。

人际交往问题是大学生感到非常困惑的问题之一。人际关系的好坏也往往影响大学生的学习、生活、工作等各个方面，影响大学生对自我的正确认知，进而影响大学生的心理健康。大学生思想活跃、精力充沛、兴趣广泛，人际交往的需要也极为强烈。但因其社会阅历有限，加之客观环境的限制使其不能够全面接触社会，对某些问题缺乏较为深刻的认识，容易产生偏激心理；加之心理上也不够成熟，因而人际交往中常常带有理想的模型，并据此在现实生活中寻找知己，一旦理想与现实不符，则交往出现障碍，心理产生创伤。有的同学则以自我为中心，在交往中忽视平等、尊重、互助、互谅的基本原则，孤芳自赏、自命清高，在人际交往中屡屡失败，从而感到失落、冷漠、孤独；有的同学则过于自卑，凡事期望值过高，觉得自己处处不如他人，在交往中缺乏自信、畏首畏尾，从而恐惧交往。

三、人际和谐与自我身心健康

在人际交往方面，大学生一直是存在心理问题较多的一个群体。问题产生的原因很多，外在的原因如失恋、经济困难、竞争激烈等，内在的原因有生理上的问题，如神经系统和内分泌系统的疾病，以及道德心理上的问题，如心胸狭隘、嫉妒、压抑等。在知识和科技日益发达的今天，随着竞争的加剧，有越来越多的大学生产生心理问题。精神不健康会对人造成极大的危害，轻者会焦虑、烦躁、失眠，影响身体和学习，重者会导致心理疾病，无法继续求学乃至威胁到自己或他人的生命。

（一）和谐的人际关系是构建我国社会主义和谐社会的重要组成部分

人际和谐对人生的发展起着非常重要的作用，和谐是良好的人际关系的重要特征。和谐是不同事物之间相辅相成、互助合作、互利互惠、互促互补、共同发展的关系。人际关系的好与坏影响着人的行为方式和情绪体验，进而影响到个体的身心健康，良好的人际关系是自我身心健康的重要途径。人际关系影响着自我意识的形成和完善，良好的人际关系是一种社会资源，良好的人际关系可以提高群体的内聚力。

知识链接

影响人际关系的因素

认知因素：包括对自己和他人的认知。

情感因素：是人际交往的主要特征。

能力因素：是人际交往障碍产生的主要原因。

人格因素：在人际交往中起着至关重要的作用。

（影响人际关系的个性品格：为人虚伪、自私自利、不尊重人、报复心强、嫉妒心强、猜疑心重、苛求于人、过分自卑、骄傲自满、孤独固执）

其他因素。

知识链接

社会主义和谐社会，是指全体人民各尽其能、各得其所而又和谐相处的社会，是良性运行和协调发展的社会。民主法治、公平正义、诚信友爱、充满活力、安定有序、人与自然和谐相处是社会主义和谐社会的六个基本特征。其中，公平正义是社会和谐的前提，人际和谐是社会主义和谐社会的核心和基础。

我们要想在学习和生活中营造和谐的人际关系，就要学会在社会交往中尊重他人和理解他人，掌握并注意以下原则：

第一，利益原则。人是社会的人，人的一生总处在一定的社会环境之中，与周围的人和事发生着千丝万缕的联系。一个人的行为有时看来是自己的事，但其实却与他人有诸多联系。所以，在任何时候，人在追求自身利益的同时，也要考虑他人或集体的利益。因此，在人际交往中，我们只有处理好个人利益、集体利益和国家利益之间的关系，才能营造良好的人际关系。

工作生活中影响人际关系的利益因素有哪些？如何看待"为工作而赚钱和为赚钱而工作"的区别？

第二，平等原则。平等是建立良好人际关系的前提。人际交往作为人们之间的心理沟通是相互的，人都有受人尊重的需要，都希望得到别人的平等对待。平等是社会进步的表现，人们在交往中具有各自的选择权，因此，交往必须平等，平等才能深交。

第三，宽容原则。在人际交往过程中，由于性格、家庭、经历、文化、修养等方面差异的存在，因误会、不理解而产生这样或那样的矛盾是不可避免的，这就要求我们要遵循宽容原则。在待人接物上要做到心胸开阔，宽以待人、严于律己。要学会体谅他人，遇事多为他人着想，不要一味地斤斤计较。在人际交往过程中要树立积极健康的交往态度，待人要宽容友善。宽容并不是纵容，并不是没有原则的随波逐流。

同学之间哪些问题不能无原则地纵容对待？

第四，诚信原则。诚信是进行人际交往最根本的原则，人离不开交往，交往离不开诚信。中华民族历来讲究信用，在人与人的交往中，从古到今都把信用看得相当重要。例如人们常说的："一诺千金""人无信则不立，业无信则不存""一言既出，驷马难追"，讲的都是"信用"二字。自古以来讲信用的人受到人们的欢迎和赞颂，不讲信用的人则受到人们的斥责和唾骂。不轻许诺言，与人交往时要热情友好、以诚相待，这样才能获得他人的信任，才能营造和谐的人际关系。

掌握和运用这些原则，是处理好人际关系的基本条件。在人际交往中，除了遵循这些原则外，还要学会交往的艺术。

建立良好人际关系的方法：

第一，主动交往。社会交往对每一个人来说，都具有十分重要的意义。主动交往，就是自觉投入到社会生活中去，扩大自己的社会交往范围，建立积极的人际关系。每个人的成长和发展都离不开一定的社会关系，离不开与他人的交往。走出孤独，主动交往，从而使自己的生活变得更加精彩。

第二，用积极的心态去评价人和事。心态是人们对待人和事物时的心理状态，是以情感为主要形式的价值取向。我们要用积极的心态去评价人和事，不戴着有色眼镜去评

价任何一个人或一件事。在人际关系中，有的人总是拿着"放大镜"去看别人，光看到别人的缺点和错误，这样是不对的。我们要学会欣赏他人和赞美他人，从而使人际关系更加融洽。

第三，学会与人和谐共处、合作共事。在与人共处的过程中，要尊重别人的劳动，要讲究诚信，要学会与人互相配合，学会分享，同甘苦共患难。

第四，学会交友，建立真正的友谊。青年学生都渴望得到真正的友谊，渴望得到彼此的帮助、关心和倾诉。因此，要擦亮慧眼，善于辨别"益友"和"损友"。

生活中，你喜欢与哪些人交往，不喜欢与哪些人交往？

做一做

分类	受欢迎的人	不受欢迎的人
特点		

人际关系和谐是积极健康的人生态度。在对待人际关系上，用联系的、全面的观点看待人际关系，就会形成积极的人生态度。反之，以孤立的、片面的观点看待人际关系，就会形成消极的人生态度。良好的人际关系具有以下作用：

第一，能给人带来快乐。人际关系不和谐，大家都不快乐，也快乐不起来。

第二，能培养良好的心态，促进身心的健康发展。和谐的人际关系，使人的心态变得自然宽容，人与人之间能够相互体谅。

第三，有利于正确认识自我和完善自我。

案例链接

慷慨的农夫

美国南部有一个州，每年都要举办南瓜品种大赛。有一个农夫的成绩相当优异，经常是首奖的获得者。他在得奖之后，总是毫不吝惜地将得奖的种子送给街坊邻居。有一位邻居很诧异地问他："你的奖项来之不易，每季都看见你投入大

量的时间和精力来进行品种改良，为什么还这么慷慨地将种子送给大家呢？"你不怕我们的南瓜品种超过你吗？"这位农夫回答："我将种子送给大家，帮助大家。其实就是帮助我自己！"

原来这位农夫所居住的农村，家家户户的田地都是毗邻相连，如果农夫将得奖的种子送给邻居，邻居就能改良他们的南瓜品种，也可以避免蜜蜂在花粉传递的过程中，将邻近的较差的品种传粉给自己的品种，这样农夫才能专心致力于品种的改良；相反，若农夫将得奖的种子自己藏起来，则邻居们在品种改良上无法跟上，蜜蜂就容易将那些较差的品种传粉给农夫的南瓜，反而农夫要在防治方面大费周折，而无力进行品种改良了。就某方面来看，这位农夫和他的邻居是相互竞争的关系；然而从另一方面来看，双方又有着微妙的合作关系。

（二）心理健康

是指在身体、智能以及情感上与他人的心理健康不相矛盾的范围内，将个人心境发展成最佳状态。具体表现为身体、智力、情绪十分协调；适应环境，人际关系中彼此能谦让；有幸福感；在工作和职业中，能充分发挥自己的能力，过有效率的生活。

调适心理、保持心理健康的途径和方法有以下几种：

1. 学会自我调适，完善人际认知模式

首先，学会正确认识自我。这是与他人建立和谐人际关系的前提，而自我认知的偏差则是影响人际关系的重要因素。因此，如何全面、正确地认识自我是完善认知的首要内容。其次，学会调整认知方式。在人际交往过程中应学会适当放弃自我关注，选择有利于人际关系和谐发展的态度和行为；学会调整好理想与现实的关系。

2. 重视大学生的交往教育，提高人际交往的能力

掌握人际交往的知识和技巧是学生学习和生活的重要内容。学校要加强人际交往课程的建设，培养学生适应社会的能力、交往的能力，教育引导他们构建健康和谐的人际关系。

3. 积极参加集体活动，增进人际交往

集体活动可以开阔眼界、开发智力、扩大知识面，可以让大学生获得更多的知识和技能。大学生在参加集体活动的过程中，增加与人们的交流与了解，可以形成一种积极向上、团结进取的良好的人际关系，有利于提高自我身心健康。

四、弘扬优秀传统文化，构建和谐的人际关系

传统文化是我们优秀文化的重要组成部分，是中华民族在长达数千年的历史发展中形成的人类文明发展的重要精神财富。弘扬中国优秀的传统文化，是构建和谐人际关系

的重要内容，也是构建社会主义和谐社会的重要组成部分。"和"是中国文化中最重要的概念之一，"和"即矛盾的协调统一，包括宇宙自然的和谐、人与自然的和谐、人自身的和谐以及人与人之间、人与社会之间的和谐。"和谐"作为中国优秀传统文化的核心价值观，是我们今天构建社会主义和谐社会，实现民族统一，增强民族凝聚力和综合国力的内在要求，也是我们应当树立的积极的人生态度。

（一）人际和谐是中华民族的宝贵文化传统

1. 推崇"仁爱"原则，追求人际和谐

中国传统伦理思想一向尊重人的尊严和价值，崇尚"仁爱"原则，主张"仁者爱人"，强调要"推己及人"，关心他人。孔子强调仁者"爱人""己所不欲，勿施于人""己欲立而立人，己欲达而达人""君子成人之美，不成人之恶"，在人与人相处中，要做到相互尊重、相互关心、相互信赖、相互帮助，应当设身处地地为对方考虑，对待别人要像对待自己一样，用真诚对待他人，多为别人着想；孟子强调"老吾老以及人之老，幼吾幼以及人之幼""亲亲而仁民，仁民而爱物"；荀子也强调"仁者自爱"；墨子则从人与人之间的相互尊重和功利原则的角度，提出"兼相爱，交相利"的思想。中国有着上下五千年的辉煌历史，纵观浩瀚的历史大潮，随处可见国人践行"仁爱"的举动。我国古人主张"和为贵"，提出了"亲仁善邻，国之宝也"的思想，强调社会和谐，讲究和睦相处，倡导团结互助。从古至今，中国人始终奉行"仁爱"原则，在对外关系中，中国人秉承强不执弱、众不劫寡、富不侮贫的精神，与人为善，同他国建立友好的外交关系。几千年来，中国人始终与人为善，推己及人，建立了和谐友爱的人际关系；中华各民族始终互相交融，和衷共济，形成了团结和睦的大家庭；中华民族始终亲仁善邻，协和万邦，与世界其他民族在平等相待、互相尊重的基础上发展友好合作关系。推崇仁爱原则、崇尚和谐、爱好和平是中华民族的优良传统和高尚品德。对于国家而言，中华民族应同世界其他民族平等相待，在互相尊重的基础上发展友好的合作关系，树立正义自信的大国形象，提升国际影响力；对于个人而言，在人与人交往中应谦敬礼让，懂得分享，真诚地对待他人，只有这样才能得到别人的信任和认可。

2. 讲求谦敬礼让，强调克骄防矜

中国自古就有"礼仪之邦"的美誉，谦敬礼让是中华民族优良的道德传统。在中国传统道德中，谦敬礼让既是个人自身修养的美德，也是为人处世的道德要求。孔子说："不学礼，无以立。"《左传》上也说："礼，人之干也。无礼，无以立。"中国传统道德在提倡谦敬礼让的同时，还强调克骄防矜。这里的"矜"不是指拘谨、拘束的矜持，而是指"矜夸"，即骄傲自夸、自尊自大。这要求我们做到"事思敬""不居功""择善而从"等。

3. 倡导言行一致，强调恪守诚信

在中国古人看来，诚是指一种真实无妄、表里如一的品格。诚既是天道的本然，也是道德的根本，故"养心莫善于诚"。信是指一种诚实不欺、遵守诺言的品格。中国传统道德认为，诚信的内容和要求是多方面的，但最基本的是以诚为本，取信于人，"与朋友交，言而有信"；为人思诚，信以行义，"信近于义，言可复也"。诚信之德在于言必信，行必果，言行一致，表里如一，讲究信用，遵守诺言。

"诚信"在现代中国社会的时代背景下，具有什么新的内涵呢？

第一，诚信的根本精神是真实无妄，它要求人们尊重客观规律，树立求真、求实的精神，坚持实事求是的思想路线。第二，"诚信"作为一种价值观念，具有公正、不偏不倚的特性，它要求社会群体建立公正、合理的制度，要求每个社会成员树立起公正、公平的处事态度和大公无私的道德观念。第三，在现代市场经济体制和法治社会条件下，"诚信"所包含的人文精神，要求人们自觉守法，真诚守信，树立适应市场经济和法治社会的价值观和道德观。

4. 重视道德践履，强调修养的重要性，倡导道德主体要在完善自身中发挥自己的能动作用

中国历史上的儒、墨、道、法各家都认为，在塑造理想人格的过程中，最重要的就是要奋发向上、切磋践履、修身养性。孔子曾讲过"仁远乎哉？我欲仁，斯仁至矣""有能一日用其力于仁矣乎？我未见力不足者"，他认为"仁"这种道德品质和道德境界，对人们来说，并不是遥远而不可达到的。人们应当"见贤思齐焉，见不贤而内自省也""吾日三省吾身"。荀子认为，"道虽迩，不行不至；事虽小，不为不成。"墨家也非常重视"修身"，强调"察色修身"和"以身戴行"，注重社会环境对人的道德品质的影响。

（二）弘扬传统文化，构建和谐的人际关系

改革开放以来，我国经济社会的发展取得了巨大的成就，而与此同时，人们的道德状况和社会的道德风气时常成为一个突出的问题。在当前我们所面对的文化现实中，最叫人担忧的是精神家园的残缺和社会道德的滑坡。实践证明，推动社会主义市场经济健康稳定快速发展，不仅要努力发展经济、提高生产力和科技水平，还要加强法制建设，更要加强道德建设。

首先，学校应该加强传统文化教育，让中国传统文化走进课堂。

中华民族的优秀文化，包括传统文化和现代文明成果，既是发展马克思主义的重要思想资源，又是新时期思想政治教育取之不尽、用之不竭的源泉。思想政治教育在其自身内容的建构上，必须具有丰富的文化内涵、文化品位和文化精神。中国是一个文明古国，有着灿烂辉煌的传统文化。这些文化传统已经深深地融入中华民族的思想意识和行为规范中，内化为人们的一种心理和性格，并渗透到社会政治、经济，特别是精神生活的各个领域，成为制约人的思想形成和发展的重要力量。对于思想政治教育，特别是新

时期的思想政治教育来说，中国传统文化是用之不竭的重要资源。因此，作为一门提高人的文化素质、培养健康完善人格、促进人的全面发展的教育学科，思想政治教育能否真正发挥自己的优势，其关键环节在于能否从中国优秀传统文化中吸取营养，使其在自身内容的建构上具有丰富的文化内涵、文化品位和文化精神，以保持与整个社会文化发展的目标相一致。

其次，中国传统文化注重人与人之间道德伦常调节的精神，为思想政治教育注重新型人际关系的构建提供有益的借鉴。

中国传统文化十分主张人际关系的道德伦常调节，主张"和为贵"。"和"的基本含义是和谐，古人重视宇宙自然的和谐，人与自然的和谐，尤为重视人与人之间的和谐，认为"君子和而不同，小人同而不和"。孟子提出"天时不如地利，地利不如人和"，就是以人与人之间的和睦、和平、和谐以及社会的秩序与平衡为价值目标。

在中国文化精神中，"和"的哲学基础是儒家所提倡的"中庸"思想。在古人看来，"中庸"原则旨在使社会中各种相互矛盾的事物和谐统一起来，这既是认识事物的一种态度与方法，又是一种为人处世的道德和行为准则，也是社会理想的最高境界。《中庸》说："喜怒哀乐未发谓之中，发而皆中节谓之和。中也者，天下之大本也；和也者，天下之达道也。"指出两者之间存在着逻辑关联，"和"包含着"中""持中"。在漫长的历史岁月中，"中和"观念被历代思想家反复强调，积淀成为中国人的一种心理定式和特有品格，并造就了中国人处世性格的鲜明特点。这种思想反映在日常人与人、人与社会的关系上，就是强调和谐、协调、统一，而不是像西方文化推崇个人至上、个体与社会强烈对立的思想。中国文化的这种精神，对于思想政治教育注重新型人际关系的构建、促进和谐社会的建设，具有重要的影响和启示意义。

社会是由人组成的，而人与人之间所形成的人际关系如何对社会的稳定和发展关系影响甚大。在新的历史时期，经济转型、价值取向多元化、利益格局大调整，一方面使人们的精神焦虑加重、生存难题凸现，另一方面人们相互交流的耐心和机会减少，社会生活中冷漠和功利性的人际关系在一定程度上阻碍了人们对社会生活的积极投入，社会的分化以及由此导致的利益差异往往容易引发不同形式的社会冲突。根据我国的国情，思想政治教育通过强化人们的道德意识，倡导以"和"为内涵的新型人际关系准则，可以有效地避免过激和对抗行为，减少人际摩擦与社会内耗，在全社会形成崇尚和谐的价值取向，增强人们之间的亲和力和融合力，促进社会的稳定和发展。

你善于交际吗？

如果你想了解自己的交际水平，请用下面这套小测验进行自测。测试方法很简单，于每项的 a、b、c 三者之间择其一，并对所选画个记号，例如画对号。

1. 你是否经常感到词不达意？

A. 是　　　　　　　　　B. 有时是　　　　　　　　C. 从未

2. 他人是否经常曲解你的意见？

A. 是　　　　　　　　　B. 有时是　　　　　　　　C. 从未

3. 当别人不明白你的言行时，你是否有强烈的挫折感？

A. 是　　　　　　　　　B. 有时是　　　　　　　　C. 从未

4. 当别人不明白你的言行时，你是否不再加以解释？

A. 是　　　　　　　　　B. 有时是　　　　　　　　C. 从未

5. 你是否尽量避免社交场合？

A. 是　　　　　　　　　B. 有时是　　　　　　　　C. 从未

6. 在社交场合，你是否不愿与别人交谈？

A. 是　　　　　　　　　B. 有时是　　　　　　　　C. 从未

7. 在大部分时间里，你是否喜欢一个人独处？

A. 是　　　　　　　　　B. 有时是　　　　　　　　C. 从未

8. 你是否曾因为不善辞令而失去改变生活处境的机会？

A. 时常有　　　　　　　B. 偶尔有　　　　　　　　C. 没有

9. 你是否特别喜欢不必与人接触的工作？

A. 是　　　　　　　　　B. 有时是　　　　　　　　C. 不是

10. 你是否觉得很难让别人了解自己？

A. 是　　　　　　　　　B. 有时是　　　　　　　　C. 不是

11. 你是否极力避免与人交往？

A. 是　　　　　　　　　B. 有时是　　　　　　　　C. 不是

12. 你是否觉得在众人面前讲话是很难的事？

A. 是　　　　　　　　　B. 有时是　　　　　　　　C. 不是

13. 别人是否常常用"孤僻""不善辞令"等来形容你？

A. 经常有　　　　　　　B. 有时有　　　　　　　　C. 从未有

14. 你是否很难表达一些抽象的意见？

A. 是　　　　　　　　　B. 有时是　　　　　　　　C. 不是

15. 在人群中，你是否尽量保持不出声？

A. 是　　　　　　　B. 有时是　　　　　　C. 不是

记分： 答 a 得 3 分，答 b 得 2 分，答 c 得 1 分。将各题得分相加得总分。

评定： 如果总分在 38—45 分，表明你必须采取措施改善自己的交际能力。如果总分在 15—22 分，表明你在交际方面过分积极，亦可能导致消极后果。如果总分在 22—38 分，表明你是一个善于交际的人。

体验 与践行

悲情"网恋"

小方今年 20 岁，在某高校二年级就读。几个月前，她在网上结识了一位"情投意合"的网友，便情不自禁地陷入了"网恋"之中。从此，她经常上网到深更半夜，与对方"情话绵绵"，很快学习成绩直线下降。不久，小方下定决心要约她的"网上情人"见面。约好见面的那一天对小方而言是个黑色的日子。那天，她等了好几个小时，网友却迟迟不露面。起初激动而羞涩的心情逐渐变得绝望，她总觉得来来往往的人都在嘲笑自己，最后简直不知道自己是怎样回到学校的。从那天起，小方的情绪便有些失常。想来想去，她竟然认定这是同班的一位男生在网上化名同自己开的玩笑，就前去质问。男生莫名其妙，极力否认。但小方执意认为是对方在"考验"自己，始终纠缠不休。

不久以后，小方被送进精神病院时，已是思维破裂、语无伦次，一时情绪激奋，一时心灰意冷。经医生诊断确认，她患上了精神分裂症。包括小方在内，该医生已接诊了三位因"网恋"失败导致精神失常的大学生。其中，有位男生同自己的"网上情人"见面后，感到对方同自己期盼中的"白天鹅"式姑娘相距甚远，极为失望，产生了严重的心理障碍。

1. 你是如何看待网络上的人际交往的？它与现实生活中的人际交往有什么区别？

2. 如何分清真实和虚幻的界限？当遇到心理问题时应该怎么办？

第二节　认识社会，改变自我，创造科学的人生环境

 案例导入

提起改革开放，人们都要说到安徽小岗村。作为"农村改革发源地"，小岗村"大包干"纪念馆里保存的那纸"生死契约"，记录着"敢为天下先"的农民首创精神。

1978 年以前，安徽省凤阳县小岗村是全县有名的"吃粮靠返销、用钱靠救济、生产靠贷款"的"三靠村"，每年秋收后几乎家家外出讨饭。要闯出一条活路来，就必须"大包干"。在村会计严立华家，18 条汉子情绪激动，在这样一纸"生死契约"上写下姓名、按下手印："我们分田到户，每户户主签字盖章，如以后能干，每户保证完成每户的全年上交和公粮，不在（再）向国家伸手要钱要粮，如不成，我们干部作（坐）牢杀头也干（甘）心，大家社员也保证把我们的小孩养到十八岁。""分田到户"的第一年，小岗村就创造了奇迹，粮食总产 6 万多公斤，相当于过去 5 年的总和。

村民的这次冒险行动，揭开了中国波澜壮阔的改革序幕。1979 年，刚刚复出的邓小平同志到安徽视察，对小岗村农民的壮举给予了肯定。1982 年 1 月 1 日，中共中央在发出第一个关于"三农"问题的"一号文件"中指出，"大包干"是社会主义集体经济的生产责任制。由此，以"大包干"为原型的家庭联产承包责任制迅速在全国推开。"大包干，保证国家的，留足集体的，剩下都是自己的"，迎来了我国农业增长的"黄金时期"。1984 年，中国粮食产量历史性地达到了 4 亿多吨，是1978 年的 2 倍。

"大包干"是解决农民土地问题的伟大开端，而不是结束。2008 年，适逢改革开放 30 周年。9 月 30 日，胡锦涛同志专程来到小岗村考察，明确指出：不仅现有土地承包关系要保持稳定并长久不变，还要赋予农民更加充分而有保障的土地承包经营权。同时，要根据农民的意愿，允许农民以多种形式流转土地承包经营权，发展适度规模经营。这给广大农民吃了一颗"定心丸"，为发展现代农业打开了更加宽广的大门。如今，小岗村全村有 1/3 的土地集中起来搞特色农业，仅这一项就为村民人均增收 2500 元。

思考 这个案例告诉我们一个什么道理？

一、用全面的发展的观点把握社会的本质

世界上纷繁复杂的事物不仅是相互联系的，而且是变化发展的。发展的观点也是马克思主义唯物辩证法的基本观点和方法，它揭示了世界上一切事物运动变化的方式。

世界上的一切事物都是变化发展的，一成不变的事物是不存在的。一切事物都处于永不停息的运动、变化和发展的过程中，整个世界就是一个由无数事物构成的生生不息、永无止境的无限发展过程。

人类社会是不断发展的，它的内在活力在于它自身的矛盾性。人类社会是一个复杂的矛盾体系，其中生产力和生产关系的矛盾、经济基础和上层建筑的矛盾是社会的基本矛盾，它在阶级社会中表现为阶级矛盾、阶级斗争。由于生产力和生产关系、经济基础和上层建筑的矛盾运动形成了人类社会从低级到高级的发展，经历着从原始社会、奴隶社会、封建社会、资本主义社会到共产主义社会（社会主义社会是它的初级阶段）这五种社会形态的依次更替。

（一）生产力和生产关系的矛盾运动及其规律

1. 生产力的状况决定生产关系

第一，生产力的状况决定着生产关系的性质。有什么样的生产力，最终就会形成什么样的生产关系，生产力的性质、发展水平以及发展要求决定着生产资料所有制关系，因而决定着人们在生产过程中的地位和作用，决定着人们对产品的分配关系。

第二，生产力的发展和变化决定着生产关系的发展和变化。生产力是生产方式中最活跃最革命的因素，它处在不断运动、变化和发展的过程中。社会生产方式的变化和发展总是从生产力的变化和发展开始的，而且首先又是从生产工具的变化和发展开始的，因为生产工具是生产力发展水平的物质标志。由于劳动者的生产经验、劳动技能不断地积累和增长，特别是新的科学技术成果在生产上的应用，使生产工具得到改进，并不断创造着新的生产工具。随着生产工具的改进和新的生产工具的创造，又会使劳动者的生产经验、劳动技能得到进一步提高，从而使整个社会生产力提高到一个新的水平。

与生产力相比，生产关系则是生产方式中较为保守的方面，具有相对的稳定性。一种生产关系一经形成，就在一定的历史时期内保持相对稳定的形式，这是生产力发展的需要。但另一方面，生产关系又不是凝固不变的，生产力的发展，必然要引起生产关系的发展和变革。马克思指出："各个人借以进行生产的社会关系，即社会生产关系，是随着物质生产资料、生产力的变化和发展而变化和改变的。"随着生产力的发展，生产关系在相对稳定状态中也会发生部分的、某些方面的变化。当生产力发展到一定阶段，原来的生产关系再也容纳不下它的发展，成为它发展的桎梏时，就必然引起生产关系的根本变革，旧的生产关系就会被新的生产关系所代替。

生产力决定生产关系的原理，深刻地揭示了社会历史发展的根源，也说明了生产力是人类社会存在和发展的最终决定力量。

2. 生产关系对生产力的反作用

当生产关系与生产力的发展要求相适合的时候，它就有力地推动生产力的发展；当生产关系与生产力的发展要求不相适合的时候，它就阻碍甚至破坏生产力的发展。

生产关系对生产力的"适合"与"不适合"是相对的，一定的生产关系与生产力的发展状况相适合时，也只是基本的适合，因为这种生产关系中还会存在某些方面、某些环节上的不完善，从而同生产力的发展状况存在一定的矛盾，这就需要调整和改革这些方面和环节；一定生产关系与生产力的发展要求已不相适合时，也并不意味着这种生产关系就会使生产力绝对停滞，不再有任何量的发展，只能是说这种生产关系的基本形式已不适合生产力的性质，已经成为了生产力发展的桎梏和障碍。

生产关系对生产力的反作用最突出地表现在：当不改变生产关系，生产力就不能发展的时候，生产关系的变革对生产力的发展，就具有决定性的意义。

3. 生产力与生产关系的矛盾运动

生产力和生产关系的相互作用构成生产方式的矛盾运动。在新的生产关系建立起来以后的一定时期内，生产关系的性质同生产力的发展要求基本上是相适应的，这时，生产关系对生产力的发展具有积极的推动作用，因而保持生产关系的相对稳定，是生产力发展的客观要求。这时生产关系和生产力之间虽然也有矛盾，但不具有对抗性质，因此，不会也不需要对生产关系进行根本变革。当社会生产力发展到一定程度，原来适合生产力发展要求的生产关系，就逐渐变得不适合新的生产力发展的要求了，矛盾就会日益激化，其性质也由非对抗性转化为对抗性，这时就必然要提出根本变革旧的生产关系的要求，于是就进入根本改变生产关系性质的阶段。在生产关系的根本变革实现以后，生产关系同生产力的不适合又转化为适合，从而又在新的基础上开始了生产力和生产关系之间的矛盾运动。生产关系和生产力由适合到不适合，再到新的基础上的适合，是一个循环往复、无限前进的运动过程。这就是生产力与生产关系矛盾运动的基本形式。

生产力和生产关系的矛盾运动表明，生产关系一定要适合生产力发展的规律，这是人类社会发展的根本的、普遍的规律。这个规律揭示了社会历史发展的根本原因和基本趋向，揭示了生产力在生产方式矛盾运动中的始终决定作用，从而也揭示了生产力是推动整个社会存在和发展的最终决定力量。

（二）经济基础和上层建筑的矛盾运动及其规律

经济基础决定上层建筑，上层建筑反映经济基础，并具有相对的独立性，对经济基础有反作用，这是二者的辩证关系。

1. 经济基础决定上层建筑

经济基础决定上层建筑主要表现在：首先，有什么样的经济基础就有什么样的上层建筑，经济基础决定上层建筑的基本内容和性质。在阶级社会里，剥削阶级在经济上占

统治地位，在上层建筑领域里也就以剥削阶级在政治上和思想上的统治为其主要内容。其次，经济基础的变化决定上层建筑的变化和发展方向。旧的经济基础被新的经济基础代替之后，旧的上层建筑也就或迟或早地必然被新的上层建筑所代替。

2. 上层建筑对经济基础具有反作用

上层建筑对于经济基础不是消极的、被动的，它一旦产生即反作用于经济基础，为经济基础服务，帮助经济基础形成、巩固和发展。上层建筑对于经济基础的反作用有两种情况：一种是促进经济基础的发展，一种是阻碍经济基础的发展。当上层建筑为先进的经济基础服务时，它就成为促进生产力发展，成为推动社会前进的进步力量；当它为落后的经济基础服务时，它就成为阻碍生产力发展、阻碍社会前进的落后的力量。上层建筑对社会发展起何种作用，以它所服务的经济基础的性质为转移。归根到底，取决于它是否有利于生产力的发展。

3. 经济基础和上层建筑的矛盾运动规律，是我国政治体制改革的理论基础

只有运用经济基础和上层建筑的矛盾运动规律，我们才能正确地认识我国政治体制改革的必然性及其实质。首先，政治体制改革是我国经济基础与上层建筑矛盾运动的必然结果。既然社会主义上层建筑和经济基础之间既相适应又有矛盾，那么我们就要及时地自觉地调整和改革上层建筑不适应经济基础的某些方面和环节，使经济基础和上层建筑协调地向前发展。其次，我国政治体制改革的实质是社会主义制度的自我完善。我国政治体制改革的目的是要在完善和发展社会主义上层建筑的基础上，充分发挥社会主义制度的巨大优越性，充分调动人民群众进行社会主义建设的积极性，巩固和完善社会主义的经济基础，进而促进生产力的发展。因此，政治体制改革的实质是社会主义制度的自我完善。社会主义上层建筑与经济基础矛盾的性质和运动特点决定了这一改革绝不能采取使国家和社会生活发生激烈震荡的阶级斗争方式，而是在坚持社会主义制度的前提下对政治上层建筑中的政治体制进行改革，以使之不断完善。

（三）社会基本矛盾是社会发展的基本动力

1. 社会基本矛盾推动社会发展

社会基本矛盾，首先指的是生产方式内部的矛盾，即生产力和生产关系的矛盾，这一矛盾推动着生产方式本身的发展；其次还包括生产方式中的生产关系作为社会的经济基础同社会的政治、思想上层建筑的矛盾，这一矛盾进一步说明了生产方式的发展如何决定了整个社会的发展。社会基本矛盾存在于一切社会发展的过程中，从而促使社会从一个社会形态向另一个社会形态转化。

2. 社会进步是人类历史发展的总趋势

（1）社会发展过程具有客观必然性和主体的选择性。社会发展过程（包括社会形态的发展），既具有决定性，又具有选择性。社会发展客观必然性是指社会发展具有规律性、必然性，即符合规律性的过程。社会发展的选择性是指社会的发展往往通过一定

的历史主体的选择活动来实现，并在一定条件下呈现出某种不确定性或跳跃性。在具体的社会形态或具体的民族的发展过程中，由于社会历史条件的复杂性，各种矛盾、因素相互作用，为一定民族的发展提供了多种可能性，究竟哪一种可能性会成为现实，则取决于这个民族的自觉选择，取决于该民族内部不同阶级或集团的力量对比。各个民族会通过不同的发展道路而走向高级的社会形态。

在社会发展过程中，主体的选择性并不是对社会发展过程决定性的否定，相反，主体的选择性与社会发展的决定性是内在统一的。选择的对象只能存在于可能性空间中，可能性空间是选择活动的前提，而这个可能性空间是由人们不能自由选择的客观规律所决定的。主体的历史选择有既定前提并受社会规律的制约，它不能改变人类历史的总体进程。这表明，人类社会的发展是合目的性与合规律性的统一。

（2）社会进步的前进性和曲折性。社会进步是指社会向前发展，包括社会形态的更替和社会制度的革新，社会物质生活、政治生活和精神生活的进化和变革。

社会进步的原因在于社会基本矛盾，即生产力和生产关系、经济基础和上层建筑的矛盾。在阶级社会，社会基本矛盾表现为阶级斗争，它是阶级社会发展的直接动力。另外，科学技术的发展也是推动社会进步的重要原因。但是，生产力的发展及其与生产关系的矛盾运动，是社会进步的最终根源和物质基础。

社会进步的必然性，首先在于生产力是社会发展的最终决定因素。其次，社会进步是人民群众根本利益的要求。人民群众是社会物质财富和精神财富的创造者，是新的生产力的代表，是社会变革的决定力量，只有人民群众才能推动社会的不断发展和进步。最后，社会进步的必然性还在于社会发展是一个辩证否定即"扬弃"的过程。通过辩证的否定出现的社会制度总是优于它先前的制度，因此，社会形态的更替总是从低级向高级发展的，社会总是不断进步的。

事物的发展是前进性与曲折性的统一，社会前进的具体道路不是笔直的，而是曲折的，甚至还会出现暂时的倒退。但从历史发展的基本趋势来看，曲折和倒退只是暂时的，它终究改变不了社会进步的总趋势。因为社会的发展规律是不可抗拒的，它不会使停滞和倒退长期存在下去。生产力最终将克服各种各样的曲折、失误或倒退，使社会在波浪式的起伏中不断向前发展。

想一想

人类社会经历了怎样的发展过程？

人类利用生产工具的演变

石器 ⟶ 青铜器 ⟶ 铁器 ⟶ 蒸汽机 ⟶ 电脑、生物工程、航天技术

原始社会 ⟶ 奴隶社会 ⟶ 封建社会 ⟶ 自由竞争资本主义社会 ⟶ 现代社会

二、人生的基本问题是个人与社会的关系问题

人是自然界长期发展的产物，是从动物界进化而来的。人不仅是自然界的产物，而且也是社会的产物。社会中的任何人都生活在一定的家庭、地域、经济、政治、法律和道德关系中，人是社会的人，人的生活具有社会性。

人生面临着诸多复杂的问题，在这些复杂的问题中，个人与社会的关系问题是人生的基本问题。人生涉及的问题包括人生目的、人生理想、人生价值、人生态度、人生道路等重大问题以及生老病死、学习、生活、劳动、工作、婚姻、家庭等。如何处理这些问题，都离不开对个人与社会关系问题的认识。如果解决不好个人与社会的关系问题，就不能对其他的一切问题作出科学的回答。

人类社会生活是由各行各业的活动构成的有机整体，任何个人的活动对社会的发展总会产生或多或少的影响。人类社会发展的历史表明：个人与社会相互依存，密不可分。社会是由无数个人组成的，人的生存离不开社会，人的发展更需要社会提供种种条件。任何一个社会的存在和发展，都是所有的个人及其集体努力的结果，一切个人活动的总和构成社会的整体运动及其发展。

要正确认识和处理个人与社会的关系。马克思主义认为，个人与社会的关系是辩证统一的，个人的活动与社会发展存在着相互联系、相互制约的关系。

第一，个人活动对社会发展产生能动的影响。一切正常的个人总要在社会生活中担负一定的工作，在自己的岗位上从事这样那样的有意识有目的的活动，从而在社会历史发展的进程中留下自己的印记，社会的发展要靠全体社会成员的自觉努力才能实现。人不仅是自然人，更是社会人，人在社会中会进行一系列的活动，这些活动会对社会历史的发展产生一定的促进或者阻碍作用。当个人的活动符合社会发展的规律时，就会产生积极的促进作用；反之，当不符合社会发展的规律时，则阻碍社会的发展。

第二，个人活动受社会发展的制约。个人活动对社会发展具有能动作用，但是个人的活动也并不是随心所欲的，它要受到社会环境和客观规律的制约。

一是受社会环境的制约。这里的社会环境，既包括一定社会的物质条件，也包括一定社会的政治、思想、文化等精神条件。历史上有成就的人，除了自己的主观努力外，也是因为符合当时社会条件、顺应了历史潮流的发展要求。

并非任何个人的主观努力都能有所收获，并非任何个人的奋斗都会有成绩；只有那些个人努力方向与社会发展方向相一致的主观努力才会有所成就。

二是受社会发展规律的制约。在社会历史领域，任何活动都是由人来参与的，但决定社会发展的并不是人的动机和目的，而是社会自身的规律性。1958 年开始的"大跃进"时期，人们有着良好的动机和愿望，希望一下子摆脱贫穷和落后，希望"跑步进入共产主义"，但结果却事与愿违，不但没有"跃进"，反而因此延误了社会发展的进程。因此，只有人的活动符合社会发展规律，才能达到预期目的，反之，就会受到规律的惩罚。

个人的活动既是一个生命的自然过程，又是社会实践的历史过程。在这个历史过程中，每个人都不是孤立存在的，他的活动都面临着个人与社会的关系问题。因此，正确认识和处理个人与社会的关系，既是进行个人正常活动的重要条件，又是作出人生选择的基础和前提。

三、不断改变自我以适应社会的发展

人生是一个不断发展的过程，人生的发展是由儿童、少年、青年、壮年到老年的发展，同时也是一个在品德、知识、能力、技能方面不断积累的过程。

（一）用科学的知识武装自己

"科学技术是第一生产力"，在当今科技和经济飞速发展的今天，大学生要努力学习科学文化知识，用科学知识武装自己的头脑，学习掌握扎实的专业基础知识和前沿的科学文化知识，以造福国家和人民。邓小平同志强调指出："全党同志一定要善于学习，善于重新学习。"学习是一个永无休止的过程，无论是博大精深、不断发展的政治理论，还是日新月异的科技知识，以及不断出台的法律法规，都需要我们时时刻刻挤出时间来，认真学习，努力为自己加油"充电"，着力提高自己的政治理论素质，增加自己的知识储备，以跟上不断变化发展的形势。

（二）恪守公民基本道德规范

我国公民基本道德规范包括爱国守法、明礼诚信、团结友爱、勤俭自强、敬业奉献。

爱国守法，强调公民应培养高尚的爱国主义精神，自觉地学法、懂法、用法、守法和护法。现代社会是一个法治社会，危害祖国、违反法律就会受到法律的制裁，所以爱国守法是道德规范的底线。我们应该做一个知法、懂法、守法的公民。

明礼诚信，强调公民应文明礼貌、诚实守信、诚恳待人。中国自古就是一个"礼仪之邦"，文明礼貌、诚实守信是道德建设的重中之重。诚实守信是公民道德建设的重点。

资料链接

> 在战场上，某战士为部队开拓前进道路，不惜以自己的身体引爆敌人埋下的地雷，以至身负重伤，危在旦夕。报纸上连续不断报道他的事迹，称他为黄继光式的英雄。当部队老将军得知这位战士生命垂危，将不久于人世时，便去医院探望，并给他颁发军功章。将军问战士还有什么话要说，战士说："有句话，指导员不让我说。"将军问："什么？"战士说："指导员说已经报道了，全国都知道我是英雄了，说了影响不好。"将军追问："怎么回事，你说！"战士说："我不是用身体引爆的地雷，而是自己不小心，跌倒在地碰上地雷的。我不是英雄。"将军沉思良久，最后说："把事实真相说出来和用身体引爆地雷同样需要巨大的勇气。你仍然是名副其实的英雄，军功章你当之无愧！"

团结友善，强调公民之间应和睦友好、互相帮助、与人友善。谈到团结友善，互相帮助，很多人感触很深，人活着，应该具有最基本的良知和同情心，人与人之间应该团结友善，让这个社会多一点温暖。

案例链接

小悦悦事件

2011年10月13日下午5时30分，一出惨剧发生在佛山南海黄岐广佛五金城。年仅两岁的女童小悦悦走在巷子里，被一辆面包车来回两次碾压，几分钟后又被一辆小货柜车碾过。让人难以理解的是，事件发生的几分钟内，在女童身边经过的18个路人，都选择了离开。最后，拾荒阿姨陈贤妹把小悦悦抱到路边并找到她的妈妈。小悦悦被送到广州军区陆军总医院重症监护室后，经检查发现其脑干反射消失，已接近脑死亡。10月21日，小悦悦经医院全力抢救无效，在0时32分离世。

勤俭自强，强调公民应努力工作、勤俭节约、积极进取。现在有人说节约是穷人用来自欺欺人的道德借口，说节约会带来需求萎缩，不利于扩大内需，这种观点是偏激的，无论在任何时候，都不能主张浪费，所以勤俭自强是公民基本道德规范的重要组成部分。

敬业奉献，强调公民应忠于职守、克己为公、服务社会。尽职尽责，做好自己的本职工作，如果我们都能做到这一点，我们的社会就会减少很多贪污受贿、失职渎职现象，全社会的道德水准也会上升一个大的台阶。

（三）树立法治理念，提高法律修养

1.社会主义法治理念的基本内容

（1）依法治国。依法治国是社会主义法治的核心内容，是党领导人民治理国家的基本方略。依法治国，就是广大人民群众在中国共产党的领导之下，依照宪法和法律的规定，通过各种途径和形式管理国家事务、管理经济文化事业，管理社会事务，保证国家各项工作都依法进行，逐步实现社会主义民主的制度化、法律化，保障人民享有广泛的自由和权利。依法治国包括四项基本要求：一是科学立法，二是严格执法，三是公正司法，四是全民守法。

三鹿奶粉事件

2008 年 9 月 11 日，石家庄三鹿集团发表声明，承认婴幼儿奶粉受到三聚氰胺污染，全部召回"问题奶粉"。河北省和石家庄市公安机关紧急行动，刑事拘留 36 人，其中 27 人被依法逮捕。三鹿集团原董事长、总经理田文华被依法刑事拘留。依照《中华人民共和国刑法》，2009 年 1 月 23 日，石家庄市中级人民法院作出判决：被告人张玉军犯以危险方法危害公共安全罪，被判处死刑，剥夺政治权利终身；被告人耿金平犯生产、销售有毒食品罪，被判处死刑，剥夺政治权利终身，并处没收个人全部财产；被告单位石家庄三鹿集团股份有限公司犯生产、销售伪劣产品罪，被判处罚金人民币 4937.4822 万元；被告人田文华犯生产、销售伪劣产品罪，被判处无期徒刑，剥夺政治权利终身，并处罚金人民币 2468.7411 万元；生产、销售含有三聚氰胺"蛋白粉"的被告人高俊杰犯以危险方法危害公共安全罪，被判处死缓；被告人张彦章、薛建忠以同样罪名被判处无期徒刑；其他 15 名被告人各获 2 年至 15 年不等的有期徒刑。

上述材料体现了依法治国的哪些基本要求?

（2）执法为民。执法为民是社会主义法治的本质要求，是人民当家做主的社会主义国家性质在法治上的必然反映。有三项基本要求：

一是以人为本，尊重人民群众的法律主体地位，坚持以维护最广大人民群众的根本利益为出发点。执法工作中坚持以人为本，就是要尊重人的法律主体地位，坚持把人作为执法工作的最高价值取向，突出人在执法中的地位和作用，强调尊重人、理解人、关心人，切实把维护人民群众的合法权益，作为执法工作的出发点和归宿。以人为本落实到执法工作中，就是要坚持目的观和方法论的统一，即坚持执法为了人民，执法依靠人

民。一切为了人民是执法目的，一切依靠人民是执法方式，只有把二者结合起来，才能真正做到以人为本。

二是尊重和保障人权，切实维护公民的合法权利。社会主义执法工作首先要维护最广大人民群众的根本利益，反映到人权领域，就要维护人民群众的生存权和发展权。执法工作中尊重和保障个人人权，就是要尊重和保障执法当事人的合法权利，包括尊重和保障行政管理相对人的合法权利，尊重和保障犯罪嫌疑人、被告人、罪犯的合法权利，尊重和保障被害人的合法权利等。执法机关在执法活动中，要严格遵守有关法律规定，对未成年人、妇女、老年人、残疾人等弱势群体给予特殊保护，使他们的权利得到切实保障。

三是文明执法。文明执法是指执法机关和执法人员以社会主义法治理念为指导，以社会主义道德规范为依据，以文明的方式去执行法律，以高度的热情服务社会，以积极向上的精神风貌影响社会。文明执法是执法为民的本质要求和外在体现。

（3）公平正义。公平正义是社会主义法制建设的根本价值追求，也是中国特色社会主义法治的内在要求。其有两方面要求：一是坚持立法公正和执法公正并重。二是坚持实体公正和程序公正并重。公平正义是立法、执法和司法工作的生命线。立法是公平正义的起点，司法是公平正义的最后一道防线。公平正义是社会主义和谐社会的基本特征。

（4）服务大局。服务大局是社会主义法治的重要使命。建设中国特色社会主义的根本任务，是解放和发展生产力，使全体人民摆脱贫穷落后，最终走上小康和共同富裕，这是广大人民群众的根本利益和共同愿望，是社会主义初级阶段最大的大局。

把握大局——正确认识大局，牢牢把握大局，是服务大局的首要前提。大局具有根本性、统领性、历史性和层次性，只有深刻认识大局的特征，才能围绕大局，以大局为行为准则，工作成效以服务大局为检验标准，全面保障服务社会主义经济建设、政治建设、文化建设与社会建设。

立足本职——服务大局不是一个空洞抽象的概念，而应是具体的行为表现。社会主义法治服务大局的要求，落实到部门、单位和个人，就是要立足本职，切实履行好岗位职责，发挥好职能作用。

（5）党的领导。党的领导是我国宪法确立的基本原则，是实现社会主义法治的根本保证和强大推动力。

一是坚持党对社会主义法治的思想领导。坚持党对社会主义法治的思想领导，就是要坚持马克思主义在法治意识形态领域的指导地位。马克思主义是我们立党立国的根本指导思想。中国社会主义法治建设必须坚持以马克思主义为指导，绝不能搞指导思想多元化。

二是坚持党对社会主义法治的政治领导。党的政治领导主要是政治原则、政治方向、重大决策的领导，核心是路线、方针和政策的领导。在政治与法律的关系中，政治占据主导地位，决定着不同国家法治发展模式的特殊性。只有在政治上始终坚持党的领导，才能确保法治建设的正确方向。

三是坚持党对社会主义法治的组织领导。党的组织领导，主要就是通过推荐重要干部，充分发挥党组织的作用，推动党的路线、方针、政策的贯彻落实。

2. 树立法治理念，提高法律修养

法律既是所有政党、国家机关、社会团体的行为规范，也是公民个人的行为规范，因此，维护法律权威，既是党和国家机关的神圣使命，也是公民个人的崇高使命。对于公民个人来说，既要增强法律意识，按照法律规定行事，又要自觉尊重和维护法律权威，成为法律权威的坚定维护者。

（1）树立法律信仰。一个人只有从内心深处真正认同、信任法律的正义性和权威性，才会形成对法律的信仰，进而才会自觉维护法律的权威。大学生应当通过认真学习法律知识，深入理解法律在国家生活和社会生活中的重要作用，真正认同、信任我国法律的正义性和权威性，从而树立起对我国法律的坚定信仰。

（2）引导他人尊重法律权威。大学生在自己学习与掌握法律知识的同时，还要向他人宣传法律，帮助和引导他人尊重法律权威。特别是要宣传社会主义法治理念，帮助人们彻底根除"权大于法"等封建人治思想，宣传我国法律的优越性和合理性，使人们了解、认同和信任我国的法律制度，从而推动社会形成尊重和维护法律权威的良好风尚。

（3）敢于同各种违法犯罪分子作斗争。违法犯罪行为既是对社会秩序的破坏，也是对法律权威的蔑视。大学生不仅要有强烈的守法意识，自觉遵守国家法律，也要有强烈的社会责任感，增强护法意识，要敢于同违法犯罪行为作斗争，自觉维护法律权威。

（四）积极践行社会主义荣辱观

1. "八荣八耻"社会主义荣辱观的内涵

以热爱祖国为荣、以危害祖国为耻，以服务人民为荣、以背离人民为耻，以崇尚科学为荣、以愚昧无知为耻，以辛勤劳动为荣、以好逸恶劳为耻，以团结互助为荣、以损人利己为耻，以诚实守信为荣、以见利忘义为耻，以遵纪守法为荣、以违法乱纪为耻，以艰苦奋斗为荣、以骄奢淫逸为耻。

2. 积极践行社会主义荣辱观

大学生是社会主义现代化建设的后备军和接班人。随着大学生队伍的不断扩大，大学生本身的道德素质和价值取向呈现出了多元化、多层次，出现了不同深度的问题，另外随着社会价值的深刻变化，在有利于大学生树立自强意识、创新意识、成才意识、创业意识的同时，这些变化也给大学生带来一些不容忽视甚至比较突出的负面影响，对大学生进行社会主义荣辱观教育是非常必要的。

第一，社会主义荣辱观是促进大学生规范自身行为的调节器。当今社会规范呈现纷杂化，作为具有较高素养的大学生必须明确应该提倡什么、抵制什么，使其行为准则有一个共同的规范。社会主义荣辱观有助于大学生把其作为规范自己行为的基本准则，使

个人行为与社会规范相协调、与公共利益相符合。

第二，社会主义荣辱观是大学生明辨是非美丑的矫正机。社会主义荣辱观的论述，澄清了人们在荣辱观上的错误认识，确立了是与非的界限。大学校园内功利主义、浮躁心态、拜金享乐主义尚有市场，美丑不分、善恶不辨的人和事也屡见不鲜。对于大学生而言，社会主义荣辱观可以起到良好的引导矫正作用。

第三，社会主义荣辱观是促进大学生成长成才的牵引力。"八荣八耻"与当代大学生渴望成长成才的愿望和目标是一致的。大学生如果想在激烈的竞争中处于有利位置，除了要掌握扎实、丰富的专业知识和技能外，具有优良的道德素质和个人品质也是十分重要的。社会主义荣辱观既包含了追求知识、热爱科学的内容，也包含了大学生在社会中立足和增强竞争力的各种品质要求，对大学生成长成才有着积极的引导作用。

第四，社会主义荣辱观是促进大学生加强道德修养的新载体。价值多元化成为时代最鲜明的特征。多元价值一方面使人们的独立性和选择的空间得到扩展，另一方面也在价值裂变和分化中出现紊乱、无序。大学生是知识层次较高的青年群体，把社会主义荣辱观作为加强自身修养的新载体，大学生才能在弘扬和践行社会主义荣辱观方面走在社会前列。

（五）认识自我，把握未来

1. 认清你自己

苏格拉底曾说"认识你自己"，莎士比亚也说"做真实的你"。大学生要充分、正确、深刻地认识自身的能力、兴趣、个性及相关环境，以此作为规划自己未来的基础。认清自己就要发现自己的优势，淡化自己的弱点和缺陷。

2. 为从事未来的职业积累必要的资本

打好扎实的理论功底，掌握全面的专业技能，培养自己良好的沟通能力等，都是为自己将来跨入社会积累资本。

四、正确处理个人与集体、社会的关系

教师取杯中的一滴水放在学生桌子上，让学生观察小水滴的变化。

为什么一滴水离开杯子就消失了？一滴水怎样才能不消失？

（一）正确处理个人和他人的关系

第一，要尊重人。要尊重别人，不要自以为是，自命清高，对别人的处境漠不关心。要同情人、体贴人，这是尊重人的思想基础和感情基础，没有这种思想和感情基础，就

不可能在行动上对人有尊重的表现。尊重人包括尊重别人的人格，尊重别人的劳动，尊重别人的感情、爱好、兴趣、个性、宗教信仰和民族习惯等。人的能力有大小，贡献和分工也不同，但在人格上是平等的，大家都要相互尊重、平等相待。

第二，要主动关心人。要把别人的困难当作自己的困难，满腔热情地帮助那些工作和生活上暂时遇到困难的人，切实为他们排忧解难。

第三，要宽容待人。对人宽容，就是要心胸宽阔，能容人容物。有宽容之心的人，往往能够正确处理与他人的矛盾，变冲突为和谐，化干戈为玉帛，使摩擦减少到最低限度。当然，我们讲的宽容，不是无原则的退让和妥协，更不能以损害党和人民的利益为代价，而是在根本利益一致的前提下求同存异，和谐共处。

 案例链接

记住恩惠，洗去怨恨

有一次，阿拉伯作家阿里和吉伯、马沙两位朋友一起旅行。三人行经一处山谷时，马沙失足滑落，幸而吉伯拼命拉住他，才将他救起。马沙于是在附近的大石头上刻下了"某年某月某日，吉伯救了马沙的命。"三人继续走了几天，来到一处河边，吉伯跟马沙为了一件小事吵起来，吉伯一气之下打了马沙一耳光。马沙跑到沙滩上写下"某年某月某日，吉伯打了马沙一耳光。"

当他们旅游回来之后，阿里好奇地问马沙为什么要把吉伯救他的事刻在石上，将吉伯打他的事写在沙上？马沙回答："我永远都感激吉伯救我，至于他打我的事，我会随着沙滩上字迹的消失，而忘得一干二净。"

第四，要尊重他人的正当利益。个人正当利益是个人生存和发展需要的条件，如个人的身体健康，个人起码的生活条件、工作条件和学习条件，个人才能的发挥和发展等。

议一议

有位捕鸟师在湖泽上张开了罗网，撒下了食饵。不一会儿，成群的鸟雀飞来。鸟师一拉网，所有的鸟儿都被网在了网内。这时，有一只大鸟撑开翅膀，所有的鸟雀都跟着奋力齐飞，便带着网一起飞上了天空。鸟师抬着头，紧追着鸟网。有人对他说："鸟在天上飞，你凭着两条腿，怎么能追得上啊？"鸟师答道："日暮时分，这些鸟儿都要各自回窠，方向一乱，鸟网就一定会掉下来。"说罢，他继续紧追不舍。太阳下山了，网中之鸟有的要飞归树林，有的想回到山崖，有的往东，有的朝西，在网中闹成一团，不一会儿，整个鸟网当空落下。鸟师连忙上去，网中所有的鸟儿都被捕获。

这则寓言说明了什么哲学道理？

第五，要顾全大局，反对小团体主义。顾全大局是集体主义的重要表现，是指个人和集体的言行应以人民的根本利益为出发点。顾全大局是成就事业的前提和基础，是我们的事业不断取得胜利的重要保证。只顾局部利益，不顾全局利益，这是小团体主义或本位主义。小团体主义实质上是极端狭隘的个人主义，它的蔓延会涣散人心，导致社会不稳定，妨碍社会主义现代化建设的顺利进行。克服小团体主义的根本办法，就是要牢固树立和认真落实科学发展观，用科学发展观统领经济社会发展全局，树立全国"一盘棋"的思想，在促进各地区、各部门发展的同时，更多地关注社会的全面、协调、可持续发展。

（二）正确处理个人和集体的关系

1. 个人是集体中的个人，集体由个人组成

个人不可以脱离集体而独立存在。只有当个人以最好的状态组成集体时，集体的功能才能得到最大发挥。

知识链接

有时我们会被教导：集体比个人重要，个人是不重要的。一个人如果离开集体，就无法生存；而一个人如果被赶出集体，集体也依然存在。

但问题来了：现在我们可以把一个人赶出集体，集体依然存在；然后我们再赶一个人出去，集体还存在；逐渐我们一个一个把"不重要的"个人从集体里赶走，最后，集体就不存在了。但是我们要赶多少个人走，集体就不存在了呢？如果说个人不重要，集体重要，那么这些不重要的个人，都可以被赶走，但是赶走之后，集体不也就没了吗？

很明显，这是一个悖论，有点类似于秃头悖论——一个人有了10万根头发，当然不能算秃头。不是秃头的人，掉了一根头发，仍然不是秃头。按照这个道理，让一个不是秃头的人一根一根地减少头发，就得出一条结论：没有一根头发的光头也不是秃头！

由上可知，"集体比个人重要"是悖论。

个人和集体应该是平等的关系，集体是一个环境，每个人都是他人的环境。人们通过结合，组成一个适当的环境，每个人都在这个环境里发挥出自己的优势，才能够共同发展。每个人对他人的影响是不一样的，所以不同的人组成的集体是不一样的，假设有个人是 A，有 A 和无 A 的集体是不同的集体。

2. 坚持集体主义，反对个人主义

集体主义的基本内容，就是要把国家利益与集体利益放在首位，把个人利益与国家利益、集体利益统一起来。个人主义是以个人为中心，一切从个人利益出发，为了满足个人私欲而不惜损害社会和他人利益的思想体系。

集体主义从内容上看，是与个人主义根本对立、水火不容的。但是，有的人片面强调个人利益，宣扬个人主义至上，甚至错误地主张"为个人主义正名"，用个人主义原则代替集体主义原则。现实生活中有那么一些人不讲廉耻，不讲道德，不是用人民赋予的权力为人民谋利益，而是把手中的权力当作捞取私利、聚敛钱财的手段，徇私舞弊、贪赃枉法，这种做法的害处很大，人民群众深恶而痛绝之。所以，要坚持集体主义，就必须坚决反对个人主义。

现实生活中个人主义有哪些表现呢？

个人主义的危害性体现在以下几方面：

第一，从出发点看，个人主义以自我为中心，片面强调个人、家庭的利益，而不顾他人、集体和社会的利益。

第二，从结果看，个人主义把个性解放、个性自由作为人生追求的唯一价值目标。

第三，个人主义片面强调个人兴趣、爱好的至上性，导致人们对社会主义的集体主义的信仰危机，我行我素，乃至违法犯罪而不能自拔。

（三）正确处理个人与社会的关系

人生的内容是由复杂多样的社会关系和社会活动构成的。个人与社会不可分离，社会是个人生存和发展的基础，个人是构成社会的前提。个人与社会既是对立的，又是统一的。只有科学地把握个人与社会的辩证关系，促进个人与社会的和谐，才能为人生价值的实现创造良好的社会环境。

1. 正确理解个人与社会的关系是正确进行人生选择的基础和前提

首先，个人与社会的关系是人生的基本关系。没有无个人的社会，也没有纯粹孤立的、完全脱离社会的个人。个人与社会总是息息相关、互相影响、互相制约，这是社会生活的基本关系。人生的过程就是在现实生活的基础上不断解决个人与社会关系的实践过程。

如何认识和对待个人与社会的关系是判断人生观、人生价值选择是否科学的根本依据。

其次，个人与社会的矛盾是人生的基本矛盾。它是人生存在和发展的基础，离开了这个基础，就没有人生。它贯穿人生发展过程的始终，是人生发展的根本动力。它具体表现在理想与现实、个人与他人、个人与集体、个人与国家、自我价值与社会价值、自我责任与社会责任、自我修养与社会规范等矛盾中，人生就是面临这些矛盾并在解决这些矛盾的过程中存在和发展的。

可见，个人与社会的关系是人生的基本关系和基本矛盾。只有正确理解个人与社会的关系，才能正确进行人生的选择。

2. 人生的真正价值在于对社会的贡献

人的价值包括社会价值与自我价值两个方面，社会价值是个人对社会的责任和贡献，体现了个人行为对社会和他人的意义；自我价值是社会对个人需要的尊重和满足，体现了社会对个体存在和个体对自身存在的意义。

人的社会价值与自我价值是辩证统一的。两者相互联系、密不可分，社会价值是人的根本价值，是自我价值实现的基础。评价一个人的人生价值不是看他从社会、他人那里得到了什么，而是看他为社会、为他人尽到了什么责任，作出了什么贡献，也就是说，人生的真正价值在于对社会的贡献。

个人对社会的贡献是社会发展和进步的基本保障。社会的发展和进步，总是以一定的物质财富和精神财富的发展为基础的，而社会要满足个人的生存和发展的需要，也必须首先把这些财富创造出来。为此，就要求每个社会成员承担应有的责任，进行创造性的劳动，作出更多的贡献。如果人人只想从社会获取，却不对社会作出贡献，这个社会就不可能存在和发展，个人的生存和发展也就失去了根本保证。

个人对社会的贡献是人生价值的基本标志。人为什么活着？人生的价值在哪里？人生价值是矛盾着的两个方面的统一，即个人对社会的责任和贡献以及社会对个人贡献的尊重的统一，其中个人对社会的责任和贡献是矛盾的主要方面，社会对个人的尊重或回报是矛盾的次要方面。事物的性质是由矛盾的主要方面决定的，人生的价值主要是由个人对社会的贡献所决定的。所以，社会对个人的尊重和满足，必须以个人对社会的贡献为基础。衡量人生价值虽然必须考虑到社会对个人的尊重和满足，但其主要衡量标准还是要看个人的行动，看个人到底为社会做了些什么。所以，个人要实现人生的崇高价值，首要的还是要积极地为社会发展作贡献。

个人对社会的贡献是多方面的。在社会生活的各个领域，如经济领域、政治领域、教育科学文化等领域，每个人只要对社会对人民作出了贡献，都是人生价值的体现。人类社会的发展，是千千万万的个人在物质文明、政治文明、精神文明方面作出了贡献，才推动了社会历史的前进。衡量一个人的人生价值，既要看他在物质文明方面对社会的贡献，又要看他在精神文明、思想道德等方面对社会的贡献，至于哪一方面的贡献大一些、突出一些，则是因人而异的。在改革开放和发展社会主义市场经济新的历史时期，一些人见利忘义、金钱至上，陷入了拜金主义、享乐主义、极端个人主义价值观的泥潭。但更多的人坚持了正确的价值观，像郑培民、牛玉儒、任长霞等，他们是坚持正确世界观、人生观、价值观的优秀代表。从他们不平凡的事迹中，我们清楚地看到了他们的精神力量，看到他们闪光的人生价值。他们的先进事迹、高尚情操，教育和激励着无数群众在自己的岗位上奋发努力、开拓进取，创造出更多的物质财富和精神财富，推动和谐社会的建设。

下列说法能不能作为人生价值评价的标准？

1. 享受的多少。

2. 占有金钱的多少。

3. 拥有职位的高低和权力的大小。

人生价值的实现，需要一定的条件。这既包括人生环境的客观条件，也包括个人的主观条件。客观条件包括社会的生产力水平、生产关系状况、社会的制度及体制因素、科学文化教育、家庭环境、学校环境、工作环境等。主观条件就是个人的素质。在一定客观条件下，个人素质越全面、能力越强，个人对社会的贡献就越大，人生具有的价值也就越大。

调查显示，企业对大学生应聘提出三大必备条件：个人基本素质、基本职业技能及职业素养。有 75% 的企业负责人特别强调："目前不少大学生在应聘时，各种证书可以拿出一大堆，而职业技能和素养却体现不出，专业知识基础也相对薄弱。"在个人基本素质方面，89% 的企业希望大学生提高心理健康素质；79% 的企业认为，应届毕业生初到工作岗位时都欠缺一定的社会协作能力，必须接受一定的培训；76% 的企业认为大学生应当提高自我认识、准确定位。在基本职业技能方面，企业认为学生应具备的技能为：写作能力、钻研能力、创新能力和语言表达能力等。在职业素养方面，有 89% 的用人单位希望大学生具备诚信的职业道德素质。

这个调查结果对学习和求职有什么启发？

人生价值的实现不是一朝一夕就能轻松完成的，也不都是轰轰烈烈的英雄事迹，更多的人还是要在平凡的生活中，从一点一滴的、简单得不能再简单的小事做起，一步一步地逐渐实现自己的人生价值，与此同时还要有恒心、有毅力、有对实现人生价值的执著追求。

总之，人是社会的人，个人的发展离不开社会。作为青年学生，根据社会条件和社会规律积极从事社会活动，要积极投身到各种社会实践中去，发挥自己的聪明才智，在平凡的岗位上努力工作，贡献自己的青春和力量，从而实现自己的人生价值，为社会的发展作出自己最大的贡献。

体验与践行

一、游戏人生是一种不严肃、不负责任的人生态度，在青年人中有多种不同的表现：一是消极无为，不思进取，逃避社会现实，整天生活在虚拟的环境之中，对国家、民族、社会、事业、爱情、友谊麻木不仁，毫无责任感。二是稀里糊涂，不知何为可为，何为不可为，以"难得糊涂"为座右铭，在浑浑噩噩中了此一生。三是玩世不恭，以西方嬉皮士为楷模，奇装异服，招摇过市，毫无道德观念。四是追求享乐主义，醉生梦死，吃喝玩乐，乐此不疲。

找一找，你周围有没有以上"游戏人生"表现的典型例子？你怎样看待"游戏人生"的人生态度？

二、李大钊说："真正合理的个人主义，没有不顾社会秩序的；真正合理的社会主义，没有不顾个人的自由的。"

结合这段话思考如何正确处理个人与社会的关系。

第三节 人生矛盾与人的生存环境

案例导入

在 2005 年"观众最喜爱的春节联欢晚会节目"评选中，中央电视台春节晚会的舞蹈节目《千手观音》，以其天衣无缝、美轮美奂的表演艺术赢得了全国亿万观众的喜爱，被评为歌舞类节目一等奖，并且荣获了中央电视台有史以来的首个特别奖。然而，更令人难以置信的是，这个节目竟是由21名聋哑演员表演的！许多人用"震撼"来形容自己的观看感受，还有不少人为之感动落泪。那么，这个由聋哑人演员表演的节目，何以能够在大腕云集的春节晚会上脱颖而出，赢得如此高的赞誉？因为她是残疾人用生命的感悟创造的完美。姑娘们听不到乐曲，也听不到节奏，无法在舞曲的引导下演绎舞蹈语汇和音乐语言，然而她们用身体的其他感官来感受震动，接受信号，按照边幕外的手语指挥，完成了一个又一个极富韵律感和表现力的动作。她们用优美的身段和婀娜的体态表现无声世界的韵律与美感，她们端庄的容貌和天使般的微笑透出心灵窗户中的祥和与美德，实现了体态与灵魂、形式与内容、人文与人格的完美结合。"千手观音"真善美的文化内涵是姑娘们战胜残疾的精神力量，"千手观音"就是残疾姑娘们的人格化身，她们不是在塑造神，而是在塑造人，既塑造了自己，也陶冶了他人。

 《千手观音》蕴含了什么哲理？给我们哪些启示？

一、科学认识人生矛盾

（一）矛盾是事物发展的动力和源泉

世界上的一切事物都处于矛盾之中。世界上的一切事物内部都包含着正反两面，这两个方面既互相排斥和对立，同时又相互依赖和统一。哲学上把事物自身包含的这种既对立又统一的关系叫矛盾。世界上

有无相生，难易相成，长短相形，高下相倾。
　　　　　　——老子
天下事有难易乎？为之，则难者亦易也；不为，则易者亦难也。
　　　　　　——《为学》

没有不包含矛盾的事物，没有矛盾就没有世界。简言之，矛盾就是对立统一。

矛盾双方相互依存、相互渗透，一方的存在以另一方的存在为前提，失去了一方，另一方也不存在了。

列举生活中具有两面性的事物或现象。以小组为单位，分析自己的优缺点，并勇敢地大声说出来。

大家动脑我来唱，你来和：

没有生来，哪有_____；没有上来，哪有_____；没有正确，哪有_____；没有美来，哪有_____；没有高来，哪有_____；没有正极，哪来的_____；谦虚使人进步_____；_____；_____；_____……

矛盾的双方依据一定的条件相互转化。矛盾双方中都包含着对方的因素，在一定条件下，矛盾双方会相互转化。

> **名人名言**
>
> 祸兮福之所倚，福兮祸之所伏。
>
> ——老子

案例链接

塞翁失马，焉知非福

近塞上之人，有善术者，马无故亡而入胡。人皆吊之，其父曰："此何遽不为福乎？"居数月，其马将胡骏马而归。人皆贺之，其父曰："此何遽不能为祸乎？"家富良马，其子好骑，堕而折其髀。人皆吊之，其父曰："此何遽不为福乎？"居一年，胡人大入塞，丁壮者引弦而战。近塞之人，死者十九。此独以跛之故，父子相保。

（二）矛盾的普遍性和特殊性

世界上的事物虽然都有矛盾，但是每个事物的具体矛盾却各不相同，我们生活的世界之所以千差万别，纷繁复杂，正是因为事物所包含的矛盾具有不同的特点。世界上的事物是不断变化发展的，因此其包含的矛盾也在不断地变化发展。不同的事物有不同的矛盾，同一事物在不同的发展阶段也具有不同矛盾。

1. 矛盾普遍性与矛盾特殊性的含义

矛盾是普遍存在的。矛盾的普遍性是指矛盾存在于一切事物的发展过程中，并贯穿于一切事物发展过程的始终。简言之，矛盾无处不在、无时不有。

矛盾普遍存在，不同事物的矛盾又各不相同，矛盾又具有特殊性。矛盾的特殊性是指具体事物的矛盾及其每一个方面各有其特点。

首先，不同事物的矛盾有不同的特点，即事物不同，矛盾也就不同。

其次，同一事物的矛盾在其发展的不同阶段各有不同的特点。

最后，矛盾的特殊性还表现为事物矛盾的双方也各有其特点。

2. 矛盾普遍性与特殊性的辩证关系

矛盾的普遍性与特殊性的关系是共性和个性、一般和个别的关系，两者的辩证关系主要表现在：

首先，矛盾的普遍性和特殊性是相互对立的。矛盾的共性比个性抽象、深刻，矛盾的个性比共性具体、丰富。

其次，矛盾的普遍性和特殊性又是相互依存、不可分割的。一方面，没有离开个性的共性，共性通过个性表现出来；另一方面，没有离开共性的个性，特殊总是普遍中的特殊。

最后，矛盾的普遍性和特殊性在一定的条件下可以相互转化。一定条件下的普遍性在另一条件下可能转化为特殊性，反之亦然。

3. 矛盾普遍性与特殊性辩证关系的原理具有重要的方法论意义

第一，它是正确认识事物的根本方法。人们的认识总是从个别上升到一般，再用一般指导个别，所以，在认识过程中，把矛盾的特殊性与矛盾的普遍性辩证地统一起来是认识矛盾的根本方法。

第二，它是把马克思主义的普遍真理同我国的具体实际相结合，建设有中国特色社会主义的哲学基础。

（三）科学认识人生矛盾

矛盾是事物发展的动力，没有矛盾就没有事物的发展。人生是一个不断产生矛盾、不断解决矛盾的过程，人是在不断解决矛盾中变化成长的。人从出生开始要经历婴儿期、幼儿期、童年期、少年期、青年期、老年期直到死亡。在各个不同的成长时期，每个人在身体上、学习上、生活上和家庭、学校等社会关系方面，都会克服一个又一个的矛盾，解决一个又一个的问题，在不断的解决矛盾中成长和壮大。在人生的道路上，每个阶段都有每个阶段的矛盾，如人与自然的矛盾、人与社会的矛盾、人自身的矛盾、理想与现实的矛盾等。旧的矛盾解决了又会出现新的矛盾，人生就是在不断解决矛盾中向前发展的。人生充满着矛盾，人生道路上矛盾无处不在，我们应该积极面对矛盾，解决矛盾，在解决矛盾的过程中提高自身的素质和能力。

二、正确处理人生矛盾

（一）正确处理人生矛盾的重要性

矛盾是事物发展的动力和源泉，也是人生发展的动力。矛盾是一切事物所固有的，不以人们的主观意志为转移，矛盾不会因为我们惧怕它、回避它而消失，也不会因为我们任意夸大它或缩小它而改变。对待人生中的不同矛盾，不同的人会有不同的人生态度。我们必须敢于承认矛盾，正视矛盾，积极去面对它，敢于直面人生中的各种矛盾，全面

认识矛盾，积极化解矛盾，乐观地接受它的洗礼，做生活中的强者；相反，害怕矛盾、掩盖矛盾、激化矛盾、回避现实，把一切归结于命运，消极地听从命运的安排，只能做生活中的懦夫。我们要以宽宏豁达的心态看待社会，直面人生中各种矛盾的挑战，以积极的态度对待人生矛盾，在解决矛盾的过程中推动人生发展。

（二）正确分析和处理人生矛盾

唯物辩证法关于矛盾对立统一的观点，要求我们要坚持两点论，学会一分为二和全面地看问题。既要看到矛盾的一个方面，也要看到矛盾的另一个方面。既要看到矛盾双方的对立、差别，也要看到矛盾双方的相互依赖和转化，具体问题具体分析，从而找到解决问题的不同方法。"对症下药""量体裁衣""因材施教""因地制宜"就是这个道理。

具体问题具体分析是马克思主义的一个重要原则，列宁称之为"马克思主义的最本质的东西，马克思主义活的灵魂"。具体问题具体分析是我们认识事物的基础，世界上的事物是千差万别的，也是不断变化发展的，我们只有从实际出发，具体分析矛盾的特点，才能把不同质的事物区别开来，从而真正认识事物，明辨是非。离开了具体问题具体分析，就无法认识事物。

具体问题具体分析是马克思主义的一个重要原则，也是在一切实际工作中要遵循的基本方法。我们要逐步学会这个方法，养成善于思考、善于分析的习惯，使自己想问题、办事情建立在科学的基础上。如果我们不重视矛盾特点的研究，对具体问题不作具体分析，那就会把对立统一观点、全面看问题的观点，变成不解决任何实际问题的空洞的理论。

做一做

不同的矛盾只能用不同的方法来解决，你能不能说出几个蕴含这一哲理的成语和俗语？量入为出、_____、_____、_____、_____、_____、_____、_____、_____、_____、_____。

说一说

一位哲人说："你的心态就是你真正的主人。"如果你面前的桌子上放了半杯水，请说出你对待这半杯水的态度。

资料链接

生活在感恩的世界

感激养育你的人，因为他给予了你的生命；

感激培养你的人，因为他传给了你的智慧；

感激提携你的人，因为他提供了你的机遇；

感激帮助你的人，因为他摆脱了你的困境；

感激伤害你的人，因为他磨炼了你的意志；

感激欺骗你的人，因为他增长了你的见识；

感激鞭打你的人，因为他清除了你的业障；

感激遗弃你的人，因为他培养了你的自立；

感激陷害你的人，因为他强化了你的能力；

感激斥责你的人，因为他提醒了你的缺点；

感激所有使你坚强的人。

做一做

人生中遇到的矛盾	对待矛盾的态度	解决矛盾的方法

（三）抓住人生的主要矛盾

1. 主要矛盾和次要矛盾

在事物的发展过程中，存在着许多矛盾，其中必有一种矛盾，它的存在和发展，决定或影响着其他矛盾的存在和发展。这种在事物发展过程中处于支配地位、对事物发展起决定作用的矛盾就是主要矛盾。其他处于从属地位、对事物发展不起决定作用的矛盾则是次要矛盾。主要矛盾和次要矛盾相互依赖、相互影响，并在一定条件下相互转化。首先，主要矛盾规定和影响着次要矛盾的存在和发展，对事物的发展起决定作用，主要矛盾解决得好，次要矛盾就可以比较顺利地解决；次要矛盾解决得如何，反过来又影响

主要矛盾的解决。其次，主要矛盾和次要矛盾的地位不是一成不变的，在一定条件下它们可以相互转化，即主要矛盾转化为次要矛盾，次要矛盾上升为主要矛盾。

 案例链接

赌饼破家

从前有一对夫妇，家里有3个饼。夫妇俩一起分着吃，你一个，我一个，最后还剩下一个。他俩相约说："从现在起，如果谁先开口说话，就不能吃这个饼了。"从此，为得到那个饼，俩人谁也不愿先开口说话。有天晚上，一个盗贼溜进屋里，偷了他们家的财物。直到盗贼把东西全部偷光，夫妇俩因为先前有约，眼睁睁地看着财物丢光却谁都不开口讲话。盗贼看到没人说话，便当着丈夫的面侮辱他的妻子，可丈夫瞪着两眼还是不肯讲话。妻子急了，高声叫喊有贼，并恼怒地对丈夫说："你怎么这样傻啊！为了一个饼，眼看着闹贼也不叫喊。"丈夫听后高兴地跳了起来，拍着手笑道："啊，蠢货！你最先开口讲的话，这个饼属于我了。"

既然主要矛盾在事物发展过程中处于支配地位、起着决定作用，这就要求我们在观察和处理复杂问题的时候，首先要抓住主要矛盾，善于抓住重点，并集中主要精力解决主要矛盾，"牵牛要牵牛鼻子""好钢要用在刀刃上""力气要用在节骨眼上""工作要做在点子上"等等生动形象的说法，都是指要抓主要矛盾。我们常说的抓中心、抓关键、抓重点，说的都是要集中力量去抓主要矛盾。只有这样，才能比较顺利地解决其他矛盾。

强调抓主要矛盾，并不是说可以忽视对次要矛盾的解决，而是集中主要力量解决主要矛盾的同时，也要用一定力量解决好次要矛盾。因为，在事物的发展过程中，主要矛盾和次要矛盾并不是各自孤立存在和发展的，而是相互联系、相互影响、相互作用的。虽然主要矛盾的存在和发展，规定或影响着其他矛盾的存在和发展，但次要矛盾的发展和解决，也会影响主要矛盾的发展和解决。次要矛盾处理得好，可以为主要矛盾的解决创造条件；次要矛盾处理得不好，则会给主要矛盾的解决增加困难。

每一个矛盾都包含着两个方面，这两个方面的力量是不平衡的。其中，处于支配地位起主导作用的方面叫矛盾的主要方面。而处于被支配地位的方面叫矛盾的次要方面。事物的性质主要是由主要矛盾的主要方面决定的。矛盾的主要方面与次要方面既相互排斥，又相互依赖，并在一定条件下相互转化。

既然事物的性质主要是由取得支配地位的矛盾的主要方面决定的，因此，我们在分析事物的矛盾的时候，就不仅要看到矛盾着的两个方面，更重要的是要分清哪一方面是矛盾的主要方面，哪一方面是矛盾的次要方面；哪是主流，哪是支流。

2. 抓住人生主要矛盾

世界充满着矛盾，人生也充满着矛盾，人生就是在解决矛盾中不断成长的。人生矛盾重重，但有主要矛盾和次要矛盾，我们只有抓住了人生的主要矛盾，其他问题就会迎刃而解。

相对来说，不同的人生阶段有着不同的主要矛盾，例如，大学阶段的许多矛盾——学习、就业、恋爱等，其中搞好学习是主要矛盾，其他矛盾是次要矛盾。

（四）用科学的方法解决好矛盾

任何事物的发展都是由各种矛盾引起的，其中这些矛盾，既有事物内部的矛盾，也有事物外部的矛盾。人作为物质世界的一部分，其发展与外部环境有很大关系。但仅仅依靠外部的环境是远远不够的，根本是依赖于其自身优良的素质。

 案例链接

> 孟子小时候很贪玩，模仿能力很强。他家原来住在坟地附近，他常常玩筑坟墓或学别人哭拜的游戏。母亲认为这样不好，就把家搬到集市附近，孟子又开始玩模仿别人做生意和杀猪的游戏。孟母认为这个环境也不好，就把家搬到学堂旁边，从此孟子就跟着先生们学习礼节和知识。孟母认为这才是孩子应该学习的，心里很高兴，就不再搬家了。这就是历史上著名的"孟母三迁"的故事。

事物的发展是内外因共同发生作用的结果。任何事物的发展都是由多种原因引起的，概括起来可分为两个方面：

一方面是内部原因（内因），内因是事物发展变化的内在根源，是事物内部矛盾对立双方的相互作用和斗争。内因是事物存在的基础，是一事物区别于他事物的内在本质。内因是事物内部的对立统一，即事物内部矛盾，是第一位的原因。

另一方面是外部原因（外因），是事物存在和发展的外部条件，是一事物与他事物的对立统一，是第二位的原因。外因，即外部矛盾，它通过内因作用于事物的存在和发展，加速或延缓事物的发展进程，但不能改变事物的根本性质和发展的基本方向。

外因和内因在事物发展的过程中是同时存在，缺一不可的。但是，内因和外因在事物发展中的地位和作用是不同的。内因是事物发展的根本原因，外因是事物发展的条件，外因通过内因起作用。

事物发展的内外因辩证关系要求我们要正确处理自身努力与外部条件的关系。在分析矛盾解决问题时，坚持内因和外因相结合的观点。

首先，要重视内因的作用。内因是事物变化发展的根本原因，是根据，它决定事物发展的性质和方向。每个人的成长首先要靠自己的主观努力，积极发挥自己的主观能

动性，提升个人素质。一个人进步快慢主要取决于本人的主观努力。"师傅领进门，修行在个人。"因此，只有充分发挥自己的主观能动性，才能不断进步，取得更大的成绩。

其次，不能忽视外因。外部环境对于个人成长起着非常重要的作用，我们要做"一分为二"的分析，看到对我们成长有利的因素，就应充分发挥这些因素对我们成长的促进作用；看到对我们成长不利的因素，就应努力抵制其不良影响。我们要努力争取和利用外部有利的条件发展自己。

无数成功的人生经验都告诉我们，人生的路是自己走出来的，只有不断提高自身的素质，积极发挥主观能动性，充分利用外部优良的生存环境，才能积极促进人生发展。

有一个自以为是的年轻人毕业以后一直找不到理想的工作。他觉得自己怀才不遇，对社会感到非常失望。痛苦绝望之下，他来到大海边，打算就此结束自己的生命。

这时，正好有一位老人从这里走过。老人问他为什么要走绝路，他说自己不能得到别人和社会的承认，没有人欣赏并且重用他。

老人从脚下的沙滩上捡起一粒沙子，让年轻人看了看，然后就随便扔在地上，对年轻人说："请你把我刚才扔在地上的那粒沙子捡起来。"

"这根本不可能！"年轻人说。

老人没有说话，接着又从自己的口袋里掏出一颗晶莹剔透的珍珠，也随便扔在了地上，然后对年轻人说："你能不能把这颗珍珠捡起来呢？"

"这当然可以！"年轻人很容易地捡起了珍珠。

"那你应该明白是为什么了吧？你应该知道，现在你自己还不是一颗珍珠，所以你不能苛求别人立即承认你。如果要别人承认，那你就要想办法使自己成为一颗珍珠才行。"

年轻人蹙眉低首，一时无语。

有的时候，我们必须承认自己是普通的沙粒，若要自己卓然出众，那就要努力使自己成为一颗熠熠闪光的珍珠。当我们在现实工作中遇到挫折时，应该先反省自己，而不是怨天尤人。

这个故事给你什么样的启示？结合自己，谈谈现在的你应该怎么做？

三、人的生存环境分析

所谓人生环境，就是人们的社会实践活动所赖以展开的各种关系的总和。正确对待人生环境，主要就是人类要迎接自然环境和社会环境的挑战。

（一）人生面临的自然环境的挑战

土地沙漠化与水土流失。（1）土地沙漠化。土地沙漠化是我国最严重的生态环境问题之一。尽管党和政府对治理沙漠化工作给予了极大的关注，但由于对森林的滥砍乱伐，对草地的盲目垦耕、超载放牧等现象仍然存在，土地沙漠化"局部好转，整体扩大"的趋势仍未改变。沙漠化造成的损失不仅是可利用的土地和粮食减少，更严重的是影响了气候。沙尘暴就是近年来新出现的恶劣气候现象。每到春季，北方地区沙尘蔽日的现象司空见惯。（2）水土流失。我国的水土流失面积达 280 多万平方公里，占国土面积的 1/4 以上。因风蚀而流失的土壤每年有 100 多亿吨；因水蚀而流失的土壤有 50 多亿吨。除传统的黄土高原水土流失区外，近年来长江流域的水土流失尤为引人注目。由于长江流域的水土流失，沿江湖泊蓄水能力越来越小。洞庭湖每年入湖泥沙约 1.3 亿立方米，出湖泥沙约 0.3 亿立方米，年淤积量约为 1 亿立方米。如果长期这样淤积下去的话，用不了 200 年，现有容量 170 亿立方米的洞庭湖将不复存在。

水资源的短缺与地表沉降。人口的过度集中导致了区域性水资源的短缺。大量抽取地下水，使地下水位不断下降，全国多处地区出现巨大的地下水漏斗，并伴随地裂和地表沉降。我国是一个严重缺水的国家。水资源的短缺造成了一系列的严重问题：广大农村及牧区旱情日益扩大，农牧业的发展受到严峻挑战；城市供水不足，影响人民的日常生活和城市的全面发展；超量抽取地下水造成地下水位下降，地表塌陷，海水内浸和污水下渗。

大气污染严重。据美国的调查研究，纽约市暴露在高浓度多环芳烃中的妇女，其所生婴儿的出生体重降低 9%，头围长度减少 2%；中国的调查数据表明，我国城市儿童血铅水平达到中毒标准者超过 50%，个别工业污染区儿童血铅超标比例甚至高达80%；中国疾病预防控制中心一项长达 9 年的调查表明，我国室内氡污染使肺癌发病率增加 19%，城市中各种原因造成的肺癌发病率，由 20 世纪六七十年代的 10 万分之 7，上升到 1999 年的 10 万分之 40。水污染造成的危害更是触目惊心，致使许多地区出现了所谓的"癌症村"。

（二）人生社会环境分析

所谓社会环境分析，就是对我们所处的社会政治环境、经济环境、法制环境、科技环境、文化环境等宏观因素的分析。社会环境对我们的职业生涯乃至人生发展都有重大影响。通过对社会大环境的分析，来了解和认清国际、国内和自己所在地区的政治、经济、科技、文化、法制建设、政策要求及发展方向，以更好地寻求各种发展机会。

总体来说，我们现在面临一个非常好的宏观环境，社会安定，政治稳定，经济发展迅速，并与全球一体化接轨，法制建设不断完善，文化繁荣自由，尖端技术、高新技术突飞猛进。

四、人类要为自己创造美好的生存环境

环境是人类生存和发展的基本前提。环境为我们生存和发展提供了必需的资源和条件。随着社会经济的发展，环境问题已经作为一个不可也不能回避的问题提上了各国政府的议事日程。保护环境、减轻环境污染、遏制生态恶化趋势，成为政府社会管理的重要任务。对我国而言，保护环境是我国一项基本国策。解决全国突出的环境问题，促进经济、社会与环境协调发展和实施可持续发展战略，是我国面临的重要而又艰巨的长期任务。

（一）人在生态环境中的地位和作用

人类与环境的关系十分复杂，人类的生存和发展都依赖于对环境和资源的开发和利用，然而正是在人类开发利用环境和资源的过程中，产生了一系列的环境问题。种种破坏环境的行为归根结底是由于人们缺乏对环境的正确认识所造成的。"要消除对人类生存的威胁，只有通过每一个人的内心的革命性变革。"也就是说，欲使人们正确认识环境，解决各种环境问题，就必须加强环境教育、提高人们的环境意识，使人的行为与环境相和谐。

党的十六大指出，中国特色社会主义发展道路是"可持续发展能力不断增强，生态环境得到改善，资源利用效率显著提高，促进人与自然的和谐，推动整个社会走上生产发展、生活富裕、生态良好的文明发展道路"。党的十六届三中全会提出了科学发展观，即"坚持以人为本，树立全面、协调、可持续的发展观，促进经济社会和人的全面发展"。

环境问题不是一个单一的社会问题，它是与人类社会的政治经济发展紧密相关的。环境问题在很大程度上是人类社会发展尤其是那种以牺牲环境为代价的发展模式的必然产物。我国正在进行社会主义现代化建设，正在经历从农业社会向工业社会的过渡。我们决不能走西方国家"先污染，后治理"的老路，而应该提前把环境保护放到一个重要的位置。这既是历史的教训，也是我们面临的必然选择，是在环境危机日益深化的情况下的一种被动选择。环境问题已成为危害人们健康、制约经济发展和社会稳定的重要因素。

（二）树立环境保护的意识

首先，要更新人们的环境观念，正确认识和处理人与自然、发展与环境的关系，让广大人民群众意识到人是自然界长期发展的产物，人类本身是自然界的一部分。地球环境是所有人和所有生物共有的财富，任何人都不能为了局部和小团体的利益而置生态系统的稳定和平衡于不顾。搞建设谋发展要保护环境，顺乎自然、尊重自然规律，不能违背自然的价值观、思维方式和生产生活方式。要转变自然资源是"取之不尽，用之不竭"的传统观念，代之以"资源有限""资源有价"的新观念，要用人与自然和睦相处、共存共荣的生态自然观，代替人是自然主宰的强权自然观。

其次，建立和完善有中国特色的环境教育体系，加强新闻宣传，营造有利于环境保护事业发展的舆论氛围。要逐步建立以教育部门为主导、环境部门积极配合的学校环境教育体制。采取多种方式，把环境教育渗透到学校教育教学的各个环节中，努力提高环境教育的质量和效果。

（三）倡导科学的生活方式

首先，生活要有计划和规律。作为大学生来说，自由支配的时间比较多，因此，大家要制订科学合理的生活和学习计划，管理好自己的时间，安排好学习生活，有规律地劳逸结合，始终保持旺盛的精力。其次，要加强身体锻炼。充分利用业余时间，强身健体，循序渐进，持之以恒。第三，合理饮食。合理的饮食习惯是提高生活质量的重要保证，要做到不挑食，不偏食，荤素搭配，合理膳食。第四，不吸烟，不喝酒，培养文明健康的生活方式。第五，低碳环保，绿色出行。爱护我们的每一寸土地，节约水资源，从小事做起，从自我做起，为我们的生活和学习创造一个良好的环境。

（四）培养高尚的人生追求

首先，树立正确的世界观、人生观和价值观。科学的世界观、人生观、价值观是大学生思想和行为的“定位系统”，有助于大学生产生积极的情感体验，从而提高自己的心理素质。第一，树立社会主义和共产主义必胜的理想信念。第二，陶冶爱国之情，激荡奋进报国之志，树立为人民服务的人生观。第三，在价值观教育方面，要有爱国爱民、奉献博爱的意识，要有强烈的社会责任感。

其次，树立崇高的人生理想。理想是人生奋斗的目标，是人生的指示灯，是人生前进的动力。青年学生要树立崇高的人生理想，勇于担当。

最后，在工作和生活中实现人生的价值。劳动和奉献是实现人生价值的必由之路，也是拥有幸福人生的重要途径，只有诚实劳动才能更多地奉献社会，才能更好地体现自己的人生价值。

（五）优化人生文化环境

文化环境是影响人生发展诸多因素中最复杂、最深刻、最重要的因素。马克思说过，“人创造环境，同样环境也创造人。”优化人生文化环境对人的健康发展具有重要的意义。

（1）丰富校园文化及实践活动，努力创设和谐的交往氛围。首先，在校园文化建设中要注重校园硬件建设，同时通过媒体、校风、学风和各种规章制度的建设，多渠道传播积极、向上的校园文化。其次，通过开展丰富多彩的社会实践活动、社团活动为同学之间的交往提供有力的平台。

（2）积极规范，加强监控，创建和谐的网络环境。随着信息时代的迅猛发展，上网已经成为一种较为普遍的现象。但网络不同于现实，它虚拟而多变。网上的信息鱼龙混杂，对人生发展会产生积极或消极的影响，因此要加强网络监管，依法管网，净化网络环境。

资料链接

人生是一种承受

人生是一种承受，需要学会支撑。支撑事业，支撑家庭，乃至支撑起整个社会，有支撑就一定会有承受，支撑起多少重量，就要承受多大压力。从某种意义上说，生活本身就是一种承受。

承受痛苦。痛苦就人生而言，常常扮演着不速之客的角色，往往不请自到。有些痛苦来得温柔，如同漫漫降临的黄昏，在不知不觉间你会感到冰冷和黑暗；有些痛苦来得突然，如同一阵骤雨、一阵怒涛，让我们来不及防范。当我们屈服于痛苦的时候，它可能使我们沮丧、潦倒，甚至让我们在绝望中走向灭亡。当我们承受了痛苦，我们就会变得坚强自信，那么，此时，痛苦就变成了一笔无价的财富。

承受幸福。幸福需要享受，但有时候，幸福也会轻而易举地击败一个人。当幸福突然来临的时候，人们往往会被幸福的旋涡淹没，从幸福的巅峰上跌落下来时会令人猝不及防。承受幸福，就是要珍视幸福而不是一味沉淀其中，如同面对一坛陈年老酒，一饮而尽往往会烂醉如泥不省人事，只有细品慢尝，才会品出真正的香醇甜美。

承受平淡。人生中，除了幸福和痛苦，平淡占据了我们生活的大部分时间。承受平淡，同样需要一份坚韧和耐心，平淡如同一杯清茶，点缀着生活的宁静和温馨。在平淡的生活中，我们需要承受淡淡的孤寂与失落，承受挥之不去的枯燥与沉寂，还要承受遥遥无期的等待与无奈。

承受孤独，会使我们倍加珍惜友谊；承受失败，会使我们的信心更加坚定与深厚；承受责任，会使我们体会到诚实与崇高；承受爱情，则会使我们心灵更臻充盈、完美。当我们终于学会心平气和地去承受时，那么，我们的人生就达到了一定的高度。

体验与践行

一、有人说"近朱者赤，近墨者黑"，也有人说"近朱者赤，近墨者未必黑"。

运用所学知识分析上述两种观点。

二、达尔文说过："物竞天择，适者生存。"有人认为，人生在世，有个很重要的问题就是适应环境，人不可能要求环境来适应自己，而只能是自己去适应环境。这是自然规律，也是社会规律。也有人认为，人最重要的是保持自我，随波逐流容易，洁身自好，保持独立完善人格难。

你是怎样看待这个问题的呢？

专题五

增强群众观念，提高思想意识，用社会主义核心价值观引领人生

学习目标

认知目标：明确历史唯物主义关于群众是历史创造者，社会存在决定社会意识的基本观点，明确社会是不断发展进步的。

能力目标：提高对社会发展的认识，与时俱进，不断创新，把握事物发展的方向，端正思想意识。理解党的基本路线，发扬优良作风，从群众中汲取丰富的营养。进一步规范自己的文明行为，提高道德水准，用社会主义新文化充实自己的大脑，坚定理想信念。

素质目标：认清社会发展的趋势，把握时代脉搏，用社会主义核心价值观引领自己的人生，完善自我，不断增强职业意识，放眼未来、放眼世界，积极投身到实现民族复兴的伟大事业中，使自己成长成才，成为一个对国家、民族、社会、家庭有所作为有所贡献的人，升华自己的人生境界。

第一节　群众观点与群众路线

　　人民群众是历史的创造者，是推动社会发展的决定力量，是否承认这一点，是历史唯物主义和历史唯心主义的根本分歧之一。坚持唯物主义历史观，就应牢记树立群众观点，坚持一切为了群众、一切依靠群众、"从群众中来，到群众去"的党的群众路线，努力恢复和发扬党密切联系群众的优良传统和作风。青年学生要虚心向群众学习，不断提高自身素质，面向基层，面向群众，扎实努力，艰苦奋斗，迈着坚定的脚步走向美好的未来。

资料链接

　　历史就是历史，历史不能任意选择，一个民族的历史是一个民族安身立命的基础。不论发生过什么波折和曲折，不论出现过什么苦难和困难，中华民族5000多年的文明史，中国人民近代以来170多年的斗争史，中国共产党90多年的奋斗史，中华人民共和国60多年的发展史，都是人民书写的历史。历史总是向前发展的，我们总结和吸取历史教训，目的是以史为鉴、更好前进。

　　——习近平在纪念毛泽东同志诞辰120周年座谈会上的讲话

一、群众观点是历史唯物主义的基本观点

资料链接

　　淮海战役是中国人民解放军历史上一次重要的战役。淮海战役期间，后方人民用手推车这种落后的运输工具，克服了无数困难，将300多万吨弹药物资、五亿七千万斤粮食、150万斤油盐、86万斤猪肉，及时运到了前方，满足了战争的需要。后方人民还组织了100多个强大的民兵团，执行战地勤务和保卫后方安全。尽管战役情况多变，战线不断拉长，但由于后方人民的全力支援，保证了战争的一切需要。可以说，没有广大人民群众的支持和贡献，就不会有淮海战役的胜利。

淮海战役的胜利说明了什么？为什么说人民群众是历史的创造者？

　　马克思、恩格斯运用辩证唯物主义和历史唯物主义的科学世界观和方法论来认识和改造世界，在波澜壮阔的历史实践中提出并坚持群众史观，充分调动和发挥广大人民群众的创造性，从而找到了一条不同于英雄史观的历史发展轨迹。同样，中国革命、建设、改革之所以能在艰难困苦中最终取得胜利，也在于我们党以马克思主义中国化的思想成果武装头脑，紧紧依靠广大人民群众，群策群力，攻坚克难。历史已充分证明，只要坚持群众史观，我们党就一定充满活力和创造性；忽略群众史观，党和事业就会受到重创。

　　（一）两种历史观的根本对立

　　历史唯心主义从社会意识决定社会存在的基本观点出发，认为历史是少数英雄人物创造的，否认人民群众创造历史的决定作用。英雄史观主要有两种形式：唯意志论和宿命论。

　　唯意志论认为，少数英雄豪杰、帝王将相的意志可以左右历史的方向，决定国家的命运和社会的前途，而广大人民群众是无足轻重的，是微不足道的。有的人认为：大人物一言可以兴邦，一言可以丧邦。19世纪德国唯心主义哲学家尼采鼓吹所谓"超人哲学"，公开宣称有上等人和下等人，上等人是非人和超人，具有生来发号施令的权利，他的"统治和奴役的意志是决定一切的力量"，而人民群众"不过是供试验的材料，一大堆多余的废品，一片瓦砾场"，"人民群众是一些残缺不全，鸡毛蒜皮的人"。这些观点当然是唯心史观的典型表现，这种仇视人民群众的反动思想后来成为帝国主义推行侵略和扩张政策的工具。

　　宿命论认为，推动社会历史发展的是某种神秘的精神力量，如"上帝""天命""神""绝对精神"等，主宰人类命运的是天意，是神的意志。而英雄豪杰、帝王将相则是"天命"的执行者、主宰者、体现者，人民群众只能听从这些神秘力量和英雄人物的支配。

　　同唯心主义英雄史观相反，历史唯物主义从社会存在决定社会意识的基本观点出发，认为人类社会的发展史是物质资料生产的历史，是社会生产方式新陈代谢的历史，因而也是人民群众创造活动的历史。唯物史观首次真正地、彻底地、全面地、科学地解决了谁是历史的创造者的问题，肯定人民群众创造历史的决定作用。

　　（二）人民群众对历史的创造作用

　　人民群众是指以劳动群众为主体，对社会历史起进步、推动作用的社会生活中的大多数成员的总和，它是一个历史范畴。在我国社会主义建设时期，一切赞成、拥护、参加社会主义建设的阶级、阶层和社会集团，以及拥护社会主义和赞成祖国统一的爱国者，均属于人民群众的范围。历史的命运归根到底是由人民群众决定的。人民群众作为历史

范畴是随着历史的变化而不断变化的，在不同国家和各个国家的不同历史时期有着不同的内容。但无论在什么时间、什么条件下，人民群众的主体和稳定部分始终是从事物质资料生产的劳动群众及其知识分子。

人民群众是历史的创造者，人民群众创造历史的作用主要表现在：

第一，人民群众是社会物质财富的创造者。人类要生存首先必须解决衣、食、住、行等物质生活资料问题。人类赖以生存的一切物质生活资料都是劳动人民创造出来的。

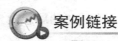 **案例链接**

从手工焊"状元郎"到"机械手"

他是亚洲规模最大、实力最强的焊接机械手群的领军人物。

他开创了蓝领工人开发大型焊接程序的先河，使机械手的生命维度、应用领域大大拓展。

迄今为止，他率队开发出的焊接程序多达300余种，创造经济效益超千万元。他用一名技术工人的智慧，托起了纵横飞驰的中国高铁、撑起了"中国创造"的钢筋铁骨。

他叫谢元立，是来自中国北车长春轨道客车股份有限公司的一线焊工。他以20余年坚韧不拔的奋斗轨迹，为新时期技术工人勾勒出了立足岗位实现"转型升级"的瑰丽影像。

现实和梦想的距离有多远？第一次踏进焊接车间实习时，谢元立的感受是：天地之隔！

1988年，谢元立职高毕业，考进长客焊接车间水箱工段。因基础扎实，他很快在同批新人中脱颖而出。次年，在全厂技术比武中，他一举夺取"焊接状元"桂冠。受到荣誉的激发，自那以后，他钻研技术的劲头一发而不可收。

2014年12月29日，谢元立第二次走进中南海。这次，他是作为中华技能大奖得主，参加高技能人才座谈会，代表全国各行业技术精英，向党和政府提建议。

你怎么看现代产业工人在中国创造中的作用？

第二，人民群众不仅是物质财富的创造者，而且是社会精神财富的创造者。人类一切精神文化发展的源泉和动力都在于人民群众的社会实践。在社会主义条件下，劳动知识分子属于工人阶级的一部分，他们在创造社会精神文化方面的作用得到空前发挥，广大知识分子走与工农劳动相结合的道路，创造出更加丰富的精神财富。

资料链接

作为我国古代精神文化象征的万里长城、敦煌壁画、龙门石窟和秦代兵马俑等，无一不是渗透着广大劳动人民的血汗，无一不是劳动人民智慧的结晶。许多文化典籍，都是直接取材于劳动人民的实践经验，不少文学名著，如《水浒传》《三国演义》《西游记》等，也都是在民间口头文学和传说的基础上进行艺术加工和再创造的产物。在精神财富的创造中，劳动知识分子起着重要作用。历史上有不少杰出的思想家、科学家和文学艺术家本身就直接来自人民群众，如我国春秋战国时期发明锯、刨、钻、斧的鲁班，东汉发明纸的蔡伦，宋代发明活字印刷的毕昇，明代的药物学家李时珍等。

第三，人民群众是变革社会制度的决定力量。社会的发展变化是由社会基本矛盾运动引起的。社会的发展是由社会自身内在规律决定的，而社会发展规律的实现，都是依靠先进阶级和广大劳动人民的参加来实现的。总之，人民群众即社会中大多数人的人心向背，始终是社会发展中经常起作用的因素。历史告诉我们：得人心者得天下，失人心者失天下；得人心者昌，逆人心者亡。因此，人心的向背体现着不可抗拒的历史潮流，代表着每一个时代的精神，预示着社会进一步发展的方向。

资料链接

在中国国家博物馆里，收藏着藏品号为 GB54563 的一纸契约，这就是广为人知的安徽省凤阳县梨园公社小岗村农民"包产到户"的"地下协议"。它被作为中国当代史的珍贵文物收藏。

小岗村，位于凤阳县东部 25 公里处，距南洛高速凤阳出口 15 公里，是安徽省滁州市凤阳县下辖村，因率先实行"大包干"而闻名全国，是中国农村改革发源地。小岗村从前是个出了名的穷村，1978 年，18 位农民以"托孤"的方式，冒着极大的风险，立下生死状，在土地承包责任书上按下了红手印，创造了"小岗精神"，拉开了中国改革开放的序幕。小岗村是一个标志，一个中国农民奋力掀起波澜壮阔的改革大潮的醒目标记。

值得品味的是，小岗村农民的"秘密协议"正好签订在党的十一届三中全会召开前夕。这不是巧合，而是说明了当时的"天下大势"，同时也是小岗村"包产到户"之所以能够获得成功的关键所在。

历史是人民群众创造的，但人民群众创造历史的活动和作用，又是受社会历史条件制约的。正像马克思说的："人们自己创造自己的历史，但是他们并不是随心所欲地创造，并不是在他们自己选定的条件下创造，而是在直接碰到的、既定的、从去承继下来的条件下创造。"

（三）历史人物在历史发展中的作用

历史人物是历史事件的当事人，他们在历史进程中能明显地留下自己意志的印记并能影响历史事件的外部特征。根据他们对历史影响的性质不同，历史人物又可分为进步的历史人物和反动的历史人物。

进步人物指能够反映时代要求、代表进步阶级利益、对社会发展起重大促进作用的历史人物，包括杰出的政治家、思想家、军事家、科学家、教育家、文学家、艺术家等。反动人物指逆社会历史潮流而动，代表腐朽没落阶级利益，对社会发展起阻碍作用的历史人物。反动人物终将被历史发展所抛弃，成为历史的罪人。

杰出历史人物对社会发展的推动作用表现在：第一，他们是历史任务的发起者，是构成具体历史事件的核心人物。他们比一般人站得高，看得远，承担历史任务的愿望比别人强烈。第二，他们是实现一定历史任务的组织者和领导者。历史活动从来不是许多个人活动的简单汇集，而是以一定方式有组织地进行的。杰出人物善于集中群众的智慧制订正确的计划和措施，组织领导人民群众在斗争中夺取胜利。第三，他们的活动对于历史发展的具体进程始终起着一定的作用，或加速或延缓历史任务的解决。但是，这种作用无论有多大，也不能决定历史发展的总趋势，也不能成为社会发展的决定力量。所以，对历史人物的作用应当作出恰当的估计，否认或夸大这种作用都是错误的，都是违背历史唯物主义的。

 案例链接

从张家港城区出发，向东北方向驱车20余公里，便到了江边上的永联村。永联村是30年前才从长江滩涂围垦而成的，曾是张家港最年轻、最小、最穷的村。1984年，穷透了的永联人，筹资30万元办起轧钢厂，寻求致富之路。没想到，永联人靠着一片赤诚之心，抢抓机遇，站在市场潮头，越过了一个又一个"险滩"，当年的轧钢厂如今发展成了总资产15亿元的轧钢集团——永钢集团，永联村也因而赢得了"中国第一钢村"的美誉。

永钢集团的董事长吴栋才，也是永联村的"当家人"，他从当年30万元起家办轧钢厂时地道的苏南农民，到成长为国内知名的钢企管理专家，始终不忘自己在永联村的使命。他率领技术人员开发了一个又一个市场最新的螺纹钢产品。同时，他又时刻惦记村里的田地、村中的乡亲，制定了一系列激励产业结构调整的政策，建起了高科技农业示范园区。在社会保障体系方面，如今的永联人看病不花钱，上学不交费，居住公寓化，每家用的管道液化气，一月只需交15元钱。村民"退休"或因病失去劳动能力，月最低生活保障收入达300元左右。集体经济的超常规发展，成为永联人的幸福之源！

时势造英雄，时势呼唤英雄，时势锻炼英雄，时势筛选英雄。一定的时势所造就的英雄必然带有时代的特征，任何历史人物都有历史的局限性和阶级的局限性，任何英雄人物的历史作用都不能超越其所处的历史条件，都要受到他所属的阶级利益和意志的制约。马克思评价历史人物的原则是历史唯物主义的科学态度和阶级分析的方法，这两条基本原则是互相联系的。

（四）无产阶级领袖对社会历史发展的作用

群众需要领袖。这是领袖与群众关系中重要的方面。没有自己的领袖，广大人民群众就会陷入自发、摸索和涣散的状态之中，就不能形成具有统一意志、统一行动的强有力的战斗集体，就不能取得斗争的胜利，就不能实现无产阶级的历史使命。而领袖也必须依靠群众，群众的领袖不能离开群众，必须依靠群众。

无产阶级的阶级本性和历史使命，培育了自己的领袖优于其他阶级领袖的优秀品质，他们甘心情愿地做人民群众的公仆，全心全意地为人民群众谋利益。他们最富有彻底的革命精神，坚持无产阶级的革命原则，鞠躬尽瘁、死而后已。他们坚持团结，遵守纪律，作风民主，无限信任群众，一切依靠群众，是坚持民主集中制和群众路线的模范。他们谦虚谨慎，不夸大个人的作用，善于开展批评和自我批评。人无完人，无产阶级领袖也是人而不是神，所以有了错误更应勇于承认和改正，并以身作则来教育全党和人民群众。

资料链接

马克思、恩格斯创立了唯物史观和剩余价值理论，使社会主义由空想变成了科学。列宁全面地、划时代地发展了马克思主义，特别是创立了关于帝国主义的理论，提出了无产阶级社会主义革命可能由一国或数国首先发动并获得最终胜利的新结论。毛泽东是中国共产党的创始人之一，他始终站在斗争的最前线。毛泽东和他的战友们把马克思列宁主义的普遍真理运用到中国的具体革命实践中来，领导中国人民取得了新民主主义革命的彻底胜利，取得了社会主义革命和社会主义建设的伟大胜利。在革命实践中进一步丰富和发展了马列主义理论，为中国革命贡献了唯一正确的指导思想。邓小平同志关于建设具有中国特色的社会主义理

论是马克思列宁主义基本原理与当代中国实际和时代特征相结合的产物，是毛泽东思想的继承和发展。十一届三中全会以来，在邓小平同志建设有中国特色社会主义理论指导下，我们党和人民锐意改革、努力奋斗，整个国家焕发出了勃勃生机，中华大地发生了历史性的伟大变化。这些都是同历史发展具有直接关系的伟大理论贡献。

作为中华人民共和国的公民为什么我们不能忘记自己的领袖？在对领袖的认识上你有没有不客观的表现？

二、群众路线是中国共产党的根本工作路线

群众路线，是中国共产党根本的政治路线、组织路线和根本的领导方法、工作方法，是我们在一切工作中克敌制胜的传家宝。群众路线是我们党把辩证唯物主义的认识论原理和历史唯物主义关于人民群众是历史的创造者的原理系统地运用在党的全部活动中所形成的，是长期的革命斗争和建设事业宝贵历史经验的总结。科学地概括和提出无产阶级政党的群众路线，是中国共产党和毛泽东同志对马列主义的重大贡献。

在新民主主义革命、社会主义革命和社会主义建设以及改革开放历史进程中，毛泽东、周恩来、邓小平等同志，结合不同时期的任务，对党的群众路线作了许多精辟的论述，使之不断丰富和完善，并为广大干部所掌握，变成巨大的物质力量，促进了革命和建设事业的发展。党的十一届六中全会《关于

党的群众路线是实现党的思想路线、政治路线和组织路线的根本工作路线，必须贯穿于党的全部工作中。各级领导干部要坚持工作重心下移，经常深入实际、深入基层、深入群众，真诚倾听群众呼声，真实反映群众愿望，真情关心群众疾苦，拜群众为师，向群众问计，从群众的实践中汲取营养、增长智慧，不断提高新形势下做好群众工作的本领。

——习近平

建国以来党的若干历史问题的决议》，对群众路线作了进一步概括，就是"一切为了群众"，"一切依靠群众"，"从群众中来，到群众中去"。一切为了群众，是党的根本宗旨的体现；一切依靠群众，是党的力量的源泉；从群众中来、到群众中去，是党的科学的领导方法和工作方法。

（一）一切为了群众

 案例链接

> "你是累死的啊，像你这样的好书记，太难得了。"前些日子，大包干带头人之一的严立华又照例去祭奠沈浩："你一个人来了小岗，清明了，我来看看你。也许当时我们就不应该按红手印把你留下……"
>
> 在小岗村工作的 6 年，沈浩不分白天黑夜，都在筹划着如何让"中国改革第一村"脱贫致富，乃至把名气打得更响。他的书桌上摆满了《乡村的前途》《中国农村金融调查》等上百本杂志书籍；一遇到重大决策，他都要找大包干带头人坐下来"拉拉呱"。
>
> 同样作为村干部，对比沈浩的务实作风，有些人惭愧了："工作做决策时，往往是村两委班子几个人坐在办公室一合计，想当然就去干了，不听群众意见，决策时'拍脑袋'，办砸了'拍屁股'，难怪群众反感。当干部，就不能玩花架子；当干部，就不能图虚名。"
>
> 可以说，沈浩在小岗村的 6 年，是小岗村发展最快的 6 年。2008 年底，村民人均纯收入已从 2003 年的 2300 元增长到 6600 元，112 户村民搬进了小区；大包干纪念馆等景点的修建，让小岗村成为国家 4A 级旅游景区；曾经没有一家工业的小岗村，现如今已引进项目 13 个，到位资金 2.3 亿元；南连通往省城的 101 国道、北至 307 省道的小岗快捷通道打通后，从村到县的路程缩短了 20 多公里。

中国共产党是无产阶级的政党，是工人阶级的先锋队，是全国各族人民利益的忠实代表。它把一切为了群众，全心全意为人民服务和一切向人民群众负责作为自己的宗旨和根本立场。也正因为如此，中国共产党在长期的革命斗争、社会主义革命和建设以及社会主义改革开放中，得到了广大人民群众的信任和支持，取得了一个又一个的胜利。

无产阶级是新的社会生产力的代表，是最进步的阶级，中国共产党是无产阶级和人民群众利益的代表，共产党人没有任何本党和个人的私利，一切为了人民群众，就是要全心全意为人民服务。一切为了人民是由我们党的无产阶级先锋队性质所决定的。离开了人民群众，共产党人的一切理想都不能实现，一切奋斗都变得毫无意义。因此，一切为了群众，全心全意为人民服务，这是共产党的根本宗旨。

名人名言

我们这个队伍完全是为着解放人民的，是彻底地为人民的利益工作的。

——毛泽东

全心全意为人民服务，一刻也不脱离群众，一切从人民的利益出发，而不是从个人或小集团的利益出发，向人民负责和向党的领导机关负责的一致性，这些就是我们的出发点。

——毛泽东

我们共产党人的最高利益和核心价值是全心全意为人民服务、诚心诚意为人民谋利益。作为党员和党的干部，都要经常思考和解决好入党为了什么、当干部干些什么、身后留下什么的问题，决不可为个人或少数人谋私利，而应该始终坚守共产党人全心全意为人民服务的精神家园。

——习近平

在一切为了群众问题上需要明确以下几个关系：

第一，必须正确处理好人民群众的根本利益与眼前现实利益的关系。国家处在经济转型中，经济进入"新常态"，为了更好地实现可持续发展，不可避免地要调整某些现存的经济利益关系，这就要求正确认识和处理好眼前利益和长远利益、个人利益和国家利益、局部利益和整体利益的关系，以实际行动为实现中国梦作出贡献。

第二，必须正确处理好对人民群众负责和对领导负责的关系。我们党的组织原则是民主集中制。不能把对上级负责和对人民负责对立起来，下级要对上级负责，而全党都要对人民负责，归根结底，正如毛泽东同志所说的，"我们的责任，是向人民负责"。对于党的机关或领导干部的任何缺点错误，人民群众都有责任也有权利提出意见和建议。开展批评和自我批评，遵守党纪国法，都是对人民负责的体现。

第三，必须正确处理好党员个人利益和群众利益的关系。人民的利益高于一切，这是每个党员思想和行动的最高准则。共产党员只有全心全意为人民服务和一切为人民利益着想的义务，而没有谋取私利的特权。没有人民群众的利益，也就没有党员的个人利益。当党员的个人利益与群众利益发生矛盾时，共产党员应自觉牺牲个人利益，无条件地服从党和人民群众的利益。

（二）一切依靠群众

 案例链接

杨善洲，男，汉族，云南保山施甸人。1951年5月参加工作，1952年11月入党，原任保山地委书记，1988 年退休，2010 年 10 月 10 日因病逝世。杨善洲同志几十年如一日，坚守共产党人的精神家园，无论是在职期间还是退休以后，他始终把党和群众的利益放在个人利益前面，始终淡泊名利、地位，始终公而忘私、廉洁奉公。1988 年退休后，他主动放弃城市优越的生活条件，带领家人和群众扎根大亮山义务植树造林 20 多年，逐步建成了占地面积约 5.6 万亩的大亮山林场。2009 年 4 月，他将活立木蓄积量价值超过 3 亿元的大亮山林场经营管理权无偿移交给国家。

杨善洲同志 60 年如一日坚守共产党人的精神家园，一辈子把党和群众的利益放在个人利益前面，一辈子淡泊名利，一辈子公而忘私、廉洁奉公。作为新时期的青年，我们应当以杨善洲同志为榜样，从自己做起，从现在做起，树立正确的人生观、价值观、利益观和世界观，扎实工作，艰苦奋斗，刻苦学习，不断创新，为党和人民的事业贡献自己的力量。

党的根本宗旨是一切为了群众，那么如何"为了群众"呢？是发动群众、组织群众，由群众自己提高自己，还是由少数"英雄"人物代替群众去包打天下，充当群众的"救世主"？这是如何贯彻群众路线的重要问题。

无产阶级政党的事业是人民的事业，党的路线、方针和政策的贯彻实施，都依靠和决定于人民群众的自觉与行动。做到一切依靠群众，必须注意以下三点：

一是要相信群众，尊重和支持人民群众的首创精神。社会主义建设事业是千百万人民群众的事业，只有人民群众才是历史的主人。我们必须坚定地相信和依靠人民群众，绝不可以低估人民群众的觉悟程度，要相信人民群众创造历史和求得自身解放，必须由群众的自觉自愿去争取。任何恩赐的观点、救世主的态度，都是错误的，那种主张"精英政治""精英治国""精英治厂"，主张淡化工人阶级主人翁地位的观点必须予以批驳。

二是要正确对待领导者的作用，坚持领导和群众相结合。依靠人民群众与人民群众拥护党的领导是一致的，任何正确的领导都是领导与群众的结合。群众的一切行动都必须建立在群众自觉自愿的基础上，领导者的责任就在于启发和提高群众的觉悟，在群众自愿的原则下，帮助他们组织起来，逐步地开展环境所许可的一切必要的斗争。

三是要虚心向人民群众学习。真理的产生是一个从实践到认识，再从认识到实践的不断循环往复的过程，也就是党向人民群众学习，总结人民群众的经验和智慧获得正确认识的过程。无产阶级的政党是人民的党，只有不断地总结人民群众的经验，然后升华为革命和建设的理论，再用以指导人民群众的实践，党才能保持自己的先进性，领导人民实现自己的目标。

毛泽东同志说过："群众是真正的英雄，而我们自己则往往是幼稚可笑的，不了解

这一点，就不能得到起码的知识。"无产阶级政党要学习马克思列宁主义理论，学习历史，学习外国经验，但最重要的是向人民群众学习。因为人民群众是社会实践的主体，他们的知识、经验最丰富最实际。毛泽东同志历来十分强调首先甘当小学生，虚心向人民群众学习，然后才能做先生。若不能认真地、经常地向人民群众学习，就势必脱离群众，使自己孤立起来，最终将一事无成。我们的干部特别是领导干部，在科学技术知识和专业知识还未达到应有的程度时，在缺乏领导经济和文化建设经验的情况下，应虚心地、自觉地、勤奋地向人民群众包括工人、农民、知识分子和一切有实践经验、丰富知识的人学习。

从红旗渠到小岗村、华西村，从大庆油田到三峡大坝，我们是如何依靠群众进行中国特色社会主义建设的？

（三）从群众中来，到群众中去

马克思主义认识论认为，认识来源于实践，又反过来为实践服务。因此，我们党"从群众中来，到群众中去"的群众路线的科学领导方法和工作方法同"从实践中来，到实践中去"的认识过程是完全一致的。作为社会实践主体的人民群众，在直接的物质资料的生产中，在社会和科学实践的活动中，有着丰富的实践经验。所以，党的一切领导者都必须注意群众的实践，不断地总结和集中群众的实践经验，经过"去粗取精，去伪存真，由此及彼，由表及里"的改造制作工夫，从而把群众的意见变成领导者的指导意见。我们党的一切路线、方针、政策，包括领导者的正确意见，归根到底，都只能来源于人民群众的实践，都是群众实践经验的概括和总结，都是由于顺应了亿万人民群众的意愿，符合人民群众的迫切要求，都是人民意志的体现。

人民群众的实践是一切科学的基础和源泉，又是检验一切科学真理的唯一标准。所以，"从群众中来，到群众中去"是一个无限循环、永无止境的过程，也就是"实践—认识—实践""群众—领导—群众"的一次比一次更高级的无限循环。这种把从群众中集中起来的意见又回到群众中坚持下去的过程就是理性认识回到实践的过程。

主观主义者在实际工作中不注重调查研究，只凭想当然办事。克服主观主义，首先要从认识上找原因，解决对党的群众路线的认识问题。其次要注重调查研究，遇事同群众商量，广泛听取各方面的意见。有的干部甚至是领导干部，尽管在主观上有为人民服务的愿望，但由于他们自以为是先进分子，自以为比群众高明，居高临下，盛气凌人，不虚心向群众学习，遇事不愿同群众商量。因此他们的主意和办法，就免不了在群众中碰钉子。出了问题，又不认真总结经验教训，反而责怪群众，强调原因，甚至滥用党的权威，损害党的威信和形象，导致人民群众产生对党的不信任情绪，这是我们必须引以为戒的。

群众路线是我们党的生命线，坚持党的群众路线，是我们党做好各项工作的根本。无论到什么时候，我们为人民服务的宗旨不能变，为人民办实事的原则不能变，依靠人民的力量解决问题的办法不能变，虚心向群众学习甘当群众的小学生的态度不能变。只有这样，才能始终保持党与群众的血肉联系，使我们的事业永远立于不败之地。

三、继承和发扬党的密切联系群众的作风

 案例链接

鱼水情深

战争年代和陶勇一块战斗过的同志，都发自内心佩服他密切联系群众的本领，说他不管走到哪里，都能很快获得驻地群众的信任，得到人民群众的拥护。对此，陶勇这样讲道："我哪有什么本领？环境这样艰苦，老百姓凭什么跟咱们走？我们是人民军队嘛，你实实在在地为群众办事，为人民打胜仗，群众就喜欢你拥护你，在群众中作威作福，群众就讨厌你。""关键是你要把自己当普通群众，我们和老百姓本来就是一家子嘛！"

每当部队住下之后，陶勇总是设法直接接近群众，同老乡聊天谈心，问寒问暖。干部战士时常看到，陶勇走在路上，老乡们不分男女，都跟他这个率领千军万马的"大司令"或主动打招呼，或亲热开玩笑，他身边还常前呼后拥地围着一群孩子。每当这个时候，陶勇也嘻嘻哈哈地同老乡谈笑，高高兴兴地和孩子们玩闹。

遇到群众有困难的时候，陶勇更是倾力相助。1946年春天，担任纵队司令的陶勇率领部队来到江苏盱眙地区整训。当时，这个地区长期遭受劫掠，群众生活困苦不堪，绝大多数人家都断了炊烟，有些人已被饥饿夺去了生命。陶勇心急如焚，立即组织部队开展节粮、献金运动。随后，他带头将自己的全部津贴和一些衣物献出，甚至将自己身上穿的军大衣都捐了出去。这次运动大大缓解了群众的饥荒问题，密切了军民关系。后来部队离开时当地群众都依依不舍地夹道欢送。

密切联系群众，是我们党的优良传统和作风之一。邓小平同志说："毛泽东同志倡导的作风，群众路线和实事求是这两条是最根本的东西。"改革开放以来，我们党的路线和各项方针政策，体现了人民群众的利益和意志，集中了人民群众的经验和智慧，得到了人民群众的拥护。但是也必须看到，近些年来不少同志头脑中的群众观念明显地淡

漠了，有些党员同人民群众的联系也大大削弱了，这种状况，严重妨碍了党的正确路线的贯彻执行，严重损坏了党的形象和声誉，这对于一个马克思主义的政党来说，不能说不是一个严重的问题。为此，要重温马克思主义关于人民群众创造历史的原理，重温我们党的群众观

名人名言

我们要坚持党的群众路线，坚持人民的主体地位，时刻把群众安危冷暖放在心上，把群众工作做实、做深、做透。

——习近平

点和群众路线，正本清源，澄清一些思想混乱，认真总结经验教训，采取有效措施，切实加强党同人民群众的血肉联系，进一步搞好党的自身建设，全心全意为人民服务。

（一）生机盎然的社会主义是由人民群众创立的

列宁说：生气勃勃的创造性的社会主义是由人民群众自己创立的。

社会主义建设所取得的一切巨大成就，是全体人民群众发挥社会主义积极性和创造性的生动体现；社会主义制度优越性的充分显示和最终胜利，还要靠人民群众的艰苦奋斗和创造精神的充分发挥。社会主义事业是人民群众的事业，人民群众的伟大创造力是社会主义事业蓬勃发展的动力和源泉。

社会主义公有制的建立，使人民群众成了生产资料的主人；社会主义民主制度的建立，使人民群众成了国家政治生活的主人；马克思主义意识形态主导地位的确立，为人民群众自觉创造历史提供了思想保证。如果离开了社会主义道路，人民群众就重新丧失其主人翁的地位，他们的积极性和首创精神就会受到压抑，甚至会被扼杀。因此，充分发挥人民群众创造历史的伟大作用，必须坚定不移走社会主义道路。

在社会主义条件下，仍然存在着生产力与生产关系、经济基础与上层建筑的矛盾。解决这些矛盾的基本方法是不断进行社会主义改革。建立高度的社会主义民主，才能从经济上、政治上充分调动人民群众建设社会主义的积极性。

群众的素质状况对社会的发展有重大影响，当代的社会实践愈来愈鲜明地显示出这一点。党中央明确地把劳动者素质的提高看成是科技的发展、经济的转型、社会的进步的一个决定性因素。它表明，马克思主义的政党非常重视创造历史的主体研究。

领导干部的民主作风如何，对于调动群众的积极性关系极大。领导干部作风民主，群众就会焕发出高度的积极性。领导者作风不民主，不尊重群众，群众的积极性就会受到压抑，得不到充分的发挥。因此，领导干部的作风问题直接关系到党和国家的工作成效。

议一议

你如何理解生机盎然的社会主义是由人民群众创立的？

（二）加强廉政建设，反对腐败

反腐败是世界性难题，也是执政党面临的生死抉择的课题。纵观我国十多年来的反腐倡廉之路，最重要的一点是既坚决惩治腐败分子，又努力从源头上预防腐败，惩防并举，逐步形成中国特色的反腐倡廉之路。

廉政建设是政权建设的重要组成部分，根本任务和目标是永远保持国家工作人员人民勤务员的公仆本色。廉洁是对从政人员的一种行为规范，即要求在金钱和物质面前做到不受贿、不贪污。各级领导干部都要严格要求自己，自觉遵守党的纪律，真正做人民公仆。要以身作则，带头发扬自力更生、艰苦奋斗、勤俭建国、勤俭办一切事业的精神，与群众同甘共苦，恢复和发展党同群众的血肉联系。

1. 加强廉政建设，开展反腐败斗争的迫切性

有些共产党员和领导干部，在物质利益的刺激下，进行违法犯罪活动，出现了以权谋私、贪污受贿、敲诈勒索、泄露国家机密、违反外事纪律、任人唯亲、打击报复、道德败坏等腐败现象。这些问题虽然发生在少数党员干部身

> 入于污泥而不染、不受资产阶级糖衣炮弹的侵蚀，是最难能可贵的革命品质。
> ——周恩来

上，但严重地玷污了党和国家的形象，败坏了改革的声誉。这个问题不解决，容忍这些腐败现象蔓延发展，我们党就会失掉人心，走向自我毁灭，就会从根本上脱离人民群众。因而，我们对反腐败斗争的长期性、重要性和艰巨性，必须有充分的认识，痛下决心，采取强有力的措施，同各种腐败现象作斗争。

 案例链接

　　1986年至2011年，刘志军在担任郑州铁路局武汉铁路分局党委书记、分局长，郑州铁路局副局长、沈阳铁路局局长，原铁道部运输总调度长、副部长、部长期间，利用职务便利，为邵力平、丁羽心等11人在职务晋升、承揽工程、获取铁路货物运输计划等方面提供帮助，先后非法收受上述人员给予的财物共计折合人民币6460万余元；刘志军在担任铁道部部长期间，违反规定，徇私舞弊，为丁羽心及其与亲属实际控制的公司获得铁路货物运输计划、获取经营动车组轮对项目公司的股权、运作铁路建设工程项目中标、解决企业经营资金困难提供帮助，使丁羽心及其亲属获得巨额经济利益，致使公共财产、国家和人民利益遭受重大损失。北京市第二中级人民法院经审理后认为，检察机关指控刘志军犯受贿罪，数额特别巨大，情节特别严重；犯滥用职权罪，徇私舞弊，致使公共财产、国家和人民

利益遭受重大损失,情节特别严重,事实清楚,证据确实、充分,指控的罪名成立,应依法惩处。

2. 加强廉政建设、反对腐败要做好的几项工作

一是开展"三个教育"。即全心全意为人民服务的党的宗旨教育,密切联系群众的优良传统教育,艰苦奋斗作风的教育。

全心全意为人民服务,是党的根本宗旨和一切工作的基本出发点。只有为群众办好事、办实事,解决群众迫切希望解决的实际问题,才能取得群众对党和政府的信任,提高政府和领导者的威信。如果领导者终日空话连篇,用不准备兑现的许诺搪塞和欺哄群众,就会在群众中丧失威信,无法号令三军。为群众办实事,是各级政府的根本职责,是各级领导干部应尽的义务。

加强密切联系群众的优良传统教育。那些脱离实际、脱离群众,高高在上、滥用权力,官气十足、动辄训人,不关心群众疾苦的作风,是同党的密切联系群众的作风根本对立的。

加强艰苦奋斗作风的教育。要发扬自力更生、勤俭节约、艰苦奋斗、艰苦创业的精神。在我们这样一个人口众多、基础薄弱的发展中国家进行社会主义现代化建设,必须长期坚持艰苦奋斗的方针。在当前"新常态"时期尤其需要发扬艰苦奋斗、勤俭节约的精神,做到克勤克俭,励精图治。只要我们自强不息地奋斗,就一定能克服前进道路上的困难。

二是坚持从严治党,严肃党的纪律。从严治党,必须提高党员的素质。陈云同志曾经指出,端正党风的关键是提高党员素质。无产阶级政党的力量和作用,主要不是取决于党员的数量,而是取决于党员的质量,取决于他们执行党的路线的坚定性和对共产主义事业的忠诚。要自觉学习党章、遵守党章、贯彻党章、维护党章,自觉加强党性修养。"要正确处理最广大人民根本利益、现阶段群众共同利益、不同群体特殊利益的关系,切实把人民利益维护好、实现好、发展好。"这样才能保证改革开放的进一步向深入发展,攻坚克难,才能凝心聚气,万众一心。

从严治党,必须严肃执行党的纪律,这是从严治党的关键。刹住某些歪风,"没有一点气势不行"。要坚决把腐败分子清除出党。因为腐败分子的行为严重破坏了党群关系,损害了党在群众中的崇高威望和形象,直接干扰了党的路线、方针和政策的贯彻执行,为党纪所不容。惩治腐败,要无禁区、全覆盖、零容忍,严肃查处腐败分子,着力营造不敢腐、不能腐、不想腐的政治氛围,在反腐败斗争中,发现一起查处一起,发现多少查处多少,有多少清除多少,绝不封顶设限,没有不受查处的"铁帽子王"。坚决而妥善地使不合格的党员退出党的队伍。党是工人阶级的先锋队,是有高度组织性纪律性的队伍。作为党员,就必须符合党员的标准,严格接受党的纪律约束,发挥党员应有

的先锋模范作用。在新的历史条件下，加强党风建设，从严治党，不能靠突击，不能搞政治运动，而要走依靠改革和制度建设的新路子，长期不懈地抓下去，努力把我们伟大的马克思主义政党建设好。

知识链接

中国社会科学院发布的《反腐倡廉蓝皮书：中国反腐倡廉建设报告 No.4》，盘点了 2014 十大反腐事件。报告指出，"资本俘获权力""权力撬动资本"的问题在一些地区和领域长期而隐蔽存在。随着一批省部级高官落马，党和政府惩治和预防腐败的努力得到高度认可。有腐必反、有贪必肃的成效深得民心。

蓝皮书指出，十八大以来先后有 53 名违反法纪的省部级干部被查处，其中 2014 年以来查处了 31 名。2009 年至 2013 年，全国检察机关查处职务犯罪案件 169792 件 228766 人，其中，贪污贿赂犯罪案件 130748 件 173839 人。

从涉案金额看，职务犯罪金额从几十万元、几百万元到上千万元甚至以亿元计，与以往涉案金额几万元、十几万元的情况相比，形成巨大反差。

蓝皮书还显示，2014 年 1 月至 10 月，检察机关共立案查办国家发改委官员受贿案件 11 件共 11 人，有 6 人涉案金额超过千万元。其中，从国家能源局煤炭司副司长魏鹏远家中搜查发现现金 2 亿多元，这成为新中国成立以来检察机关一次起获赃款现金数额最大的案件。

蓝皮书表示，中国党风廉政建设和反腐败工作取得新进展，中央将反腐进行到底的政治决心、政治信用和政治定力得到广泛认同，有腐必反、有贪必肃的成效深得民心，党和政府惩治和预防腐败的努力程度得到高度认可。

问卷调查显示，大多数干部群众对未来反腐败充满信心。在受调查人群中，93.7% 的领导干部、88% 的普通干部、84.8% 的企业管理人员、73.1% 的专业人员、75.8% 的城乡居民对未来党风廉政建设和反腐败工作表示有信心或比较有信心。

三是加强制度和法制建设，堵塞一切可能发生各种腐败现象的漏洞。在严肃执行党的纪律的同时，必须十分重视和紧抓廉政制度的建设，把克服党内腐败现象作为党的建设的长期任务来抓，完善管理，建立秩序。要办事公开，对群众举报要认真处理，建立和完善监督体系，加强对党和国家机关工作人员的监督和制约，要十分重视舆论监督。发挥民主党派和群众团体的监督作用。要按照干部管理规定和法律程序，吸收符合条件的民主党派和无党派人士担任各级监察部门的领导职务。要为他们在所在地区和单位发挥监督作用提供条件和方便。

（三）改进工作作风，克服官僚主义，提高工作效率

官僚主义现象是我们党和国家政治生活中存在着的大问题，它同党的密切联系群众的作风是根本对立的。在建设中国特色社会主义，实现中国梦的伟大征程中，如何对待群众，是否真心实意地相信和依靠群众，是关系到我们党的事业成败的关键。

官僚主义指脱离实际、脱离群众、做官当老爷的领导作风。例如不深入基层和群众，不了解实际情况，不关心群众疾苦，饱食终日，无所作为，遇事不负责任；独断专行，不按客观规律办事，主观主义地瞎指挥等。官僚主义有命令主义、文牍主义、事务主义等表现形式。官僚主义是剥削阶级思想和旧社会衙门作风的反映。官僚主义有它产生的原因：为人民服务的思想观念淡薄，源远流长的封建残余思想和资产阶级思想影响，使一些人沾染上当官做老爷的恶习。

小智治事，中智治人，大智立法。治理一个国家、一个社会，关键是要立规矩、讲规矩、守规矩。法律是治国理政最大最重要的规矩。推进国家治理体系和治理能力现代化，必须坚持依法治国，为党和国家事业发展提供根本性、全局性、长期性的制度保障。

——习近平

官僚主义的主要表现可以概括为三种：权力崇拜型、权力滥用型、权力寻租型。由于社会关系的复杂性，现实中官僚主义的三种表现并非截然分开，它们在很多情况下相互交叉、集于一体。

人民群众是我们的力量源泉和胜利之本。各级领导机关和干部，要彻底转变工作作风，自觉接受全心全意为人民服务思想的教育，经常开展辩证唯物主义和历史唯物主义世界观和方法论的教育，经常深入基层，深入群众，深入实际，倾听群众呼声，了解群众意见，宣传解释党的方针政策，认真解决群众普遍关心的问题，自觉遵守各项规章制度，求真务实，艰苦奋斗，不断提高自身素质，依法行事。在领导与群众关系上，做到政治上同心，思想上贴心，生活上关心。

四、青年学生要从群众中汲取丰富的营养

 案例链接

华佗拜师

华佗是东汉末年杰出的医学家。他精通医道，医术全面，尤擅外科，曾发明全身麻醉药物"麻沸散"用于剖腹开背、切除胃肠等大手术。特别是在他功成名

就之后，仍谦虚好学。华佗拜师学艺的故事，被后人传为佳话。

一次，华佗给一个年轻人看病，经望、闻、问、切之后，认为患者得了头风病。可是一时又拿不出治疗此病的药方，急得束手无策，病人也很失望。后来，这位病人找到一位老医生，很快就把病治好了。华佗知道后很是惭愧，便打听到老中医的住处，决心去拜师学艺。但华佗当时名噪四方，恐老中医不肯收他为徒，于是改名换姓，来到老中医门下，恳求学医。老人见他心诚，就收下了他。从此，华佗起早贪黑，任劳任怨，虚心好学，终于获得了治头风病的绝技。当华佗满师归来时，这个老中医才知道眼前这个徒弟就是名医华佗，他一把拉住华佗的手说："华佗啊，你已是名扬四海，为何还要到我这里受苦？"华佗把来意告诉了老人，并说："山外有山，学无止境。人各有所长，我不懂的地方就应该向您学习。"

华佗拜师、不耻下问的故事说明了既要参加实践又要学习间接经验的重要性。知识来源于经验。经验有直接经验和间接经验之分，直接经验固然重要，但一个人的生命和精力是有限的，人类在长期的实践中积累起来的间接经验是十分丰富的，也应该好好学习。

青年学生要坚持学以致用，深入基层、深入群众，在改革开放和社会主义现代化建设的大熔炉中，在社会的大学校里，掌握真才实学，增益其所不能，努力成为可堪大用、能担重任的栋梁之材。

（一）面向群众

马克思主义告诉我们，人民群众是实践和认识的主体。离开群众生机勃勃的创造性活动，忽视对群众实践经验的虚心学习和科学总结，任何切实的改革方案也不可能产生，任何美好设计都难以实现。

李瑞环同志讲过：群众最可敬，群众最可爱，群众最可怜，群众最可畏。"群众最可敬"，是说他们是历史的主人，历史上一切大的进步无一不是人民群众的功劳；"群众最可爱"，是说他们干的事情很多，要求却不高；"群众最可怜"，指的是我们决策失误时，后果谁承担呢？最终还是老百姓吃苦头；"群众最可畏"，是说若把群众得罪了，不管什么人都会垮台，"怨不在大，可畏惟人；载舟覆舟，所宜深慎"。

人民群众是历史的创造者，人民群众中蕴藏着无穷的智慧和力量。谁能学习人民群众的聪明才智和实践经验，谁就能丰富自己、拥有力量，在实践中无往而不胜，况且我们一切工作都是为了人民的利益。有的大学生思想品格和能力素质不如群众，特别是人民群众识大体、顾大局、吃苦耐劳、艰苦奋斗、积极创业的精神，许多大学生都不可比肩。所以，踏踏实实向人民群众学习，不仅能够改变我们的作风，使自己身上少些骄傲，

还可以净化自己的心灵，陶冶自己的情操，这对于我们立身做人也是十分需要的。

向群众学习，可以更好地深入群众，广泛调研，关注群众关心的问题，倾听他们的呼声，培养自己朴素的群众意识，从人民群众中汲取成长的营养。面向群众，可以了解他们的现实需求，增强自己的责任意识，可以看到自己的缺点与不足，培养自己科学的学习观。面向群众，可以不断培养自己艰苦不俗、勤俭节约的精神，懂得父母的艰辛、勤劳，感受到劳动的光荣。向群众学习，可以使自己积极参与社会实践活动，使自己变得充实、踏实。面向群众，可以使大学生更好地认识社会，树立科学的世界观，可以使自己心胸开阔，斗志旺盛。大学生要心系群众，和广大群众打成一片，加强与他们的联系，访民情，听民意，更好地体现出当代大学生的风采。

（二）面向实际

 案例链接

一个打工妹的故事

从"打工妹"到准"女首富"，45 岁的周群飞的故事颇为"励志"。

目前，外界关于这位成功的女商人的报道并不多见。一份政府发布的资料显示，周群飞担任着湖南省工商联和长沙市工商联的副主席。

上述资料称，周群飞于上世纪 80 年代，"随南下淘金人潮赴深圳打工"。有报道称，周群飞的打工地点是在深圳的伯恩光学有限公司。

"今天你迈过这个小坎，明天你就会迈过一个大坎。"周群飞在湖南一个活动演讲时透露，她在 20 多年的创业过程中，经历了多次坎坷，"两次把房子卖掉，给员工发工资"。

周群飞说，她最初从手表玻璃起家，相继创办了 11 家公司，"经历过日工夜读、白手创业的艰辛，体会过金融危机的剧痛，尝到过产业转型的压力和激烈竞争的残酷"。周群飞的身家或将因蓝思科技上市超过 460 亿元。2013 年 11 月，习近平总书记在长沙考察时还曾参观过蓝思科技。

马克思主义认为，实践是认识真理的来源，是检验真理的唯一标准，理论来源于实践，如果脱离了实际，就失去了活力。理论要联系实际，这要求我们，首先要吃透理论，重视实际对理论的基础作用，搞清实际，从而把从实际获得的感性认识，上升到对其本质的理性把握。我们要注重理论学习，认真读书，系统地掌握知识，要勤于学习，把学到的知识和技能消化和吸收，进而运用到实践中去。要有务实作风，肯于吃苦，还要有科学的方法，在唯物辩证法的指导下，把握事物的内在联系。

哲学家黑格尔有句名言："凡是存在的，都是合理的。"这里的存在，指的就是我们生活的现实世界。这个世界是千姿百态、包罗万象的。不管是自然世界还是人类社会，每天都有我们难以理解甚至难以接受的事情发生。特别是在我们的周围，用一般的良知和道德标准去衡量，不合理、不公平的事情时有发生。青年大学生要客观地认识自己，踏踏实实做人，不要好高骛远，认认真真做好每一件事，既不能随波逐流，也不能得过且过，更不能自暴自弃。这样才会使自己变得更加真实可信、扎实稳重。

 案例链接

马价十倍

有人牵着一匹骏马在集市上卖，整整站了三个早上，连上来问个价钱的人也没有。这人便去求见伯乐，说："我有一匹骏马，卖了三天都没人要。麻烦您老帮个忙，只消在我的马旁边站一站，看一看就行了。小人定有酬谢。"伯乐就踱到集市上，在经过马身边时瞟了两眼，又回头看了一下。人们听说后，蜂拥而来，抢着要买这匹马，马价立刻提高了十倍。

卖马人为什么要去求助于伯乐呢？目的很明确，就是要利用伯乐的行为来提高马的知名度，从而顺利地把马卖出去。这正说明了实践是有意识、有目的的能动性的活动。

要重视实践，同时要注重总结。当代大学生走上社会后，要面对的是纷繁复杂的社会环境。我们只有通过认真总结，才能知道哪些是成功的需要继续坚持，哪些是不足的需要予以弥补，哪些是失误的需要加以改正，从而发扬成绩，克服缺点，不断争取新的进步。

（三）面向基层

 案例链接

23年前，16岁的山东农村青年王钦峰初中毕业，在村子附近一家简陋的乡镇企业当了一名车工。

20多年中，王钦峰干过十六七个岗位，车铣刨磨、苦的累的、愿干的不愿干的，他都很认真地干，在岗位上，他付出了常人难以想象的努力，与企业一同成长。公司总工程师王晓东说："王钦峰是多面手、铁汉子，哪里有困难，他都能顶上去。他所在的企业山东豪迈集团成长为世界轮胎模具制造业领军企业，他也从熟练的

技术工人成长为工程师，成为企业的核心技术骨干。他为企业改进了80多项技术、装备，其中多项技术填补国家技术空白。他拥有自己的"技能大师工作室"，"劳模创新工作室"，指导博士、硕士研究生和大学生搞科研，硕果累累。在他的带动下，公司的青年科技人才成长迅速。模具加工二车间青工郭涛，改进了精车活字块时的对刀方式，大大缩短了对刀时间，提高了工作效率；模具加工一车间青工金延辉，自行设计制作了一个平行胀紧划线工装，可用于各种上盖的气槽划线，提高划线效率数倍……

　　一个普通的农村青年，在一家简陋的乡镇企业里，从基层做起，成为企业的核心骨干，成长为省劳动模范、全国劳动模范、全国人大代表，对我们青年学生来说，这就是榜样。

万丈高楼平地起。国家如一座巍峨壮观的大厦，地基结实，这座大厦就能高耸入云、巍然屹立。基层建设质量决定大厦的稳固程度，小基层承载着大国家、大社会，具有重要的战略地位。

当代大学生要认识到，到基层一线是有志青年学生成长进步的必由之路，到基层一线是锻炼自己、摔打自己、缩短适应期的重要途径。正是由于对旧中国社会的深刻了解，毛泽东才提出了农村包围城市的革命道路；没有在基层的长期工作，可能就成就不了中国身价最高的杂交水稻之父袁隆平；没有挑着担子沿街叫卖的经历，香港可能就少了亿万富翁李嘉诚。不想当将军的士兵不是好士兵，想不当士兵就能成为将军的人永远成不了将军。

基层特殊的环境有利于高校毕业生成长成才。基层是实践的前沿，是思想创新、政策创新的源头，到基层锻炼，不仅是学习专业技术的过程，更是思想解放和思维创新的过程，基层是出真知的地方。作为青年大学生，就是要多接近基层，到最接近真理的地方去，砥砺品质、锻炼作风、增长才干，只有这样才能更有利于拓宽自身的发展空间。

首先，基层是大学生职业生活的起始点。基层任务具体、事务繁杂，国情民意体现在基层，矛盾困难初发在基层。不深入基层，不了解实情，就会说外行话，办外行事，做局外人。人才的成长都是始于基层、达于基层，这是不以人的意志为转移的人才成长规律。

其次，基层缺乏人才，给大学生提供了更多的做事做人、成长成功的实践机会。大学生在基层会受到尊重，增添自信，感受到责任，如果积极去干，不断地实践，不断地思考，不断地积累经验，其知识、能力、素质在实践中就能迅速得到提升，会很快脱颖而出，为将来的发展奠定良好的基础。

再次，基层艰苦的生活和工作环境特别能磨炼人、成就人。基层是条件艰苦的地方。既有生活条件的不便，也有工作条件的欠缺，既有物质生活的清苦，更有精神生活的寂寞难耐。到基层能够磨炼自己的意志，锻炼体质和品质，基层是考验人、锻炼人、成就人的地方。不少毕业生已经在这一特殊的成才环境里获得了成功。

 案例链接

1/3、1/2 和 1

　　一个船夫在湍急的河流中驾驶小船，船上坐着一位哲学家。哲学家问船夫："你懂数学吗？""不懂。"船夫说。"你的生命价值失去了 1/3。"哲学家说。"那你懂哲学吗？"哲学家又问。船夫回答："更不懂。"哲学家感喟："那你的生命价值失去了 1/2！"正当哲学家与船夫继续交谈时，一个巨浪把船打翻了，哲学家掉到了河里。这时，船夫问："你会游泳吗？"哲学家喊："不会，不会！"船夫说："那你的生命价值就失去了全部。"

　　马克思主义认识论认为，实践是认识的最终目的，这就要求我们把读书和参加社会实践有机地结合起来，善于把书本知识转化为实践能力。一个人在文凭上体现的生命价值与在社会实践中体现的生命价值相比是微不足道的。我们只有把学习间接经验与获得直接经验相结合，通过与群众的实践相结合，熟悉工农群众，积累实践经验，才能全面地认识自己，克服自身的缺点和弱点。

 做一做

　　你了解基层吗？你会扎根基层踏实做事创业发展吗？

体验与践行

　　一、材料一：毛泽东说："群众是真正的英雄，而我们自己则往往是幼稚可笑的，不了解这一点，就不能得到起码的知识。"

　　材料二：建设中国特色社会主义全部工作的出发点和落脚点，就是全心全意为人民谋利益。不断改善人民生活，提高人民生活水平，是改革开放和发展经济的根本目的。

1. 如何理解毛泽东所说的"群众是真正的英雄"这一观点？

2. 两个材料之间有什么内在的联系？

3. 两个材料所体现的思想对我们的工作有什么指导意义？

二、荀子说："水则载舟，水则覆舟。"这句话充分说明了人民群众是历史的创造者。请简要评析。

三、据中央纪委监察部网站消息，按照"天网"行动统一部署，国际刑警组织中国国家中心局近日集中公布了针对 100 名涉嫌犯罪的外逃国家工作人员、重要腐败案件涉案人等人员的红色通缉令，加大全球追缉力度。

红色通缉令使我们进一步看到党中央惩治腐败的决心和力度，请说说你的体会。

四、以面向群众、面向基层、面向实际为题写一篇工作计划。

第二节　社会意识与社会主义精神文明建设

社会存在是一个自然历史过程，包含有丰富的内容，其中地理环境、人口因素和物质资料生产方式在社会发展中有着不同的作用。同社会存在相对应的社会意识，也有着复杂的结构和各种不同的具体形式，只有掌握社会意识各种形式的特点，才能更好地理解社会意识在社会发展中所起的作用。社会意识依赖于社会存在，而社会意识又具有相对独立性，并反作用于社会存在。这是历史唯物主义的一个重点问题，正确把握它，对于开展意识形态领域的科学研究和思想斗争具有重大的指导意义。同社会意识密切相联系的还有社会精神文明问题，社会主义精神文明建设是巩固和发展社会主义的具有战略性的任务，精神文明重在建设，必须两个文明一起抓，两手都要硬。

一、社会存在决定社会意识

 案例链接

古时候，有一个叫爱地巴的人，他一生气就跑回家去，然后绕自己的房子和土地跑三圈。后来，他的房子越来越大，土地越来越多，而他一旦生气，仍然要围着房子和土地跑三圈，哪怕累得气喘吁吁，汗流浃背。孙子问："阿公！你生气就绕着房子和土地跑，这里面有什么秘密吗？"

爱地巴对孙子说："年轻的时候，只要和人吵架、争论、生气，我就绕着自己的房子和土地跑三圈。边跑边想自己的房子这么小，土地这么少，哪有时间和精力去跟人生气呢？一想到这里，我的气就消了，也就有了更多的时间和精力来工作和学习了。"

孙子又问："阿公！现在你成了富人，为什么还要绕着房子和土地跑呢？"
爱地巴笑着说："我边跑边对自己说，看哪，我的房子这么大，土地这么多，又何必和人计较呢？一想到这里，我的气也就消了。"

历史唯物主义认为，社会存在决定社会意识，有什么样的社会存在，就有什么样的社会意识，社会存在的变化发展决定着社会意识的变化发展。社会意识具有相对独立性，对社会存在具有反作用，先进的社会意识对社会存在起积极的推动作用。上述案例中，爱地巴生气的时候，能够正确地看待问题，从而使自己的家境发生了变化，这一积极的生活态度是值得我们学习的。

（一）社会存在

所谓社会存在，是指人类赖以存在和发展的社会物质生活条件的总和，具体包括地理环境、人口因素和物质资料的生产方式，其中物质资料的生产方式是社会存在的主要方面。

地理环境（也称自然环境）是指与人类生活所处的地理位置相联系的各种自然物质条件的总和。它包括地理条件、气候条件、生态环境、自然资源等。地理环境是社会存在和发展所必要的物质前提，对社会存在和发展有重要的影响作用。人口构成社会生产的基础和主体，包括人口状况、数量、素质、结构等要素，人口因素是社会存在和发展的必要条件，它可以加速或者延缓社会的发展。地理环境和人口因素构成社会存在和发展的自然物质基础。地理环境对社会历史产生重要影响，它要求人们合理开发和利用自然资源，注意环境保护和生态平衡，提高人口素质，促进社会健康发展。但它既不能决定社会的性质，也不能决定社会制度的更替和发展。

物质资料的生产（生产方式）是社会发展的决定力量，是指人类为了获得物质生活资料而从事的生产劳动。包括生产力和生产关系两个方面，是特定的生产力和特定的生产关系的统一。社会发展史首先是生产发展史，是人类生产力和生产关系的发展史，这是历史唯物主义的根本观点。

（二）社会意识

社会意识是社会生活的精神方面，是社会存在的反映，指人的需要、欲望、选择、认知、思考、判断、推理、构思、观念等要素，以及人类社会全部精神现象与其过程的总和。

社会意识是在一定社会存在的基础上产生和形成的，是社会存在的反映，以社会物质资料的生产方式及其运动过程为基本源泉。

鲁迅先生曾说过："穷人绝无开交易所折本的懊恼，煤油大王哪会知道北京捡煤渣老婆子身受的酸辛。灾区的饥民，大约总不会去种兰花，像阔人的老太爷一样。"这表明，不同的人对同一事物的评价标准是不同的，一个人的评价标准即其社会意识的状况是由他所处的社会存在的具体条件决定的，是社会存在的反映。

社会意识具有复杂的结构。按照主体的不同，社会意识可以分为个人意识和群体意识。个人意识或个体意识是个人独特的社会经历和社会地位的反映。每个具体的、活生生的人都有自己的内心世界，并与他人的意识存在着各种各样的差异和区别。群体意识是一定的群体构成的社会共同体的意识，是群体实践的产物。不同的群体其意识的内容也存在着很大差别，不同的阶级就有不同的意识。

按照反映层次的高低，社会意识可以分为社会心理和社会意识形式。社会心理是一种低水平、低层次的社会意识，是指人们不定型的、处于自发状态的社会意识。具体表现为直接与日常社会生活相联系的感情、风俗、习惯、成见、自发的倾向和信念、愿望、审美情趣等。社会心理交织着感性因素和理性因素，但以感性因素为主，尚不具备自觉的理性形式。社会心理结构也是复杂的，可分为个体心理和群体心理。同社会心理相比较，社会意识形式是高水平、高层次的社会意识。它是人们系统化的、具有确定规范的、自觉的社会意识。社会意识形式是对社会存在的间接反映，是从社会生活中概括、提炼出来的，主要为理性形式。具体表现为政治思想、法律思想、道德、宗教、艺术、哲学、科学等不同意识形式。这也看出之所以把它们称之为"社会意识形式"，就在于它们之间有明确的分工和相对稳定的形式。

按照与经济基础关系的不同，社会意识可以分为作为上层建筑的意识形式（社会意识形态）和非上层建筑的意识形式。上层建筑的意识形式（或者说社会意识形态）包括政治、法律思想、道德、艺术、宗教、哲学和大部分的社会科学（例如经济学、政治学、法学、社会学等），它们从各自不同方面发挥着独特的作用。而非上层建筑的意识形式主要是指自然科学，也包括一部分社会科学和思维科学（例如语言学、修辞学、逻辑学等）。在阶级社会中，占统治地位的思想文化，本质上是经济上占统治地位的阶级的意识形态，因而具有鲜明的阶级属性。

在我国社会主义社会中，占统治地位的社会意识是马克思主义理论体系。在这种思想哺育下，千千万万的青少年茁壮成长，成就了一代又一代的英雄模范人物。因此，必须注重马克思主义思想教育，使更多的社会成员的个人意识与先进的社会意识相一致，更好地为建设社会主义现代化服务。当然，这并不是要求消灭意识的个性，而是要使每个社会成员尽可能掌握正确的指导思想和思维方法，以便更好地发展个人的智慧和才能，这不仅对社会，对个人的发展也有着重要意义。

（三）社会意识与社会存在的关系

 **案例链接**

负暄献曝

宋国有个农夫，披着破絮麻布熬过了冬天。来年开春，农夫在田里耕作，晒着太阳，感到浑身惬意，不知道天底下原来还有广厦温室和丝袄狐裘。他回头招呼妻子说："这般享受的办法，别人一定还不知道，等我们去告诉国王，肯定会有重赏。"

社会存在决定社会意识，社会意识是社会存在的反映。一个人具有什么样的社会意识，既受到社会生活的制约，也与其社会地位、生活环境和所受的教育等密切相关。上述案例中农夫有这样的想法，是由他的社会地位、生活环境和所受的教育等社会存在决定的。

1. 社会存在决定社会意识

社会存在决定社会意识，社会意识是社会存在的反映。主要表现在：（1）社会存在是社会意识内容的客观来源，社会意识是社会物质生活过程及其条件的主观反映。（2）社会意识是人们社会物质交往的产物。（3）随着社会存在的发展，社会意识也相应地或迟或早地发生变化和发展。

2. 社会意识具有相对独立性

社会意识有其相对独立性，即它在反映社会存在的同时，还有自己特有的发展形式和规律。主要表现在：（1）社会意识的发展变化与社会存在的发展变化不完全同步，社会意识往往落后于社会存在。但先进的社会意识具有超前性、预见性，它能够在一定程度上预见社会的发展趋势，成为社会实践的向导。（2）社会意识的发展同社会经济发展水平的不平衡性。（3）社会意识的发展具有历史继承性。（4）社会意识各种形式之间相互作用和相互影响。不同的社会意识以不同的方式反映着社会存在的不同方面，共存于社会之中。比如，一些文艺作品不仅是在一定的世界观指导下创作出来的，而且其本身就蕴含着丰富的哲理。

 案例链接

丑姑娘变靓法

有一位姑娘，常常为自己长得不美而自怨自艾。有一天，一位心理学家与她做了一番长谈，最后叫她去买一套漂亮得体的新衣服，请发型师做个好看的发型。然后，星期二晚上到他家去参加一个晚会。

星期二这天，这位姑娘做了一个得体的发式，买了一套合身的衣服。晚会上，她又按照心理学家的吩咐去做——热情地与大家打招呼，笑容可掬，举止得体，谈吐幽默。这使她成了晚会上最受欢迎的一位客人。

晚会后，新认识的朋友争相与她交往，这激发了她对生活的巨大热情，展现出身上蕴藏着的青春美，较以往判若两人。有人对这位心理学家说："你创造了奇迹。"心理学家说："是谁让她变美的？只有她自己。"

3. 社会意识对社会存在具有能动的反作用

社会意识对社会存在具有能动的反作用，这是社会意识相对独立性的最突出的表现。先进的社会意识对社会存在的发展起积极的促进作用；落后的社会意识对社会存在的发展起消极的阻碍作用，甚至暂时改变社会经济发展的前进方向，造成社会历史发展的严重曲折。

（四）社会存在与社会意识辩证关系原理的重要意义

它在人类思想史上第一次正确解决了社会历史观的基本问题，是社会历史观革命性变革的基础。正确认识社会存在与社会意识辩证关系的原理，对于我们正确而充分地发挥社会意识的能动作用，推动社会文化建设特别是先进文化的建设，具有重要的意义。在人类历史发展中，先进文化是有效地解决人类社会生存和发展中各种矛盾的精神武器；在现代，文化与经济和政治相互交融，在综合国力竞争中的地位和作用越来越突出。

二、社会意识与社会主义精神文明

名人名言

推进精神文明建设，根本的是巩固思想道德基础、激发团结奋进力量、弘扬社会新风正气。要着眼于实现中华民族伟大复兴的中国梦，深入进行理想信念教育，引导人们坚定道路自信、理论自信、制度自信。要主动适应经济发展新常态，针对改革发展中的矛盾和问题，做好思想引导工作，更好地坚定信心、鼓舞士气。要大力弘扬社会主义核心价值观，广泛开展面向群众的宣传教育和富有特色的主题实践活动，发挥好党员干部、道德模范、公众人物的引领作用，推动人们更好践行核心价值观。要切实加强青少年思想道德教育，发挥学校主阵地和主渠道作用，引导青少年崇德向善、知行合一。要深化文明城市、文明村镇、文明单位和文明家庭创建，突出价值引领、强化道德内涵，开展普法宣传教育和群众性法治文化活动，不断提升公民文明素养和社会文明程度。要高度重视基层文化建设，抓好基本公共文化服务，改善文化民生。

——刘云山

（一）社会物质文明与社会精神文明

物质文明是人类改造自然界的物质成果的总和，它包括生产力的状况、生产的规模、社会物质财富积累的程度、人们日常物质生活条件的状况等。一定的物质文明同一定的生产力水平相联系，是生产力发展状况的现实表现。物质文明所包含的各种因素越是充分发展，物质文明的程度也就越高。

资料链接

2010 年，中国就超过了美国，成为全球制造业第一大国。2010 年世界制造业总产值为 10 万亿美元。其中，中国占世界制造业产出为 19.8%，略高于美国的 19.4%；但如果用联合国的统计数字，按 2011 年年初的汇率计算，中国制造业产值为 2.05 万亿美元，而美国为 1.78 万亿美元，那么中国制造业产值高出美国就不只是 0.4%，而是高达 15.2%。

当然，其实中国比美国高出多少并不重要，重要的在于，美国从 1895 年直到 2009 年，已经在制造业世界第一的"宝座"上稳坐了 114 年，而中国制造业能够在产值上一举超过美国，这无疑是中国的一个伟大"历史性跨越"，创造了人类经济发展的新纪元。

社会精神文明是社会文明的组成部分，是人类在改造客观世界的同时改造主观世界的精神成果的总和，是人类精神生产的发展水平及其积极成果的体现。《中共中央关于社会主义精神文明建设指导方针的决议》指出："精神文明建设包括思想道德建设和教育科学文化建设两个方面。"由此可见，精神文明一方面是指社会的经验、知识、智慧和技能的状况，人们在科学、教育、文学、艺术、卫生、体育等方面的素养和达到的水平，以及与此有关的物质设施、机构的规模和水平，如学校、卫生保健设施、文化体育活动场所、博物馆、展览馆、宣传设施和机构、学术团体和出版物等的数量和质量，体现在这些领域的精神文明，可以简称为智力、技能的方面。另一方面，精神文明是指社会的政治思想、道德面貌、社会风尚，人们的世界观、信念、理想、觉悟、情操以及组织性和纪律性等方面的状况。体现在这些方面的精神文明，可以称为思想、道德的方面。一个社会的精神文明，是上述各种因素的综合成果。精神文明的各种因素越是符合社会前进发展的要求，这种精神文明的程度就越高。

物质文明是精神文明的物质基础，对精神文明特别是其中的文化建设起决定性作用。精神文明是物质文明的主导，为物质文明的发展提供思想保证、精神动力及政治保障、法律保障和智力支持。两者相辅相成，共同推动人类社会的文明进步。我们只有把物质文明建设和精神文明建设都搞好了，中国特色社会主义事业才能顺利向前推进。物质文明、政治文明、精神文明、生态文明构成一个四位一体的文明建设格局。

（二）社会主义精神文明建设的战略地位

名人名言

> 人民有信仰，民族有希望，国家有力量。实现中华民族伟大复兴的中国梦，物质财富要极大丰富，精神财富也要极大丰富。我们要继续锲而不舍、一以贯之抓好社会主义精神文明建设，为全国各族人民不断前进提供坚强的思想保证、强大的精神力量、丰润的道德滋养。
>
> ——习近平

首先，社会主义精神文明建设是全面建设小康社会的重要组成部分。高度发达的精神文明是社会主义现代化建设的重要战略目标，是建设文化强国、增强国家实力的重要保证。社会主义精神文明为改革开放和现代化建设提供强大的精神动力和智力支持，社会主义精神文明还是社会主义中国赢得同资本主义相比较的优势，实现中华民族在世界腾飞的重要精神条件。

其次，社会主义精神文明是社会主义社会沿着正确方向不断发展的保证和动力。社会的进步总是在物质文明和精神文明这两个方面的成果中表现出来的。因此，在我国社会主义现代化建设过程中，必须两手抓、两手都要硬，弘扬主旋律、汇聚正能量、树立新风尚，为实现"两个一百年"奋斗目标和中华民族伟大复兴的中国梦提供精神力量。

再次，社会主义精神文明建设是社会主义事业立于不败之地的重要条件。我们只有大力加强社会主义精神文明建设，努力提高全体人民的思想政治素质，自觉坚持四项基本原则，才能使帝国主义"和平演变"图谋失败，保证我们的社会主义制度不变颜色，实现民族复兴。

此外，我们在建设物质文明和精神文明的同时，还要不断建设高度的生态文明。生态文明，是指以人与自然、人与人、人与社会和谐共生、良性循环、全面发展、持续繁荣为基本宗旨的文化伦理形态。可以说，生态文明是人类对传统文明形态特别是工业文明进行深刻反思的成果，是人类文明形态和文明发展理念、道路和模式的重大进步。生态文明同物质文明与精神文明既有联系又有区别。它是在把握自然规律的基础上积极地能动地利用自然、改造自然，使之更好地为人类服务。

建设生态文明，是关系人民福祉、关乎民族未来的长远大计。面对资源约束趋紧、环境污染严重、生态系统退化的严峻形势，必须树立尊重自然、顺应自然、保护自然的生态文明理念，把生态文明建设放在突出地位，融入经济建设、政治建设、文化建设、社会建设各方面和全过程，努力建设美丽中国，实现中华民族永续发展。

知识链接

　　坚持节约资源和保护环境的基本国策，坚持节约优先、保护优先、自然恢复为主的方针，着力推进绿色发展、循环发展、低碳发展，形成节约资源和保护环境的空间格局、产业结构、生产方式及生活方式，从源头上扭转生态环境恶化趋势，为人民创造良好生产生活环境，为全球生态安全做出贡献。

　　　　　　　　　　　　　　　　　　　　　　　　　——党的十八大报告

（三）社会主义精神文明建设

名人名言

　　要坚持"两手抓，两手都要硬"，以辩证的、全面的、平衡的观点正确处理物质文明和精神文明的关系，把精神文明建设贯穿改革开放和现代化全过程、渗透社会生活各方面，紧密结合培育和践行社会主义核心价值观，大力加强社会公德、职业道德、家庭美德、个人品德建设，营造全社会崇德向善的浓厚氛围；大力弘扬中华民族优秀传统文化，大力加强党风政风、社会家风建设，特别是要让中华民族文化基因在广大青少年心中生根发芽。要充分发挥榜样的作用，领导干部、公众人物、先进模范都要为全社会做好表率、起好示范作用，引导和推动全体人民树立文明观念、争当文明公民、展示文明形象。

　　　　　　　　　　　　　　　　　　　　　　　　　　　　——习近平

我国社会主义精神文明建设的根本任务是：适应社会主义现代化建设的需要，培育有理想、有道德、有文化、有纪律的社会主义公民，提高整个中华民族的思想道德素质和科学文化素质。这个根本任务体现了社会主义经济、政治制度对社会成员的政治思想、道德素质、文化素养和民主、法制、纪律观念的要求。

目前，我国还处在社会主义的初级阶段，人的整体素质同建设现代化的需要还有很大差距。能否提高全民族的思想道德和科学文化素质，直接关系到我国现代化建设事业的成败。因此，我们要通过思想道德教育，用潜移默化的方式去培养人们的高尚

情操，人们的坚定信念，培养人们科学健康文明的生活方式，鼓励人们追求真善美、反对假恶丑。

要坚持马克思主义在精神文明建设中的指导作用。马克思主义是全人类精神文明的伟大成果，坚持以马列主义、毛泽东思想和中国特色社会主义理论体系为指导，是我国社会主义事业的根本，也是社会主义精神文明建设的根本。一个国家，一个民族，要同心同德迈向前进，必须有共同思想基础作支撑。

在全社会的理想建设上，我们必须切实加强对人民群众的共产主义思想和社会主义信念教育，这是社会主义精神文明建设的核心和中心环节。一方面要动员团结全国各族人民，为建设富强、民主、文明、和谐的社会主义现代化国家而奋斗，弘扬一切有利于民族复兴、民族团结、社会进步、人民幸福的积极思想和行为；另一方面，又要广泛开展对广大人民群众特别是共产党员和先进分子的共产主义的思想教育，以树立正确的世界观、人生观、社会观、价值观，树立崇高理想，振奋革命精神。共产主义理想是我们党的事业的精神支柱和力量源泉，我们要在全党全社会持续深入开展建设中国特色社会主义宣传教育，高扬主旋律，唱响正气歌，不断增强道路自信、理论自信、制度自信，让理想信念的明灯永远在全国各族人民心中闪亮。

在全社会的道德建设方面，要着眼于人的需要，将宏观的国家、民族、社会的需要与微观的家庭、个体、自我的需要结合起来，将理论的说服与情感的交流结合起来。同时，要大力提倡大公无私、为了人民的利益和幸福甘愿牺牲的共产主义崇高道德。把先进性要求和普遍性要求有机结合起来，从而形成引导人们和全社会不断前进的强大精神和吸引力量。

一个环卫大爷在扫地，当扫到一个女孩旁边时，美女随手将手上喝完的饮料瓶扔在了地上。环卫大爷看见了，上前捡起瓶子后顺便说：你不要乱扔垃圾，后面有垃圾箱。那女孩看了一眼环卫工人说："你们就是扫地的，都扔垃圾筒了，要你们干什么？我不扔，你们吃什么！"

看到这一幕你作何感想呢？

要改变党风、扭转社会风气、净化社会环境，光靠教育是不行的，教育不是万能的。因此，要把思想教育和法制教育有效地结合起来，要善于运用法律的武器打击精神领域的各种违法犯罪活动，扫除毒化社会风气的丑恶现象，使精神文明建设健康地发展。用法制推动精神文明建设，就必须建立、健全和完善精神文明建设的法规、条例、制度，做到有法可依、有法必依、执法必严、违法必究。

《导游领队引导文明旅游规范》是旅游行业标准文件，自2015年5月1日起实施。《规范》从法律法规、风俗禁忌、绿色环保、礼仪规范等总体的内容要求，到吃、住、行、游、购、娱，以及突发紧急情况的具体处理，都作出了相应的要求。《规范》还赋予了导游领队通过旅行社将严重违背社会公德、违反法律规范，影响恶劣，造成严重后果的游客向旅游主管部门报告，并经旅游主管部门核实后纳入《游客不文明行为记录》的权力。

　　要深入推进群众性精神文明创建，深化思想内涵，强化敦风化俗，坚持为民惠民，着力解决群众反映强烈的突出问题。要推动学雷锋志愿服务常态化，大力弘扬雷锋精神，宣传先进典型的感人事迹和崇高品格，形成志愿服务长效机制，激发人们向善向上的美好愿望。精神文明建设，建设的是理想信念，建设的是思想道德，建设的是文明风尚，最需要虚功实做，最忌流于形式，要大兴求实、务实、落实之风，努力创造经得起实践、人民、历史检验的实绩。

　　精神文明建设是人民群众的事业，必须坚持为了人民、依靠人民、造福人民。要树立群众观点、贯彻群众路线，顺应群众意愿开展工作，多办群众开得见摸得着的好事实事。要强化问题导向、树立法治思维，聚焦人民群众反映强烈的突出问题，深入开展诚信缺失、环境污染、旅游不文明、网络有害信息等专项治理。要以钉钉子精神抓好工作落实，对认准的事情和确定的任务，要狠狠地抓，一天不放松地抓，保持抓铁有痕的力度和一抓到底的韧劲，把两手抓、两手都要硬的要求落到实处。

三、社会意识与社会主义意识形态

　　社会主义核心价值体系是兴国之魂，决定着中国特色社会主义发展方向。要深入开展社会主义核心价值体系学习教育，用社会主义核心价值体系引领社会思潮、凝聚社会共识。推进马克思主义中国化时代化大众化，坚持不懈用中国特色社会主义理论体系武装全党、教育人民，广泛开展理想信念教育，把广大人民团结凝聚在中国特色社会主义伟大旗帜之下。大力弘扬民族精神和时代精神，深入开展爱国主义、集体主义、社会主义教育，丰富人民精神世界，增强人民精神力量。积极培育和践行社会主义核心价值观。牢牢掌握意识形态工作领导权和主导权，坚持正确导向，提高引导能力，壮大主流思想舆论。

——党的十八大报告

（一）社会主义意识形态的形成

社会主义意识形态是指以马克思主义为指导的、反映广大人民群众根本利益的、系统化的、理论化的世界观，是随着社会主义革命和建设的发展而不断丰富和完善的思想体系，是中国共产党建设有中国特色社会主义现代化事业所秉持的政治理想、价值标准、基本理论、基本纲领、基本路线与党和国家的各项方针政策、道德法规等的总称。

社会思想是人类社会生活的产物，只要有人类社会的生活，就必然有相应的社会思想存在。不同时期的社会结构、社会发展状况不一样，它的社会意识形态也不同，它的指导思想也不同。每个社会都有自己的主导意识，主导意识形态的形成既可能是各种意识形态自由竞争达成社会共识的结果，也可能是利益团体刻意维护的结果。也就是说，社会意识在社会发展中主导着人的思想意识，规范着人们的行为。

知识链接

社会形态	社会存在	社会意识
原始社会	氏族公有制	朴素的公有观念、平等观念、道德观念
奴隶社会	奴隶主占有制	宗法等级观念和制度、天命论等意识
封建社会	地主占有制	等级制、终身制、世袭制、专制独裁制意识等
资本主义社会	资产阶级占有制	自由平等博爱、个人主义、金钱至上等
社会主义社会	社会主义公有制	大公无私、为人民服务、集体主义等意识

资料链接

2015年清明节期间这几天，由解放军报官方微信"军报记者"和"当代海军杂志""冲锋号"等微信公众号发起的有关"军人生理学"现象的讨论火了。许多网站进行了转发，截至4月11日晚上9点，百度相关搜索条目达到了207万。

曾有一名军校学员在课间休息时走到教员面前说："您难道不看微博吗？您刚才讲的邱少云事迹，违背生理学常识，根本不可能！"文章对这种现象进行了批判，还交待了教员对此学员作细致的思想工作。然而，这一事例被商业网站及部分微博微信、客户端平台擅自重做标题《军校学生质疑邱少云：违背生理学常识根本不可能！》，转发后产生恶劣影响，负能量不容小觑。

"军人生理学"，因为看似一般人很难做到、用"常理思维"很难解释，确实让有的人理解不了。比如，有人就怀疑为什么在被火烧的情况下，邱少云能够做到趴着不动，自己却被烧痛一点就会跳起来；还有人恶意假借所谓专家的口吻，从"科学"的角度解释人体对疼痛的"承受极限"，称这种行为不可能。其实，这种所谓的"科学"是经过某些人主观选择的"科学"，不是对所有人都绝对适用的"科学"，里面没有考虑一些人在坚定信仰的支撑下所爆发出来的顽强意志力。

这两年，历史虚无主义一个火力点集中在对革命先烈、英雄的否定、抹黑和诋毁上，什么都可以"虚无"，什么都敢说"假"，"刘胡兰是假的"，"狼牙山五壮士是假的"，"黄继光是假的"，"邱少云是假的"，"雷锋是假的"……把网络新媒体搅成一潭浑水，让网友一头雾水。且不说历史虚无主义围绕先烈当年牺牲细节的考证如何经不起推敲，只看他们对牺牲先烈的态度就让有良知的广大网友怒不可遏：为国捐躯，献出了最宝贵的生命，仅此一点，英雄也不容亵渎！逝者竟然不得安息，壮举竟然演绎成笑料。

历史虚无主义网上"任性"的背后，是西方"和平演变"的图谋，而且已经成为"阳谋"。从颠覆苏联，到"玫瑰花革命""栗子花革命""郁金香革命""天鹅绒革命"，西方这些年以所谓"非暴力"方式挑战、颠覆目标国家的政权，在鼓动这些国家的民众进行"街头革命"之前，通常都把历史虚无主义作为一把利器。

令人警惕的是，历史虚无主义从学术领域走向网络，"任性"而为、肆无忌惮，而且走到年轻人包括高校学生的眼下、掌中，甚至影响了他们的思想认识。

马克思主义是社会主义意识形态的基础和灵魂，马克思主义的传入是中国社会主义意识形态形成的逻辑起点。以毛泽东为代表的中国共产党人在探索中国特色的革命道路中，始终重视思想政治工作和宣传工作，积极推动意识形态理论和实践的创新，完整地回答了中国革命面临的一系列问题，逐步形成思想体系——毛泽东思想。

新中国成立后，马克思主义上升为国家的指导思想。社会主义意识形态在新中国成立初期之所以能够成为主流意识形态，为广大人民群众所接受，正是因为中国共产党领导广大人民奋起反抗，挽救了民族危亡，结束了一百多年的屈辱的历史，将一个千疮百孔、积贫积弱的旧中国改造成了欣欣向荣的新中国，新旧中国之间的强烈对比为社会主义意识形态提供了强大的合法性基础。解放了的人们在马列主义毛泽东思想指引下，以高度的政治觉悟，满怀热情全身心地投入社会主义建设当中。

资料链接

毛泽东思想代表了国家和时代的意志

毛泽东作为一个伟大的思想家、政治家、军事家，不论从他为革命所付出的牺牲，还是他所拥有的智慧，以及他的历史功绩，都值得我们敬畏。

毛泽东思想开创了中国特色社会主义道路。从今天的中国来看，这条道路是非常成功的，不仅成就了中国，还可以改变世界。因为它使得现代化以来或者现代历史以来，人类发展的路径可以由一元真正变成多元，从一种模式可以变成多种模式。这是中国共产党人对世界的最大贡献。在这种贡献当中，绝对离不开毛泽东思想。

不了解毛泽东思想，就无法解释今天的中国，无法说清楚新中国从何而来、走向何方。对于历史，我们应该持以一种敬畏的态度，尤其应该对那些创造一个时代、代表一种时代精神的人保持一份敬畏之心。

毛泽东思想代表了国家和时代的意志，并且使这种意志转化为现实，为我们今天的道路做了重要铺垫。邓小平同志曾指出，如果没有毛主席，至少我们中国人民还要在黑暗中摸索更长的时间。今天所有的发达国家，都给予表达本国意志和时代意志的人无限的敬畏。

从近现代以至当代中国建构国家的历史来看，有三个人是绝对不能被忘却的：孙中山、毛泽东、邓小平。他们承前启后，把中国引上发展的正轨，使中国走上一条迈向成熟和成功的中国特色之路。

中国共产党与西方的政党完全是两个概念。中国共产党是以建构国家为其使命的，而不是以掌握政权为其使命，掌握政权是其手段，建构国家是其目的。所以，毛泽东讲建设新社会、建设新国家，是用政权来实现国家梦想，而不是用政权来实现政党利益。

从这个意义来讲，中国共产党是一个没有私利的政党。我们不能用概念化的眼光来看中国共产党，也不要用成见性的眼光来看中国共产党。对于现在的青年人，认识毛泽东思想和中国特色社会主义，有一样东西非常重要，那就是真正地认识中国，用自己独立的思考认识中国，千万不要被网络世界迷惑了自己的思想和判断力。从这个角度看，我们需要更多地学习、更多地思考。我们能够在这个过程中真正确立起自己健康的价值系统和科学分析问题的方法，受用一生，而这种受用一生不仅仅是思想上的，也是心灵上的。

改革开放以来，面对意识形态领域的诸多挑战，中国共产党认真总结意识形态工作的经验教训，总结苏东败亡的教训，在意识形态建设中采取了一系列的措施。如繁荣发展哲学社会科学，加强马克思主义理论创新，在坚持和发展马克思主义的同时，加强对其他社会思潮的整合，提出了"弘扬主旋律，提倡多样性"的方针，在搞好经济建设的同时，不断加强精神文明和意识形态建设。不断创新发展马列主义理论，形成中国特色社会主义初级阶段理论体系，确立了社会主义核心价值观。我国《宪法》规定："中华人民共和国是工人阶级领导的，以工农联盟为基础的，无产阶级专政的社会主义国家。"因此，广大人民在社会主义政治、经济、文化以及社会生活各个方面处于主导地位，社会主义意识形态的主体就是人民群众。

社会主义意识形态是涉及社会主义的政治、经济、法律、道德、宗教、艺术、哲学、军事等方面内容的思想观念，社会主义意识形态教育必须立足于社会主义的本质规定，党的十七大报告指出了社会主义的意识形态本质：社会主义核心价值体系本质是社会主义意识形态的本质体现。社会主义核心价值体系包括：坚持马克思主义的指导地位，树立中国特色社会主义共同理想，培育和弘扬民族精神和时代精神，树立和践行社会主义荣辱观。党的十八大报告把这四个方面概括为：富强、民主、文明、和谐、自由、平等、公正、法制、爱国、敬业、诚信、友善。这24个字作为核心价值观的基本内容，就是当今社会主义意识形态的本质内容。

（二）青年学生应牢固树立社会主义思想意识

社会主义意识形态是社会主义经济基础和政治制度的客观反映，是社会精神生活现象的总和，是社会意识在社会现实生活中的表现和表述形式。任何理论都来自于实践，有它的历史必然性和客观性，而且经得起实践的检验，理论要随着社会的发展不断创新、与时俱进，要充分体现实事求是的精神，当代学生要用历史的、发展的、联系的思想去认识问题、分析问题、解决问题。

青年学生要明确社会主义意识形态的丰富内涵，为自己的成长打下牢固的思想基础。任何社会思想都是社会生活的反映，是社会客观发展的需要。社会主义意识形态是先进文化的体现，有

名人名言

> 一个人能力有大小，但只要有这点精神，就是一个高尚的人，一个纯粹的人，一个有道德的人，一个脱离了低级趣味的人，一个有益于人民的人。
>
> ——毛泽东

很强的指导性，一个青年学生如果有思想就会有信仰，有目标就会有责任、有担当，要明确自己的历史使命，你们的现在就是祖国的未来。

当代大学生普遍重视实践能力，喜欢通过参与实际的操作来体验理论的精髓。马克思主义的传播、社会主义意识形态的吸引力和凝聚力与大学生的日常行为之间应该通过

创造生活、改善生活方式联系起来。我们一直期待的最高境界就是社会主义意识形态对于每一个大学生都能入脑、入心，最后变为每个人的社会行为。实践，且只有实践，才是强化马克思主义对大学生的话语主导权、增强社会主义意识形态吸引力和凝聚力的唯一途径。

青年学生要明确理论是发展的，与时俱进永远是理论发展的动力源泉。与时俱进是马克思主义的理论品质，也是增强马克思主义的说服力、吸引力、凝聚力、战斗力和整合力的关键。在社会发展中还要具体问题具体分析，面对社会转型时期出现的各种社会思潮，面对复杂的国际环境，面对国内外敌对势力或明或暗的颠覆和破坏，我们一定要坚持马克思主义在意识形态领域的主导地位，探索真知，求真务实，明辨是非，防微杜渐，以自己切实的行动书写美丽的青春画卷，无愧于关心、爱护、教育、帮助、养育你的人，无愧于这个伟大的时代。

人的思想与社会主义意识形态有何关系？与自己的成长有何关系？

四、继承和发扬优秀传统文化

中国传统文化博大精深，学习和掌握其中的各种思想精华，对树立正确的世界观、人生观、价值观很有益处。学史可以看成败、鉴得失、知兴替；学诗可以情飞扬、志高昂、人灵秀；学伦理可以知廉耻、懂荣辱、辨是非。

——习近平

优秀传统文化是中华民族现代精神支柱的血脉和源泉。中华民族现代精神支柱既是凝聚和团结中华各族人民、激发创造活力、增强我国文化软实力的中流砥柱，也是在相互激荡的世界文化大潮中提高民族自信心，增强中华文化魅力和吸引力，树立良好国际形象的重要精神力量。

传统的中国文化是一个以伦理为核心的文化系统，有很强的思想基础。中国人崇奉以儒家"仁爱"思想为核心的道德规范体系，讲求和谐有序，倡导仁义礼智信，追求修身齐家治国平天下全面的道德修养和人生境界。可以说，思想道德建设是中华文化脉动几千年的核心力量。

中国传统文化注重人的价值，强调以民为本。早在千百年前，中国人就提出"天地之间，莫贵于人""民为邦本，本固邦宁"，主张治国须利民、裕民、养民、惠民。我们继承发扬这些优秀传统文化，就是要坚持以人为本，坚持发展依靠人民、发展为了人民、发展成果由人民共享的原则，把人当做主体、把人当做目的，关注人的生活质量、发展潜能和幸福指数，最终实现人的全面发展，重视人的精神生活。中国传统文化注重"和而不同"，强调社会和谐。

中国传统文化注重坚韧刚毅，强调自强不息。"天行健，君子以自强不息。"中华民族之所以能在五千年的历史进程中生生不息、发展壮大，历经挫折而不屈，屡遭坎坷而不馁，靠的就是这样一种奋发图强、艰苦奋斗、坚韧不拔的精神。在社会主义建设、改革的不同历史时期，中国人民所展现出的进取精神、创造热情与顽强毅力，在应对各种艰难困苦和严峻挑战中焕发出来的伟大力量，正是这种自强不息精神的生动写照。

中国古代已经有了初步的和谐思想，即不向自然界永无休止地去索取，追求人与自然界、人与人之间的和谐统一。"天人合一""大地与我并生，而万物与我为一"说明了人与自然是一个统一的整体，人只是其中的一部分。人要遵守自然界的规律，必须正确处理好人与自然的关系。我们在现代化的历史进程中，必须强化对"天人合一"的科学认识。

中国传统文化注重"协和万邦"，强调亲仁善邻。中华民族历来爱好和平。中国在对外关系中始终秉承"强不执弱""富不侮贫"的精神，提倡"海纳百川，有容乃大"的胸怀，主张吸纳百家优长、兼集八方精义。靠自己的实力来影响周边国家，来影响世界，而不是靠拳头，当然不是我们拳头不硬。今天，我们继承爱好和平的优良传统，通过维护世界和平来发展自己，又通过自身的发展来促进世界和平，推动建设一个持久和平、共同繁荣的和谐世界。

知识链接

中国传统文化在个人理想追求上，主张"修齐治平"。《礼记·大学》："大学之道，在明明德，在亲民，在止于至善。""物格而后知至，知至而后意诚，意诚而后心正，心正而后身修，身修而后家齐，家齐而后国治，国治而后天下平。"儒家认为，自天子以至于庶人，当以修身为本。古人把正心诚意的修养，道德修养的至善，看成是治家、治国、稳固天下的根本。"天下兴亡，匹夫有责。"这么一种积极向上的个人理想追求，影响着中国一代又一代的志士仁人不断地克己复礼、修身养性，不惜为之奋斗一生。而在社会理想上，追求大同理想，追求"大道行也，天下为公"的大同社会，达到"大道既隐，天下为家"的理想社会。

中华民族是在世界上留下印记最早的国家。中国文化的海纳百川、兼容并包、博大精深，正是其思想性的体现，中国传统文化塑造了中华民族醇厚中和、刚健有为的人文品格和道德风范。当今社会发展越来越快，正在进入全面转型时期，对人的素质要求越来越高。作为青年学生要把继承中国传统文化和加强意识形态教育结合起来，弘扬中华民族优秀传统文化，提升自己的精神境界。

同时应当看到，作为历史产物的中国传统文化也有其历史局限性，集中表现为封建主义腐朽思想文化。比如，官僚主义、等级观念、特权思想、家长作风、迷信思想等。在当今社会，这些腐朽思想文化的影响依然存在。封建主义腐朽思想文化腐蚀人的心灵、败坏社会风气，影响和阻碍社会发展。

弘扬传统文化与精神文明建设以及人的思想政治觉悟的提高有何关系？

社会主义意识形态本身就是一种文化现象，也是一种新的文化思想的体现，马克思主义与中国以儒家思想为主流的文化思想之间存在着一些相通之处。从内容上说，儒家"躬行"与马克思主义的实践学说、中国哲学的相生相克与马克思主义的辩证法、

> 任何思想，如果不和客观实际的事物相结合，如果没有客观存在的需要，如果不为群众所掌握，即使是最好的东西，即使是马克思主义，也是不起作用的。
> ——毛泽东

传统文化中的"大同社会"与马克思主义的社会理想之间，都有某种契合和相通之处；从形式上说，将中国化了的马克思主义确立为指导思想，满足了中国社会客观上存在着的需要一个统一的主流思想的文化愿望，以此来维系社会关系，稳定社会秩序，符合中国的历史文化特点。从某种意义上说，传统文化也是意识形态，以儒家思想为中心形成的中国传统文化的稳定结构和文化模式作为一种动态的现实，其所蕴涵的价值理念和思维方法，成为马克思主义在中国传播与发展、并为人们选择和接受的思想文化基础。

当代中国主导意识形态作为一种文化现象已融入中国文化之中，成为中国文化的一个有机组成部分，建设社会主义先进思想文化，必须继承和发扬中华优秀传统文化，把中华优秀传统文化在当代中国创造性转化、实现新的升华，与现代文明相融合，表现社会主义的时代生活和时代风貌，揭示现实社会关系的本质和历史发展趋势，体现社会主义的时代精神，自觉实现民族文化现代化的转换，从而凝聚实现中国梦的强大内生力量，建设文化强国。

五千年的文明延续至今的底蕴，一旦被激发出来，其能量是巨大的。真正让世界为之惊叹的，是中国企业在网络和软件产业的发展。当整个欧洲大陆都被谷歌、苹果、Facebook、亚马逊等西方网络巨头霸占时，它们吸收大量广告财富，摧毁书商，"逼得"开发商们不得不把应用程序以低廉的价格出让给他们。

中国网络业的发展却对这些企业建起了"铜墙铁壁"，这种现象在世界上是独一无二的：在中国，有可以和谷歌对抗的百度，有可以和Facebook对抗的微博、QQ空间和人人网，有可以与Ebay和亚马逊对抗的阿里巴巴，有可以和YouTube对抗的土豆优酷视频，更有中国自主研发的Kylin操作系统，使得Windows的地位岌岌可危。

中国成为唯一一个没有被美国的网络巨头所"侵蚀"的国家。现在阿里巴巴已经在纽约上市，不仅是源于经济及法律上的原因，更是因为马云及其所带领的团队走向世界顶尖的雄心。

为什么中国成为唯一一个没有被美国的网络巨头所"侵蚀"的国家？认真分析一下，看看有没有新体会。

面对西方的文化渗透，面对历史虚无主义思想的泛滥，要牢牢把握先进文化的前进方向。在当代中国，发展先进文化，就是以马克思主义为指导，以培育有理想、有道德、有文化、有纪律的四有公民为目标，发展面向现代化、面向世界、面向未来的，民族的、科学的、大众的社会主义文化。牢牢把握先进文化的前进文化，关键在于坚持马克思主义在意识形态领域的指导地位。

知识链接

要大力弘扬传统文化中注重整体利益、国家利益和民族利益的精神，强调对社会、民族、国家的责任意识和奉献精神，批判和克服当前日益严重的极端个人主义思想；大力弘扬传统文化中重视人格修养、注重道德教化和品德熏陶的精神，批判和克服当前日益突出的道德滑坡和精神颓废倾向；大力弘扬传统文化中的修身处世、治国理政的理论和智慧，批判和克服当前日益蔓延的自私自利、拜金主义、享乐主义。

议一议

中文是全世界使用最广泛且发展最快的语言。现在美国的很多学校也开始教中文，因为这些孩子们未来可能会用到这门语言（哪怕只是一点点）。事实就是，中文正在变得越来越流行，每天在美国的有关网站上，都有人喊着说"教我说/读/写中文吧""我怎样才能学会中文呢""我该从何开始学起呢"。

面对中文在西方国家正变得越来越流行的趋势，这说明了什么问题？我们自己应怎么办？

中华民族的民族精神，是中华民族走向伟大复兴最宝贵的精神支柱与力量源泉，是我国文化软实力的首要资源和重要基础。通过优秀传统文化的教育和传播，重新树立民众的民族自尊心和自信心，形成认同中华文明的时代意识和振兴中华文明的使命意识。要打造具有中国特色、中国风格、中国气派的哲学社会科学理论学术话语体系，讲好"中国故事"、解读"中国道路"、传播"中国价值"，全面提升中国文化软实力。

资料链接

世界上一些有识之士认为，包括儒家思想在内的中国优秀传统文化中蕴藏着解决当代人类面临的难题的重要启示。比如，关于道法自然、天人合一的思想，关于天下为公、大同世界的思想，关于自强不息、厚德载物的思想，关于以民为本、安民富民乐民的思想，关于为政以德、政者正也的思想，关于苟日新、日日新、又日新、革故鼎新、与时俱进的思想，关于脚踏实地、实事求是的思想，关于经世致用、知行合一、躬行实践的思想，关于集思广益、博施众利、群策群力的思想，关于仁者爱人、以德立人的思想，关于以诚待人、讲信修睦的思想，关于清廉从政、勤勉奉公的思想，关于俭约自守、力戒奢华的思想，关于中和、泰和、求同存异、和而不同、和谐相处的思想，关于安不忘危、存不忘亡、治不忘乱、居安思危的思想，等等。中国优秀传统文化的丰富哲学思想、人文精神、教化思想、道德理念等，可以为人们认识和改造世界提供有益启迪，可以为治国理政提供有益启示，也可以为道德建设提供有益启发。

建设新文化，我们还应该吸取外国的先进文化。只要是能为我们所用的，都应该吸收。但是一切外国的东西，如同我们吃的食物一样，有精华的部分，也有糟粕的部分，取其精华，去其糟粕，才能对身体有益，决不能生吞活剥地毫无批判地吸收。要做到以我为主，为我所用。

体验与践行

一、用社会存在与社会意识的哲学原理分析一下你自己。

二、大兴区富力华庭苑数十名业主出门时大吃一惊，停在小区外路边的爱车被泼上臭气熏天的粪便。车主怀疑系物业所为。对此，物业予以否认，称已经报警。

富力华庭苑小区位于隆兴大街两侧，分东西两个区，共1700多户。前天下午3点，记者来到富力华庭苑，两区正门均有保安站岗。路边两辆私家车没有清洗，沾满粪便的车身恶臭扑鼻。近百米路边也污秽不堪、散发着恶臭。

"早上6点，我出门发现停在路边的车都沾满了粪便。"车主杜女士说。小区多名业主证实，小区门前至少有40辆车被泼粪。

"小区没有停车位，建有一个地下停车库。"小区业主向记者介绍，3月27日，物业贴出通知称将临时启用地库，但业主需缴纳2000元押金才能办停车证，而且车停地库出问题物业不负责。对此，部分业主表示不能接受，拒绝交押金并将车停在了小区外路面。车辆遭泼粪后，车主们怀疑系物业所为。

昨天下午，北京恒富物业有限公司一名工作人员称，泼粪绝非物业所为。当天接到居民电话后，物业便主动报警。小区内监控都指向小区院内，所以未发现事发路段的监控画面。

用学过的知识分析原因，并谈谈你的认识。

三、上海电视台有一档调解节目叫一呼柏应，主持人柏万青算是调解类节目中较知名的主持人，现在还是人大代表。

记得三四年前有一集节目，主角是个中年妇女，她当初是被拐卖的，生了两个儿子，儿子成年后她有了一定的自由便来到了上海，坚决不回去，之所以上这个节目是她儿子找到了她，让她回去。儿子结婚需要钱，以后生了孩子也要人带。父亲或者应该说是买家自然也想让女人回去，而母亲不愿意。

令人震惊的是，调解人也强烈劝说女人跟老公孩子回去，在场观众甚至有人指责女人作为母亲没有责任感。

在中国法制建设最完善的城市，主流媒体和民意的代表居然对背后的拐卖犯罪行为视而不见，反而抱着息事宁人的态度劝受害人回到迫害她的家庭，被害人想把握得之不易的自由人生反而被认为是一个不负责任的母亲。

你认为这个妇女该不该回去？主流民意的根源在哪里？

四、结合自身实际谈谈青年学生应如何加强意识形态教育，坚定理性信念，不断提高思想觉悟，成为全面实现小康社会的主力军？

五、分析一下，你有没有思想？你的思想体现在哪里？

第三节　用社会主义核心价值观引领人生

案例导入

张天翼，海南职业技术学院 2006 届电子商务专业毕业生。现任海南网创网络科技公司总经理，上海网楷网络科技创始人，上海互联网联谊会副会长，海南省电子商务协会副秘书长。

高中毕业后，张天翼选择了海南职业技术学院电子商务专业。在校学习期间，他是大家眼中的叛逆少年，将自己大部分时间都花在了网络上。然而，他说："我并不是像有些人那样迷恋网络的虚拟，我在玩这些的时候，是带着一种体验、分析的心态。"所以，当一些同学还在抱着书本大背理论时，张天翼的实践操作早已"炉火纯青"。建网站、打网游、开博客……在学校两年时间里，张天翼一个人在网络的世界里玩了很多花样，他曾自建一个小说网站，点击量竟然也还不错。

大二年末，张天翼花了两个月，背下考证书籍的重点内容，成功拿到电子商务师证，开始了独闯上海之路。

"那些 5 分钟就能看完的内容，我干吗非得花 45 分钟傻坐在那里。"张天翼继续着自己的网络研究。毕业后，张天翼尝试了多份不同的工作，因为他始终相信，立志要趁早，所以有些工作，仅仅只是他为了锻炼一下自己缺乏的一些能力。而在这些锻炼中，他结识了很多互联网界的精英，而他也成为一月一次上海站长（各种网站站长）聚会的发起人之一。

2009 年，张天翼和两名好友成立了一个网络营销的工作室，后来又将工作室发展成公司，而此时恰逢张天翼过年回家探亲。张天翼调查发现，海南几乎没有网络营销方面的公司，海南的前景非常好，他希望能在家乡发展自己的事业。2010 年年底，张天翼创办的网创网络有限公司正式在海口成立，和上海的公司遥相呼应，两地人力资源共享。租办公室、招员工、添置设备……张天翼几乎一手操办了所有事。

如今，张天翼更为忙碌了，随着公司接单越来越多，张天翼不但要做上海那边的工作，还要筹划海南公司的拓展。然而，越是忙碌，张天翼越是斗志昂扬，因为他的座右铭都是那么的另类，"人生在世，无非是寻找一种死亡方式，要么重于泰山，要么轻于鸿毛！"

 思考　张天翼正为自己的"重于泰山"努力奋斗着！一个青年学生以自己对生活的体验，去深切地感受生活、体验人生，从他身上你是不是看到自己的影子，你有没有他的感受呢？

一、人类社会发展的总趋势是不断进步的

社会进步（或历史进步）的概念是对社会前进发展的总概括，它包括社会形态的更替，社会物质生活、政治生活和精神生活等社会基本生活领域的进化和变革。社会发展的基本趋势是前进的、上升的，是推陈出新、由低级到高级的合乎规律的具体历史过程。

社会进步首先突出表现在社会形态由低级向高级发展的具体历史过程。当社会形态由低级向高级发展，生产力就会得到解放，并促进整个社会的发展，从而使社会无论在经济、政治和思想文化等方面，都呈现欣欣向荣的局面。这就把人类社会的历史推向了一个新的阶段。社会形态的每一次质的飞跃，都是社会进步的一个新的里程碑。其次，社会进步也表现在同一社会形态的发展过程中。任何一种社会形态都会按照辩证法和它的历史必然性有所前进、有所发展，都会在这一社会形态的范围内进行某些改革和调整，从而或多或少地推动着生产力和整个社会生活的不断进步。对于历史上依次出现的各个社会形态，应当肯定它们在社会进步中的地位。因为它们都在不同程度上推动了社会生产力的发展，使人民群众的物质生活有了提高。当然，社会的前进运动并不是直线上升的，而是曲折发展的。

社会进步的原因在于社会基本矛盾，即生产力和生产关系、经济基础和上层建筑的矛盾。社会进步是人民群众根本利益的要求。人民群众是新的生产力的代表，是社会变革的决定力量，只有人民群众才能推动社会不断发展和进步。生产力是社会发展的最终决定因素，社会发展是一个辩证否定即"扬弃"的过程。人类社会发展的总趋势是不断进步，这是社会基本矛盾运动推动的结果，是任何力量都无法抗拒的客观规律，是历史辩证法。否认社会进步的历史循环论和历史悲观主义是没有根据的，是没落阶级的思想，应该受到批判。

我们必须坚持发展的观点，用发展的观点去观察和处理实际问题。我们研究任何问题，都不能割断其发展的历史过程，既要考察它的过去，又要分析它的现状，还要预见它的将来，只有这样才能正确地把握事物的来龙去脉，预见事物发展的未来。我们认识事物，更要注意分析事物的特点，既看到事物之间的联系，又看到它们彼此之间的差别，

具体问题具体分析，这是马克思主义的一个重要原则，也是在一切实际工作中遵循的基本方法。坚持发展的观点，需要我们不断地解放思想、实事求是、与时俱进，不断创新，适应社会发展的需要。

例如，我们观察、分析一个同学，就要把他的成长看成是一个变化发展的过程，既要分析他原有的基础，又要考察他现在的表现和水平，还要看到他继续努力将会取得的成绩。否则，连这个同学是进步还是退步都不能做出正确的判断，更谈不不上对他进行正确的认识和评价。

 案例链接

楚人过河

　　楚国人想袭击宋国，派人先去测量滍水的深浅并做好标志。但滍水突然大涨，楚国人不知道，依旧按原来的标志在深夜里偷渡。结果被淹死了一千多人，楚军万分惊恐。原来测量时是可以渡过去的，现在河水已经上涨了，而楚国人还是按照旧的标志渡河，因此遭到了失败。

　　事物是变化发展的，人的认识也应随着客观事物的变化而变化。河水时涨时落，不断变化，人的认识也应随之变化，绝不能停滞不前、头脑僵化。如果把事情看成是静止不变的，不去适应新的情况，采取新的措施，结果必定遭到失败。

在社会发展的历史进程中，遇到问题有时光具体问题具体分析是不够的，还要认清形势，分清主次，把握重点。在一个复杂的事物中往往存在着许多矛盾，这些矛盾的地位和作用是各不相同的，这就要分析主要矛盾和次要矛盾。

主要矛盾是指在复杂事物中起着领导和决定作用的矛盾，由于它的存在和发展，规定或影响着其他矛盾的存在和发展。次要矛盾又称非主要矛盾，是指在复杂的矛盾体系中居于从属地位的矛盾。矛盾不仅有主次之分，矛盾着的两个方面还有主次之别。矛盾的主要方面，是指在矛盾的两个方面中，处于支配地位，起主导作用的方面；相反，处于被支配地位的矛盾方面则是矛盾的次要方面。

主要矛盾在事物发展中处于领导地位，起着决定的作用，这就要求我们在观察和处理复杂问题的时候，首先要抓住它的主要矛盾，"牵牛要牵牛鼻子"，"好钢要用在刀刃上"，"力气要用在节骨眼上"，"工作要做在点子上"，这些生动形象的说法，都是指的要抓主要矛盾。我们常说的抓中心，抓关键，抓重点，也是要我们集中力量去抓主要矛盾。只有这样，才能比较顺利地解决其他矛盾。主要矛盾和次要矛盾是相互联系、相互影响、相互作用的，次要矛盾处理得好，可以为主要矛盾的解决创造条件，处理得不好，则会给主要矛盾的解决增加困难。

案例链接

买椟还珠

　　楚国有个人在郑国做珠宝生意。他用名贵的木兰做了一只装珠宝的盒子，拿高级香料熏染得馨香扑鼻，又装饰上美玉和翡翠。有个郑国人看到这只盒子，出高价买了下来，然后把里面装的珠宝全部还给了这个商人，只带走了盒子。

　　我们在分析事物的矛盾的时候，不仅要看到矛盾着的两个方面，更重要的是要分清哪一方面是矛盾的主要方面，哪一方面是矛盾的次要方面；哪是主流，哪是支流。分清主流和支流，具有重要意义。首先，分清主流和支流是我们认清事物性质的基础。其次，分清主流和支流，是党和国家作出重大决策的理论依据之一。再次，分清主流和支流，是我们正确观察、认清形势应遵循的基本方法。所谓形势，是指客观事物发展的状况，因所论及的对象不同，有国际、国内形势，政治、经济、教育等形势之分。观察形势首先要实事求是，摆明客观事实，包括好的和不好的，成绩和缺点，有利的和不利的等。同时，也要善于分清主流和支流。否则，在复杂多变的国际、国内形势面前，我们就会走偏方向。

　　总之，矛盾主要方面原理，要求我们分析矛盾的时候，更重要的是分清哪一方面是主要的，哪一方面是次要的，分清主流和支流。在社会主义市场经济条件下，我国经济体制深刻变革、社会结构深刻变动、利益格局深刻调整、思想观念深刻变化，都要求我们要加强社会主义核心价值体系建设，积极培育和践行社会主义核心价值观，使之成为实现中华民族伟大复兴的共同的社会主流意识。

　　结合自身实际，你认为青年学生在学习中怎样才算是进步提高？如何用发展的眼光去看问题？如何把握社会发展的主流？

二、从哲学视野看社会主义核心价值体系

　　哲学和我们的生活息息相关。"哲学是'明白学'，许多事情只有学了哲学才能真正明白；哲学是'智慧学'，学了哲学可以使人变得聪明，脑子活、眼睛亮、办法多"，哲学"不管什么时候、干什么工作都会给你方向、给你思路、给你办法"。冯友兰说，哲学的功能不仅是为了增进正面的知识，而且是为了提升人的心灵境界，超越现实世界，

体验高于道德的价值。哲学并不是高高在上、高不可攀的学问，它就深深蕴涵在我们的日常生活当中，并且与我们的生活密切相关、密不可分。只不过我们没有使它们"浮出水面"，"上升"到哲学高度的理论思维而已。从哲学视野看社会主义核心价值体系，其具有以下重要意义：

（一）深刻揭示了社会存在与社会意识的辩证关系原理

中国多元文化是指在中国历史发展过程中，各种外来思想观念、生活方式、道德准则等意识形态不断涌入我国，出现了传统文化与现代文化、东方文化与西方文化、主流文化和非主流文化、大众文化与精英文化等多元文化相互交融、共同发展的一种社会文化存在状态。在这种多元文化的时代背景下，这些文化的交锋和碰撞，直接影响大学生的价值观，给大学生们提供了价值多样性选择的空间和自由，赋予了他们更丰富的精神世界。与此同时，一些大学生开始忽视集体主义、无私奉献等传统美德，价值观念出现矛盾与困惑，向极端个人主义倾斜，甚至在行为规范上表现为"失范"状态。因此，作为备受社会瞩目的知识青年群体的大学生，其价值观的重建，不仅关系到大学生的全面发展，更关系到社会的和谐与稳定以及国家和民族的未来。

社会意识反映社会存在，其不仅反映社会存在的现实情况，而且反映社会存在的发展变化情况。社会存在发生变化了，社会意识也要发生相应的变化。新的社会历史条件要求有新的社会意识与之相适应。改革开放30多年来，我国经济、政治、文化和社会发生了深刻的变化。经济体制深刻变革，社会结构深刻变动，利益格局深刻调整，生活方式深刻变化，这些发展，必然反映到人们的思想意识上来。一些人产生疑惑，一些人迷失方向，一些人的思想意识、价值取向出现混乱。而且，西方一些资本主义国家采取各种手段对我国进行意识形态渗透和文化扩张，竭力推行资本主义的政治模式和价值观念，对我国实施"西化""分化"的图谋。这种社会现实，要求我们必须有一个主导全社会思想和行为的价值体系，并根据变化的社会实际，确立社会主义核心价值体系的内容。建设社会主义核心价值体系，是中国共产党人运用唯物史观，根据当前的世情、国情、党情、民情，推进全面建设小康社会的重大战略举措。

（二）深刻揭示了实践与认识的辩证关系原理

资料链接

2008年四川抗震救灾的各个阶段，随处可见时代造就的开放意识、世界眼光、法治观念，其中最突出的，就是尊重科学、运用科学，让世人感受到了"中国创造"的威力。地震发生后仅三天，四川省红十字会就已派出总共16支600余人的救援队伍，可谓信息畅通、快速集结。自地震发生后，成都交通台运用高科技手段，及时并连续播出了"我们在一起"抗震救灾特别节目，牵动了亿万观众的心。当通信中断后，"风云""资源""北斗""遥感"等15颗卫星，成了抗震救灾的"千里眼"；当道路阻隔后，中国自行研制的运输机、直升机、通用飞机等，成了抗震救灾的"千里马"，水、路、空全面进击；被困群众的转危为安、堰塞湖的化险为夷、余震的科学预测与防范、都江堰灾后重建规划向全世界征稿等，都体现出了富有时代特点的创造性。抗震救灾的成功说明，正是因为在继承历史和传统的基础上紧跟时代要求，社会主义核心价值体系才能不仅仅停留在"理论空谈"，而是真正起到引领思想、指导实践、解决问题的作用，成为凝聚和推动广大人民群众共同奋斗的重要力量。

社会主义核心价值体系不是凭空产生的。实践是认识发生的现实基础，而认识特别是正确的认识，对实践能产生巨大的积极能动的反作用。社会主义核心价值体系作为社会主义制度的精神之魂、社会主义意识形态大厦的理论基石，不仅反作用于社会生活的各个领域和方面，也必然会对每位社会成员的世界观、人生观、价值观产生积极而深远的影响。

社会的进步，归根到底就是人的需要与利益不断满足、不断丰富、不断深化、不断展开的过程，需要与利益多方面的发展是社会进步的标志之一。而从某种意义上讲，社会进步的趋势就是需要与利益的协调发展。

改革开放30多年来，我国社会已经和正在发生广泛而深刻的变化。随着社会结构、经济体制、阶层结构不断调整和变化，不同社会群体和阶层的利益意识被唤醒和强化，利益格局得到重新调整，呈现出利益主体多元化、利益诉求多样化、利益冲突复杂化等特点；同时，社会文化也呈现出中、西方文化共时共存，前现代、现代、后现代文化共存，主流文化、精英文化、大众文化同时并存的态势。每一种思想观念或社会思潮都不是凭空产生的，它们都是对现实社会存在的一种反映，代表了不同社会、阶层对一定利益的诉求。以社会主义核心价值体系引领社会思潮，不仅仅是一个宣传教育的问题，更是一个需要与利益协调的问题。这就需要找到一个恰当的切入点和平衡点，要按照贴近生活、贴近实际、贴近群众的原则，解决好人民群众最关心、最直接、最现实的利益问题，不断加强和改进社会主义核心价值体系的建设，不断夯实形成社会思想共识的群众基础。

（三）阐释了矛盾同一性与矛盾斗争性的辩证关系原理

案例链接

得意之时

据传，清末名臣张之洞有一天酒兴正浓，举起酒杯问他的文案总管李文石："你说人在什么时候最得意？"李文石稍加思索，说："古人云：'久旱逢甘雨，他乡遇故知，洞房花烛夜，金榜题名时。'这些都是得意之时。"

张之洞摇了摇头说："未必！比如说'久旱逢甘雨'，久旱之后来了一场暴雨，一下就是十天半月，先一干，后一淹，有何得意？'他乡遇故知'也有些偏狭，倘若你潦倒他乡，偶遇故知，他嫌你贫穷，借钱不给，还恶语相讥，这恐怕不是乐事吧！"张之洞喝了口酒，又说："'洞房花烛夜'是良辰美景之时，倘若你已有意中人，父母大人自作主张，为你娶了一个东施之姿、河东狮吼的媳妇，你还会感到得意吗？'金榜题名时'的得意也是靠不住的，倘若你才高天下，三篇文章锦绣，可是主考官偏是无才之辈，有眼无珠，将你置于金榜之末，而几位学问不如你的同乡却名列榜首，你能得意吗？"

得意之时，未必得意。世界上的一切事物都是矛盾的统一体，都是一分为二的，都有两面性。"得意"与"不得意"就是矛盾的双方。矛盾着的双方相互依赖，一方的存在以另一方的存在为前提，在一定条件下，矛盾双方是相互转化的。

社会主义核心价值体系有四个方面的基本内容，即指导思想、共同理想、时代精神和荣辱观。这四个方面分别构成了社会主义核心价值体系的灵魂、主题、精髓和基础。这四个方面既有区别又相互联系，它们分别从四个高低不同的层次，从思想理论到行为实践，逻辑鲜明地揭示了社会主义核心价值体系的有机联系和完整内容。正如毛泽东同志所说，"有条件的相对的同一性和无条件的绝对的斗争性相结合，构成了一切事物的矛盾运动"。因此，在现实生活中，我们要善于把矛盾同一性和矛盾斗争性结合起来，在对立之中把握统一，在统一之中把握对立，只有这样才能认清事物的本质，也才能够全面、准确、深刻地理解社会主义核心价值体系的丰富内涵。

马克思主义是指引中国革命和建设从胜利走向胜利的指路明灯，是我们做好一切工作的指南针，毫无疑问它也是社会主义核心价值体系的思想灵魂；我们必须弄清"中国特色社会主义共同理想"的科学内涵，正确认识富强、民主、文明、和谐是中国特色社会主义的"本质属性"，从而调动和发挥人民群众建设中国特色社会主义的积极性和创造性；而构建社会主义和谐社会是前无古人的伟大事业，这项伟业迫切需要强有力的精神支撑，"以爱国主义为核心的民族精神和以改革创新为核心的时代精神"当然应该是社会主义核心价值体系的精髓之所在；一个社会的存在和发展离不开调整人与人之间、人与社会之间的道德规范的存在，社会价值体系的构建有其自身的道德基础，"八荣八耻"从倡导"利他"与反对"损人"的角度，教导人们"明荣知耻"，这对于调节社会矛盾，促进社会和谐发展具有重大的理论和现实意义。

（四）体现了客观规律性与主观能动性的辩证关系原理

 案例链接

刻舟求剑

有个楚国人渡江，他的剑从船里掉到水中，他急忙在船边上刻了个记号，说："这儿是我的剑掉下去的地方。"船停了，这个楚国人从他刻记号的地方下水寻找剑。

船已经前进了，但是剑不会随船前进，像这样找剑，不是很糊涂吗？这个故事告诉我们：世界上的事物，总是在不断地发生变化，不能凭主观做事情，而是要充分发挥主观能动性，科学地认识客观规律，与时俱进。

我们党放眼于当今国际局势，又立足于中国现实的国情，坚持把远大的理想和现实目标统一起来，孜孜不倦地探求共产党的执政规律、社会主义建设规律、人类社会发展规律、思想政治教育过程的基本规律，提出了社会主义的核心价值体系。这一核心价值体系着眼于坚定马克思主义信仰，追求共产主义理想；着眼于树立中国特色社会主义的共同理想，追求全面建设小康社会；着眼于弘扬爱国主义的民族精神和改革开放的时代精神，追求世界和谐的发展；着眼于推进社会主义荣辱观建设，追求人的自我实现、自我完善、自我发展。它既充分反映中国特色社会主义的本质要求，又体现中国人民对和谐社会的追求。它确立当代中国的社会价值尺度和价值目标，整合和引导社会的多元价值体系向着共同的目标前进，成为当前及今后中华民族的生命之魂和精神支柱。当然，社会主义核心价值体系的构建、完善和作用的发挥是作为一个过程而存在的，是需要全国各族人民在党的领导下，克服种种困难和干扰，同心同德、群策群力，共同营造和建设的一项庞大的系统工程。

社会主义核心价值体系的一条主线就是以人为本。这条主线要求我们坚持以人为本的价值取向，并将之渗透、贯彻到经济、政治、文化、法律以及社会生活的方方面面，在不断推动社会发展和进步的基础上，最大限度地满足广大人民群众的利益诉求，在此基础上实现人的全面发展。同时，社会主义核心价值体系还体现了以人民群众作为价值体系的主体，把为广大人民群众谋利益作为其价值追求，不断满足人民日益增长的物质文化需要，把实现人民群众共同富裕作为其价值理想。

只要全体社会成员在各自的学习和实际工作中能够切实贯彻以人为本的价值理念，找准以人为本这个切入点，尊重差异、包容多样，社会主义核心价值体系必将能够成为全社会的共识，成为凝聚和统一社会各阶层、各利益群体思想的精神之魂。

想一想

为什么要用哲学的视野去分析社会主义核心价值体系？

三、社会主义核心价值观是先进文化的体现

习近平同志指出：核心价值观是文化软实力的灵魂、文化软实力建设的重点。这是决定文化性质和方向的最深层次要素。一个国家的文化软实力，从根本上说，取决于其核心价值观的生命力、凝聚力、感召力。培育和弘扬核心价值观，有效整合社会意识，是社会系统得以正常运转、社会秩序得以有效维护的重要途径，也是国家治理体系和治理能力的重要方面。历史和现实都表明，构建具有强大感召力的核心价值观，关系社会和谐稳定，关系国家长治久安。

（一）核心价值观与价值体系

案例链接

将临终反思提前50年

在法国里昂，一位70岁的布店老板快要不行了。临终前，牧师来到他身边。布店老板告诉牧师，他年轻时很喜欢音乐，曾经和著名音乐家卡拉扬一起学习吹小号。他当时的成绩远在卡拉扬之上，老师也非常看好他的前程。可是20岁时他迷上了赛马，结果把音乐荒废了，否则他一定是一位出色的音乐家。现在生命快要结束了，反思一生碌碌无为，他感到非常遗憾。他告诉牧师，到另一个世界后，如果再选择，他决不会干这种傻事。牧师很体谅他的心情，尽心地安抚他，并告诉他，这次忏悔对自己也很有启发。

每个人最后的反思，不到那最后一刻，谁也不知道。但是每个人都可以把反思提前几十年，做到了这一点，便有50%的可能让自己成为一名了不起的人。

历史唯物主义认为，价值观是一种社会意识，是社会存在的反映。不同的价值观对个人与社会有着不同的导向作用。价值观不同，人们努力的方向以及行为的态度、方式和结果也就不同。布店老板在年轻时没有能够在音乐上持之以恒，孜孜以求，而是见异思迁，所以没有成为著名的音乐家。如果布店老板年轻时能及时反思并作出正确的人生选择，那么他的人生将会是另一番情景。可见，一个人的观念、能力和方法等主观因素对事业的成功起着重要的作用。

　　辩证唯物主义认为，主观能动性是人们正确认识世界和改造世界的重要条件。主观能动性的发挥会受一系列主客观因素的制约。要正确发挥主观能动性就必须不断积累正确的主观因素，积累起来的主观因素越正确，越有广度和深度，就越有利于进一步正确发挥主观能动性。

　　社会主义核心价值观是社会主义核心价值体系的内核，体现着社会主义核心价值体系的根本性质和基本特征，反映着社会主义核心价值体系的丰富内涵和实践要求，是社会主义核心价值体系的高度凝练和集中表达。这是对核心价值观和核心价值体系两者关系的一个基本定位。

　　把握好核心价值观与核心价值体系的关系，要充分认识到两者的内在一致性。首先，核心价值观与核心价值体系方向一致，都体现了社会主义意识形态的本质要求，体现了社会主义制度在思想和精神层面的质的规定性，凝结着社会主义先进文化的精髓，是中国特色社会主义道路、理论体系和制度的价值表达，是实现中华民族伟大复兴的中国梦的价值引领。其次，核心价值观与核心价值体系都坚持重在建设，就是要弘扬共同理想、凝聚精神力量、建设道德风尚，都是为了形成全民族奋发向上、团结和睦的精神纽带，使我们的国家、民族、人民在思想和精神上强大起来，更好地坚持中国道路、弘扬中国精神、凝聚中国力量。

　　把握好核心价值观与核心价值体系的关系，还要认识到两者各有侧重，特别要看到相比于社会主义核心价值体系，社会主义核心价值观有这样几个鲜明特点：一是更加突出了核心要素。社会主义核心价值体系是一个系统性、总体性的框架，而社会主义核心价值观强调的"三个倡导"，更清晰地揭示了这个价值体系的内核，确立了当代中国最基本的价值观念。二是更加注重了凝练表达。社会主义核心价值观是社会主义核心价值体系的凝练表达，符合大众化、通俗化要求，易于阐发、便于传播。三是更加强化了实践导向。社会主义核心价值观强调的"三个倡导"指向十分明确，每个层面都对人们有更具体的价值导向，是实实在在的要求，规范性和实践性都很强，便于遵循和践行。培育和践行核心价值观，为推进核心价值体系建设进一步明确了切入点和工作着力点，有利于更好地把各项任务落到实处。

　　（二）先进文化的体现

　　优秀传统文化是指中华传统文化中历经沧桑而积淀传承下来的精华部分，是中华民

族五千年文明智慧的基本元素和珍贵结晶。优秀传统文化在很大程度上具有超越时代局限、反映中华文明永恒价值的特征，与社会历史发展方向相贴近，与民族共同体的利益和福祉相契合，与马克思主义中国化一系列重大成果的基本精神相呼应。

党的十七届六中全会指出：社会主义核心价值体系是兴国之魂，是社会主义先进文化的精髓，决定着中国特色社会主义的发展方向。这一精辟论断深刻揭示了社会主义核心价值体系与社会主义先进文化之间的本质关系，深化了对社会主义核心价值体系重要地位、作用和社会主义先进文化前进方向的认识。社会主义核心价值体系既体现了思想道德建设上的先进性要求，又体现了思想道德建设上的广泛性；既坚持了先进文化的前进方向，又符合不同层次群众的思想状况；既体现了一致的愿望和追求，又兼顾了不同群体和阶层的利益诉求；既立足当前社会发展的现实，又能够展望未来社会发展的趋势和要求。社会主义核心价值体系具有广泛的适用性和包容性，具有强大的整合力、凝聚力和引领力，是联结各民族人民、各社会阶层的精神纽带，符合最广大人民群众的根本利益。

实现中国梦，必须充分挖掘和汲取中华优秀传统文化的宝贵资源。中国共产党历来以弘扬中华优秀传统文化为己任，并不断赋予优秀传统文化以新的时代内涵。一代又一代的中国共产党人在实现中国梦的奋斗历程中，将"国家兴亡、匹夫有责"的爱国精神，"与时俱进、自强不息"的进取精神，"先天下之忧而忧"的忧患意识，"民为贵、君为轻"的民本思想，"仁者爱人""为政以德"的仁政文化，"出污泥而不染"的高洁品质等中华传统文化精华发扬到了历史上前所未有的高度。同时，中国共产党人以高度的理论自觉和文化自信，不断推进优秀传统文化与社会主义先进文化的互动融合，使优秀传统文化通过创造性转化成为中国特色社会主义先进文化的不竭源泉，使民族复兴中国梦的文化根基不断得到巩固。

四、积极践行社会主义核心价值观，努力完善自我

社会主义核心价值观是民族精神最深层的思想内核，直接反映社会价值的本质和特性，全面涵盖人民群众普遍认同的价值观念。

（一）社会主义核心价值观的科学内涵

1. 第一个倡导，指明了国家精神文化的发展方向

　案例链接

小伙微笑骑女红军雕塑头上照相引起公愤

在位于延安吴起县胜利山的中央红军长征胜利纪念园里，有人坐在纪念园的女红军雕像上拍照。从网友提供的图片看，是一名年轻男子，面带微笑坐在雕像上，并摆出拍照的姿势。很多人看到此情景后都十分气愤，纷纷谴责该男子"行为不雅"，"简直没教养"。

人们的愤怒谴责完全在情理之中。

其一，这里是"中央红军长征胜利纪念园"，它的名称明确告诉人们：这里是一个以弘扬长征精神，回顾长征历史，保护长征战场遗址地为主要内容，兼有教育、旅游、休闲功能，具有国家重点红色旅游目的地意义的纪念性主题公园。到这里来的人，首先应该认识到这是一个受教育的地方，不是纯娱乐的场所，对这里的雕塑，应该以怀念和敬仰的心情来对待，不能当成玩物、玩具，否则就是对历史的不敬。

其二，我们且不把这里作为一个革命纪念地来看待，再普通的公园你任意攀爬、刻画、涂抹也是不允许的，这应该是每个游客起码的常识。报刊、电台、网络对此类不文明行为，经常有批评的报道和评论，这样的不文明行为起码不应该发生在成年人身上。

其三，人们拍照留念，是要留下有纪念意义的美好瞬间，你拍这样荒唐、愚昧、引起众人怒骂的照片，到底为了什么？到底是纪念呢还是丢丑呢？是骄傲的荣耀还是可耻的记录？

在这个事件中，值得我们反思的事情很多。

"富强、民主、文明、和谐"，是已写入党章和国家宪法的基本主张与发展目标，反映了中国人民寻求民族复兴的心声和愿景，是国家主导价值观，在核心价值观中居于统领地位；把"富强、民主、文明、和谐"价值观与国人的思想观念、理想信仰、社会风尚、行为规范、处事态度融为一体，正确引导国人认识和评价所生存的社会。这是中国特色社会主义思想文化、精神文化和物质文化形成的坚实基础。

富强即国富民强，是中华民族梦寐以求的美好夙愿，人民幸福安康的物质基础。民主是人类社会的美好诉求。我们追求的民主其实质和核心是人民当家做主。它是社

会主义的生命，也是创造人民美好幸福生活的政治保障。文明是社会进步的重要标志，也是社会主义现代化国家的重要特征。和谐是中国传统文化的基本理念，集中体现了学有所教、劳有所得、病有所医、老有所养、住有所居的生动局面。它是社会主义现代化国家在社会建设领域的价值诉求，是经济社会和谐稳定、持续健康发展的重要保证。

2. 第二个倡导，彰显了社会风尚风貌的时代要求

"自由、平等、公正、法治"，是现代文明的基本价值取向，是现代社会公民应当树立的基本理想信念，是维持社会秩序、调整社会关系、建立和谐社会的重要道德力量。在社会层面，追求"自由、平等、公平、法治"，就会改变人们观察世界的观念、思路、方法和视角，改变人们评价事物的基本标准，人治、特权、等级等腐朽落后的观念，就会从根本上铲除。在这种正确价值观的引领下，整个社会追求"自由、平等、公正、法治"，对构建科学合理的制度、体制和法律体系，必将发挥重要的指导作用。

"自由、平等、公正、法治"，是对美好社会的生动表述，也是从社会层面对社会主义核心价值观基本理念的凝练。它反映了中国特色社会主义的基本属性，是我们党矢志不渝、长期实践的核心价值理念。自由是指人的意志自由、存在和发展的自由，是人类社会的美好向往。平等指的是公民在法律面前的一律平等，其价值取向是不断实现实质平等。它要求尊重和保障人权，人人依法享有平等参与、平等发展的权利。公正即社会公平和正义，它以人的解放、人的自由平等权利的获得为前提，是国家、社会应然的根本价值理念。法治是治国理政的基本方式，依法治国是社会主义民主政治的基本要求。它通过法制建设来维护和保障公民的根本利益，是实现自由平等、公平正义的制度保证。

3. 第三个倡导，体现了人民道德信仰的基本共识

 案例链接

"小鹅"树立诚信楷模

在海南农村，长年活跃着一支被誉为"小鹅"的队伍。他们是海南省农信社的 540 名大学生小额信贷技术员。6 年来，"小鹅"们带着金融和农业技术知识，踩着乡间小路，将一笔笔贷款送到农村。他们坚守理想信念，真情服务"三农"，成为海南践行社会主义核心价值观的楷模。

农民贷款难，一直是制约海南农民增收的瓶颈。为此，海南省农信社面向全国招聘大学生小额信贷技术员。截至 2013 年底，大学生们克服工作环境艰苦、农民对上门服务不信任等困难，累计发放贷款近 130 亿元，惠及农户超 50 万户。

有了贷款，没有技术和市场，农民也无法致富。"小鹅"们不但"给农民贷款"，还"教农民技术，帮农民经营，助农民增收，保农民还款"，促进了农村产业结构调整，培育了一批专业户和专业村。

由于工作出色，2名小额信贷技术员获"全国五一劳动奖章"，2人获评海南省优秀共产党员，5人被银监会评为优秀个人，小额信贷总部党总支被评为全国先进基层党组织。

在公民层面，倡导"爱国、敬业、诚信、友善"，是对全体公民行为规范的基本要求，它覆盖社会道德生活的各个领域，是公民必须恪守的基本道德准则，也是评价公民道德行为选择的基本价值标准。

爱国是基于个人对自己祖国依赖关系的深厚情感，也是调节个人与祖国关系的行为准则。敬业是对公民职业行为准则的价值评价，要求公民忠于职守，克己奉公，服务人民，服务社会，充分体现了社会主义职业精神。诚信即诚实守信，是人类社会千百年传承下来的道德传统，也是社会主义道德建设的重点内容，它强调诚实劳动、信守承诺、诚恳待人。友善强调公民之间应互相尊重、互相关心、互相帮助、和睦友好，努力形成社会主义的新型人际关系；能够帮助人们正确认识和自觉遵守社会的法律规范和道德规范，形成爱国守法、敬业奉献、明礼诚信、团结友善的良好社会人文风尚。

在实现全面建成小康社会的过程中，必须依靠社会主义核心价值观来凝聚人心，形成共识，这对于调节社会关系，化解社会矛盾，能够起到潜移默化、润物无声的作用。

（二）积极践行，提高认识

 案例链接

罗阳，男，汉族，1961年6月生，中共党员，生前系中航工业沈阳飞机工业集团有限公司董事长、总经理。

罗阳为航空工业发展披肝沥胆、鞠躬尽瘁，2012年11月25日，在我国首艘航母"辽宁舰"完成训练任务时，突发心脏病不幸以身殉职，用生命践行了"航空报国"的铮铮誓言和共产党员无私奉献的理想信念。

"信念坚定，忠诚报国"是他一生坚持的信念。参加工作以来，罗阳前20年设计研发飞机，后10年指挥制造生产飞机，以毕生的智慧和心血，一次次托举共和国战鹰完美升空，用生命圆了中国人心中的航空强国梦。他常说："'沈飞'的责任不仅关系企业生存，更关系国家利益。""'沈飞'不能忘了这八个字，

那就是'恪尽职守，不负重托'。"从一名普通的飞机设计员到军工大型企业主要负责人，他用坚守30年的航空报国理念，组织完成了多项国家重点航空装备研制和生产任务，实践了一生对党忠诚、对祖国忠诚、对航空事业忠诚的铮铮誓言。

第一，核心价值观的培育贵在知行统一，而知是前提、是基础，内心认同才能自觉践行，春风化雨才能润物无声。培育和践行核心价值观，一定要在增强认知认同上下工夫，使其家喻户晓、深入人心。

从我做起，前提是知。所谓知，即熟知社会主义核心价值观的内涵与意义。知内涵，不是略懂一二，而是熟透于心。知内涵，还要分层次去剖析，从国家、社会、个人层面去深层次了解，分条缕析，挖掘十二词核心价值观蕴藏的本质内涵和外延价值。知意义，才有干劲去学、去做。

第二，培育和践行社会主义核心价值观，从我做起，要在以下几点上下工夫。

一是要勤学，下得苦功夫，求得真学问。知识是树立核心价值观的重要基础。古人说："非学无以广才，非志无以成学。"大学的青春时光，人生只有一次，应该好好珍惜。为学要贵在勤奋、贵在钻研、贵在有恒。

鲁迅先生说过："哪里有天才，我是把别人喝咖啡的工夫都用在工作上的。"大学阶段，"恰同学少年，风华正茂"，关键是要迈稳步子、夯实根基、久久为功。有老师指点，有同学切磋，有浩瀚的书籍引路，可以心无旁骛求知问学。此时不努力，更待何时？要勤于学习、敏于求知，注重把所学知识内化于心，形成自己的见解，既要专攻博览，避免心浮气躁、朝三暮四，又要关心国家、关心人民、关心世界，学会担当社会责任。"天下难事，必作于易；天下大事，必作于细。"成功的背后，永远是艰辛努力。

 案例链接

他是CRH380A的首席研磨师，是中国第一位从事高铁列车转向架"定位臂"研磨的工人，被同行称为"鼻祖"。从事该工序的工人全国不超过10人。他研磨的转向架装上了644列高速动车组，奔驰8.8亿公里，相当于绕地球22000圈。他就是中车青岛四方机车车辆股份有限公司高级技师宁允展。

如果把高铁列车比作一位长跑运动员，车轮是脚，转向架就是他的腿，而宁允展研磨的定位臂就是脚踝。

当列车以时速300公里运行时，接触面承受的冲击力有二三十吨。缝隙大了，车轮可能会松脱；如果完全焊死，转向架就无法再打开，影响列车检修。

宁允展负责的这道工序，不只在中国，全世界所有高铁生产线上，都要靠手工研磨。留给手工的研磨空间只有 0.05 毫米左右，磨小了，转向架落不下去；磨大了，价值十几万元的主板就报废了。

初中毕业后，宁允展考上了铁路技校，2006 年，成为第一位学习 380A 型列车转向架研磨技术的中国人。宁允展对技术的掌控和精准把握，让日本专家都竖起了大拇指。

宁允展的家，距离工厂有近半个小时的车程，在这个三十多平米的小院里，大部分地盘都是宁允展的，摆着的磨具，是他为了练手艺自费在网上买的。

随着 380A 冲刺高速成功，宁允展投入到了更高速度列车的生产，并在工作中不断地研发新项目，新工艺，先后获得 5 项国家技术专利。

宁允展说，我不是完人，但我的产品一定是完美的。做到这一点，需要一辈子踏踏实实做手艺。

如果每一件中国制造的背后，都有这样一位追求极致完美的工匠，中国制造就能够跨过"品质"这道门槛，跃升为"优质制造"，让更多的中国产品在全球市场释放更耀眼的光芒！

二是要修德，加强道德修养，注重道德实践。"德者，本也。"蔡元培先生说过："若无德，则虽体魄智力发达，适足助其为恶。"道德之于个人、之于社会，都具有基础性意义，做人做事第一位的是崇德修身。我们的用人标准之所以是德才兼备、以德为先，因为德是首要、是方向，一个人只有明大德、守公德、严私德，其才方能用得其所。修德，既要立意高远，又要立足平实。要立志报效祖国、服务人民，这是大德，养大德者方可成大业。同时，还得从做好小事、管好小节开始起步，"见善则迁，有过则改"，踏踏实实修好公德、私德，学会劳动、学会勤俭，学会感恩、学会助人、学会谦让、学会宽容、学会自省、学会自律。

道德实践，重点在做。在知的基础上，能认同核心价值观，内化为自身的价值观、人生观，并能转化为规范自身言行举止，指导实践的精神源泉。做，首先是体现在生活中，一言一行，以核心价值观为准绳，严格规范自身言行。在家庭生活中、公共场合不做违背价值观的事情；在境外，更要维护国人形象，恪守核心价值观。做，再者是贯穿于整个工作中。依法治国是基本治国方略，如果说法律是公民言行的底线，触碰不得，那么核心价值观就是润滑油，缓解矛盾，促进和谐。日常行为中，想想是否做到公道正派；懈怠时，想想是否做到敬业诚信；争吵时，想想是否做到文明友善。在想中做，在做中想，将核心价值观内化为自身工作的自觉行为表现。

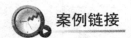案例链接

<h2 style="text-align:center">精明的最高境界是厚道</h2>

台北有一位建筑商，年轻时就以精明著称于业内。那时的他，虽然颇具商业头脑，做事也成熟干练，但摸爬滚打许多年，事业不仅没有起色，最后还以破产告终。

百无聊赖的时候，他来到街头漫无目的地闲转，路过一家书报亭，就买了一份报纸随便翻看。

看着看着，他的眼前豁然一亮，报纸上的一段话如电光石火般击中他的心灵。后来，他以一万元为本金，再战商场。

这次，他的生意好像被施加了魔法，从杂物铺到水泥厂，从包工头到建筑商，一路顺风顺水。短短几年内，他的资产就突飞猛进到一亿元，创造了一个商业神话。

有很多记者追问他东山再起的秘诀，他只透露四个字：只拿六分。又过了几年，他的资产如滚雪球般越来越大，达到一百亿元。

有一次，他来到大学演讲，期间不断有学生提问，问他从一万元变成一百亿元到底有何秘诀。他笑着回答，因为我一直坚持少拿两分。学生们听得如坠云里雾里。

望着学生们渴望成功的眼神，他终于说出一段往事。他说，当年在街头看见一篇采访李泽楷的文章，读后很有感触。

记者问李泽楷："你的父亲李嘉诚究竟教会了你怎样的赚钱秘诀？"李泽楷说："父亲从没告诉我赚钱的方法，只教了我一些做人处事的道理。"记者大惊，不信。

李泽楷又说："父亲叮嘱过，你和别人合作，假如你拿七分合理，八分也可以，那我们李家拿六分就可以了。"

说到这里，他动情地说，这段采访我看了不下一百遍，终于弄明白一个道理：做人最高的境界是厚道，所以精明的最高境界也是厚道。

细想一下就知道，李嘉诚总是让别人多赚两分，所以，每个人都知道和他合作会占便宜，就有更多的人愿意和他合作。

如此一来，虽然他只拿六分，生意却多了一百个，假如拿八分的话，一百个会变成五个。到底哪个更赚呢？奥秘就在其中。

我最初犯下的最大错误就是过于精明，总是千方百计地从对方身上多赚钱，以为赚得越多，就越成功，结果是，多赚了眼前，输掉了未来。

演讲结束后，他从包里掏出一张泛黄的报纸，正是报道李泽楷的那张，多年来，他一直珍藏着。报纸的空白处，有一行毛笔书写的小楷：七分合理，八分也可以，那我只拿六分。

这位建筑商就是台北全盛房地产开发公司董事长林正家。他说，这就是一百亿的起点。

小胜靠智，大胜靠德，厚积薄发，气势如虹。只懂追逐利润，是常人所为；更懂分享利润，是超人所作。人生百年，不可享尽世间所有荣华；惠及百人，能够得到人间更多真爱。

人的一生给别人借过时实际是在给自己修路，厚道的人，你的人生之路总是很宽很长……

三是要明辨，善于明辨是非，善于决断选择。面对世界的深刻复杂变化，面对信息时代各种思潮的相互激荡，面对纷繁多变、鱼龙混杂的社会现象，面对学业、情感、职业选择等多方面的考量，一时有些疑惑、彷徨、失落，是正常的人生经历。关键是要学会思考、善于分析、正确抉择，做到稳重自持、从容自信、坚定自励。要树立正确的世界观、人生观、价值观，掌握了这把总钥匙，再来看看社会万象、人生历程，一切是非、正误、主次，一切真假、善恶、美丑，自然就洞若观火、清澈明了，自然就能作出正确判断、作出正确选择。正所谓"千淘万漉虽辛苦，吹尽狂沙始到金"。

社会主义核心价值观，是社会主流价值观。古语云，不积小流无以成江河，每个公民对核心价值观的践行，也就像小流，也只有作为个体的每个公民践行核心价值观，才能汇聚成奔流不息的强大的社会主义核心价值观，引领社会潮流，凝聚人心、促进共识，为经济社会的发展提供源源不断的精神力量。

核心价值观的养成绝非一日之功，要坚持由易到难、由近及远，努力把核心价值观的要求变成日常的行为准则，进而形成自觉奉行的信念理念。不要顺利的时候，看山是山、看水是水，一遇挫折，就怀疑动摇，看山不是山、看水不是水了。无论什么时候，我们都要坚守在中国大地上形成和发展起来的社会主义核心价值观，在时代大潮中建功立业，成就自己的宝贵人生。

 想一想

你能说出社会主义核心价值观的内涵吗？那做又如何呢？如果你说得出做得好是不是也在对他人产生影响？

体验与践行

一、一个民族有了崇高的价值追求，就拥有了走向繁荣振兴的航标；一个国家有了崇高的价值追求，就拥有了立于不败之地的精神支柱。核心价值观是一盏启明灯，指引着我前进的方向；核心价值观是汨汨甘泉，哺育着我健康成长；核心价值观是温暖的阳光，用她的光辉激励着我昂扬的斗志……

结合自己的成长历程，谈谈自己的感受。

二、田野里有一种梧鼠，也叫五技鼠，因为它学会了五种本领：会飞、会走、能游泳、能爬树、会掘土打洞。但一样也不精通，说它会飞吧，它还飞不到屋顶上；说它会游泳吧，连一条小河也渡不过去；会爬树，但爬不到树顶；走呢，还不如人走得快；掘土打洞，还不能把自己的身体掩盖起来。名义上学会了五种本领，但实际上却一样也不中用。

这个故事告诉你什么道理？对你有什么启发？

三、一只猴子捡到一把刀，但这把刀很钝，连一棵小树也砍不断。
它跑去请教砍柴的人："请告诉我，您的刀为什么那样锋利？"
"我把它放在石头上磨过了。"
"磨过就行了吗？"
"磨过就行。"
猴子高兴地跑回去，拿了刀子就在石头上使劲地磨起来，一直把刀口磨得差不多和刀背一样厚。等它再拿去砍树时，不用说，就更加砍不动了。
"唉！我已经学习了别人的经验，还是毫无办法，如果不是经验本身不可靠，就是这把刀子有问题！"猴子下了这样的结论。

分析以上寓言故事中蕴含的哲学原理，说说猴子失误在何处。

四、结合思想实际写一篇践行核心价值观的短文。

图书在版编目（CIP）数据

哲学与人生/张佳倩等主编.—济南：山东人民出版社，2015.7（2021.1 重印）
ISBN 978-7-209-08959-3

Ⅰ.①哲…　Ⅱ.①张…　Ⅲ.①人生哲学　Ⅳ.
①B821

中国版本图书馆 CIP 数据核字（2015）第 158111 号

哲学与人生

张佳倩　贾　磊　董泰恩　赵　伟　主编

主管单位　山东出版传媒股份有限公司
出版发行　山东人民出版社
社　　址　济南市英雄山路 165 号
邮　　编　250002
电　　话　总编室（0531）82098914
　　　　　市场部（0531）82098027
网　　址　http://www.sd-book.com.cn
印　　装　青岛国彩印刷股份有限公司
经　　销　新华书店

规　　格　16 开（184mm×260mm）
印　　张　14.25
字　　数　240 千字
版　　次　2015 年 7 月第 1 版
印　　次　2021 年 1 月第 6 次
ISBN 978-7-209-08959-3
定　　价　29.00 元

如有印装质量问题，请与出版社总编室联系调换。